# 내 아이를
# 믿는다는 것

강요하지 않을 때 비로소 성장한다

# 내 아이를 믿는다는 것

**다나카 시게키** 지음
김현희 옮김

다봄.

엄마는 자식을 떠나보내기 위해 존재한다.

– 에르나 퍼먼

이 책은 아이에 대한 믿음을 기본으로 한 육아를 다루고 있다.

병원에서 진찰하고 상담(카운슬링)을 할 때 나의 기본 방침은 바로 아이를 믿는 것이다. 그리고 병원뿐만 아니라 내 아이들에게도 이 방침을 유지할 수 있게 준 사건이 있다.

큰아들이 중학교 3학년 때의 일이다. 그 무렵, 아들은 행동이 굼떠서 지각하는 날이 많았다. 집에서 학교까지 도보로 5분밖에 걸리지 않았는데도 말이다. 결국 이 문제 때문에 큰아들의 담임과 면담까지 하게 되었다. 담임은 쓴웃음을 지으며 이렇게 말했다.

"요즘 전 아드님을 볼 때마다 '빨리 와라, 빨리 좀 와!'라고 앵무새처럼 반복하고 있어요. 댁에서도 애한테 일찍 좀 나가라고 해 주세요."

보통 이런 상황은 학부모가 "죄송합니다."하고 송구해 할 분위기라는 것은 물론 잘 알지만, 지금껏 아무 효과가 없었는데도 불구하고 매번 똑같은 잔소리만 되풀이하는 담임의 행동이 이해되지 않았다. 심지어 집에서도 같은 소리를 하라고 권하다니. 그때, 친절해 보이는 담임의 얼굴에 보며 문득 솔직한 내 의견을 전해야겠다는 생각이 들었다.

"지각하는 게 나쁘다는 건 이 아이도 잘 알고 있을 겁니다. 그로 인해 불이익을 받는 당사자니까요. 그래서 말인데요, 앞으로 어떻게 행동할 건지는 당사자인 이 아이한테 결정권을 줘 보는 게 어떨까요?"

그러자 담임은 "하지만 저는 담임으로서 그냥 내버려 둘 순 없습니다. 이 학생만 특별 대우를 할 수는 없어요."라고 난처한 얼굴로 대답했다.

효과가 없는데도 똑같은 말로 매번 꾸짖는 것은 어떤 의미로는 아이를 방치하는 거나 마찬가지라는 생각도 들었지만, 다양한 업무로 바쁜 시간을 보내는 담임에게 더 이상을 바라는 건 욕심인 것 같았다.

문득 떠오른 생각이 있어서 바로 얘기해 보았다.

"그럼 차라리 '이 학생은 등교 거부를 하고 있는 상태이다.'라고 생각해 주시면 어떨는지요? 등교 거부를 하던 학생이 매일 약간씩 지각은 해도 힘을 내어 잘 나오고 있다고 말입니다. 만약 등교를 거부 중인 학생이 학교에 나오려고 노력하고 있다면 선생님께서도 빨리 오라고 매번 꾸짖진 않으실 겁니다. 그러면 모두가 편해지지 않을까요?"

이야기를 들은 담임은 구체적인 반응을 보이지 않았는데, 그보다 나는 생각지도 못한 뜻밖의 제안을 한 나 자신에게 더 놀라고 말았다.

이 면담 이후, 담임의 잔소리는 사라졌다고 한다. 그러자 아들은 "아빠가 엉뚱한 말을 선생님께 해 준 덕분에 이젠 빨리 오라는 말을 안 하세요. 고마워요."라고 말했다.

혹시 담임은 더 이상 우리 부자와 대화가 안 되겠다고 생각하고 포기한 건 아닐까 하는 의문도 머리를 스쳤지만 사실 여부는 차치하고, 부모로서 아들을 믿을 수 있었고 '매일 학교에 가는 아이도 마치 등교 거부를 하는 아이처럼 대해도 괜찮다.'는 아이디어를 얻을 수 있었다는 점에서 매우 귀중한 체험이었다.

예전부터 병원에서 진찰하거나 상담을 할 때, 아이의 등교 거부 문제 때문에 상담하러 오는 부모에게 항상 "자녀에게 되도록 지시나 명령하는 투로 말하지 마십시오. 자녀를 믿고, 잔소리를 많이 하지 말고, 다정하게 대하는 것이 좋습니다."라고 조언해 왔다.

그럼에도 불구하고 내 아이들을 항상 그렇게 대한 것은 아니었다. 의사이자 카운슬러일 때는 '아이'를 믿고 있었지만, 한 사람의 아빠로서는 '내 자식'을 완전하게 믿지는 못하고 있었던 것이다.

하지만 학교에서 면담한 이후로 아들 넷을 대하는 태도를 새로이 다질 수 있었다. 네 아이 모두 등교 거부와는 아무 상관이 없었지만, 그날 이후 나는 아이들을 마치 등교 거부를 하는 아이처럼 대하기 시작했다. 그러자 큰 변화가 나타났다. 부모와 자식 간, 형제 간 분위기가 한결 좋아진 것이다. 당연히 집안 분위기도 좋아졌다.

그때 병원과 대학 내 심리 임상 센터에서 등교 거부 및 은둔형 외톨이, 자해 등 문제를 안고 있는 아동 및 학생의 부모 상담을 맡고 있었는데, 이때 배운 경험과 심리학 지식은 내 아이들의 육아에도 밑받침이 되고 있었다. 그러나 이내 '매일 학교에 다니는 아이도 등교 거부하는 아이처럼 대해도 괜찮다.'는 걸 깨닫게 되고 한층 더 '아이를 믿게' 되면서부터는 육아는 물론이고 병원에서 진찰하고 상담 치료할 때의 자세에도 큰 변화가 생겼다.

이 책에서는 '본래 아이가 가진 힘을 믿는다.'는 생각을 중심으로, 육아를 할 때 부모가 조심해야 할 점을 정리하였다.

그러나 여기서 말하는 요점은 아이가 부모 말을 착실하게 잘 듣고, 공부도 좋아하게 되고, 등교를 거부하던 아이가 학교로 다시 가는 등

오직 부모가 원하는 결과를 얻어야 한다는 것이 아니다. 행복해지기 위해서는 무엇을 어떻게 하는 것이 가장 바람직한가를 아이 스스로 느끼고 생각하며 그 행복과 마주할 수 있게 되어야 한다는 것이다.

아이가 가정에서 즐겁게 지내고, 자기 자신을 아끼고 사랑하며, 부모 역시 아이와 함께 있는 시간을 즐기면서 어린 시절을 보내는 것은 아이가 삶 자체를 사랑하는 데 매우 중요한 역할을 한다. 또한 '삶'을 좋아하게 된 아이는 훗날 커다란 장벽에 부딪치더라도 자살 같은 극단적인  방법을 선택하지 않을 것이다.

병원의 진찰실과 상담실에서 수많은 부모를 만나면서 자식의 행복을 위해서 진지하게 고민하는 모습에 종종 감동할 때가 있다. 그러나 아이의 행복을 위한다면서 부모가 애쓰고 있는 행동이 실은 가족 모두를 불행하게 만든 경우도 많이 보게 된다.

지금까지의 경험에서 말하자면, 아이에게 발생하는 문제의 종류는 매우 다양하지만 결국 부모가 취해야 할 태도는 비슷하다. 바로 '아이를 믿는 것'인데, 더 구체적으로 말하면 되도록 아이에게 잔소리하지 않고 다정하게 대하는 것이다. 부모가 간섭을 안 해도 아이는 스스로 행복해지기 위해서 어떤 행동을 해야만 하는지 직접 터득하고 노력한다. 그러니 그 사실을 굳게 믿고, 아이와 마주하길 바란다.

"이대로 아이를 내버려 두어도 괜찮을까?", "엄하게 잔소리도 하면서 잘 이끌어 주지 않으면 점점 애가 나쁜 쪽으로 빠질 텐데……. 그러다 불행해지면 어떡하지?"와 같은 불안을 느끼는 것은 물론 당연한 일이다. 만약 지금 그런 불안을 느끼고 있다면 꼭 이 책을 읽어 보기를 바란다.

차례

## 2부 부모 자식 간의 관계

## 3부 아이와의 커뮤니케이션

# 이 책의 목적과 구성

## 구체적인 방법을 제안한다

이 책의 목적은 아이에 대한 믿음을 교육의 기본 방침으로 한 육아 방법을 구체적으로 제안하는 것이다. 이 방법은 매우 단순한데, 간단히 설명하면 '아이에게 잔소리하지 말고, 다정하게 대하자.'는 것이다. 즉, 즐거운 마음으로 아이에게 다정하게 대해도 괜찮다는 말이다. 이 점을 다양한 사례를 통해서 이해하기 쉽게 설명해 나가고자 한다.

## 고민의 근원을 분명하게 밝힌다

'공부를 더 시켜야 할까?', '학원에 보내는 게 나을까?', '게임하는 시간도 제한하는 게 좋지 않을까?' 등 아이를 키우다 보면 이런저런 다양한 고민거리가 나올 수밖에 없다.

그러나 이런 개개의 문제에 대해서 "이렇게 하는 것이 좋습니다." 혹은 "그렇게 해서는 안 됩니다."라고 정해진 답을 제시하고 싶지는 않다. 그보다는, 부모는 왜 그런 문제로 고민하는가에 대한 이유와, 그 고민 또는 괴로움을 초래하는 구조에 대해서 심리학 개념을 인용해 사례별로 살펴보려고 한다.

## 지식과 경험을 얻게 된 배경

이 책을 쓰는 데 바탕이 된 지식과 경험은 주로 네 곳에서 얻었다.

첫째는 나 자신의 육아 경험이다. 고등학생부터 어린이집에 다니는 꼬마까지 총 네 명의 아들을 맞벌이하는 아내와 함께 키우고 있다. 본문에서 소개하겠지만 네 아이 모두 건강하고 장난꾸러기들이다. 특히 첫째와 막내가 전형적인 '문제아'였다. 아마도 진단을 받았다면 주의력 결핍 과잉 행동 장애(ADHD)*를 의심했을지도 모른다.

둘째는 의사로서의 경험이다. 뇌 과학 전문 연구자인 나는, 병원에서는 임상의로서 일반 내과에서 진찰도 하고 있다. 주로 마음의 상처를 치료하는 심료 내과 중심으로 진찰하는데 감기나 복통, 예방 접종

* 주의력 결핍 과잉 행동 장애(ADHD, Attention Deficit/Hyperactivity Disorder)는 아동기에 많이 나타나는 장애로, 지속적으로 주의력이 부족하여 산만하고 과다 활동, 충동성을 보이는 상태를 말한다. 치료하지 않고 방치할 경우, 청소년기와 성인기가 되어서도 증상이 남을 수 있다.

등을 이유로 내원하는 아이들 및 부모와의 만남을 통해서도 매우 많은 것을 배울 수 있었다. 또한 등교 거부, 은둔형 외톨이, 과식증 또는 거식증의 섭식 장애, 자해, 해리성 장애* 등 다양한 문제를 안고 있는 아이들과 그 부모를 만나 진찰해 왔다.

셋째는 임상 심리사**를 양성하는 대학원에서 상담 기법이나 상담 이론, 정신의학 등을 가르친 경험이다. 그리고 나 또한 카운슬러로서, 대학 내 심리 임상 센터에서 주로 부모를 상담했다. 상담은 병원에서 진찰할 때와 달리 시간적인 여유를 가지고 부모와 아이를 대할 수 있다. 초기에는 주로 정신 질환이나 의학적인 문제 때문에 상담하러 오는 환자를 담당했지만 우리 센터의 스태프 중에 실제 육아 경험이 있는 사람이 전무한 관계로 점점 등교 거부와 은둔형 외톨이 등 문제를 안고 있는 아이의 부모 상담을 전담하게 되었다.

그때 임상 심리사들과 함께 일할 수 있었던 점, 그리고 대학원생을 지도할 때와 부모를 상담할 때 사례를 어떻게 다루고 생각해야 하는지에 대해서 고마고메 마사토(駒米勝利) 선생으로부터 지도를 받을 수 있었던 점은 정말 큰 행운이었다. 특히 "증상은 그 사람에게 있어서 매우 중요한 것이다."라는 고마고메 선생의 가르침은 내가 가지고 있던 진찰 태도까지 크게 바꾸어 주었다. 아이들을 믿을 수 있게 된 것도 상대를 믿음으로써 응원하는 선생의 스타일을 알게 된 덕분이기도 하다.

* 평상시에는 통합되어 있는 개인의 기억, 의식, 정체감, 지각 기능 등이 붕괴되어 와해된 행동 상태를 말한다.

** 임상 심리학적 지식을 활용한 심리 평가(심리 검사), 심리 치료 상담, 심리 재활, 심리 교육, 심리 자문 등을 하는 직업 또는 사람을 말한다.

상담이 가진 힘에 매료된 후에는 임상 심리사 자격증도 취득했다. 상담을 배우고 실천해 가는 동안, 의사로서 병원에서 진찰하는 태도도 달라졌다. 예전에는 '의학적으로 올바른 지식과 방법을 효율적인 설명을 통해 환자에게 이해시킨다.'라는 점을 목표로 진찰했으나 지금은 '이 사람이 지금 문제로 인식하는 것은 무엇인가? 그리고 어떻게 느끼고 있는가?'를 우선으로 생각하게 되었다.

넷째, 10년 가까이 매주 자원봉사로 동네 아이들과 함께 풋살* 동아리를 한 경험이다. 이 동아리에는 30명 정도의 초등학생이 참가하고 있는데, 일주일에 두 번 저녁에 2시간씩 근처 초등학교 체육관을 빌려서 하고 있다.

처음에는 내 아들이 매일 저녁 집에서 TV만 보고 게임만 하기보다는 직접 몸을 움직이며 노는 편이 낫지 않을까 하는 생각에 아들 친구도 불러서 같이 조깅을 시작한 것이 계기였다. 그러다가 공도 차면서 놀면 즐거울 것 같아서 풋살을 하게 된 것이다.

시합에서 내 역할은 한쪽 구석에 앉아 시간을 재는 일이다. 딱히 아이들에게 기술적인 지도를 하지는 않는다. 아이들은 그저 놀기 위해서 이곳을 찾아온 것이니, 맘껏 뛰어놀다가 돌아가면 그만인 것이다. 시간을 재고 있으면 어느새 아이들이 하나둘 다가와 이러쿵저러쿵 수다를 떨다가 간다. 내게는 가장 행복한 시간이다.

가정과 학교, 병원이 아닌 장소에서 아이들과 함께 하는 체험은 내게 '어떤 아이든 모두 매력적이고 훌륭하다.'라는 사실을 가르쳐 준다.

* 실내에서 경기하는 5인제 미니 축구 경기.

이것이 바로 아이들에 관한 지식과 경험을 얻은 원천이다. 아이의 문제에 대해서 나보다 훨씬 자세히 아는 의사나 카운슬러는 많을 것이다. 그러나 장난꾸러기 남자아이를 넷이나 키우면서, 또 꾸준히 동네 아이들과 같이 놀이를 공유하는 의사나 임상 심리사는 많지 않으리라고 생각한다.

이 책은 아버지로서 의사로서 임상 심리사로서 그리고 풋살 동아리에서 놀아 주는 동네 아저씨로서 얻은 경험을 바탕으로 하고 있다. 또 하나 추가하면 이 네 종류의 현장을 통해서 어린 시절 부모님과 나의 관계를 돌아볼 수 있었다. 그 내용도 이 책에 최대한 담으려고 했다.

## 아이의 문제는 대부분 환영할 만한 것이다

'아이의 문제'는 결코 부정적으로 받아들일 것이 아니다. 오히려 대부분은 환영할 만한, 아이가 보내는 구조 신호라고 할 수 있다.

당사자가 표현을 안 하면 본인에게 어떤 문제가 있는지 아무도 알지 못한다. 그러니 등교 거부는 여태 어떤 문제 때문에 많이 괴로워하던 아이가 자기 자신을 위해서 드디어 용기를 내 시도한 행동이라고 말할 수 있다.

그런 의미에서 볼 때 오랫동안 자존감에 상처를 입은 상태로 꾹 참기만 하고 학교에 다니는 행동이 오히려 더 심각한 문제를 초래할 수도 있다.

## 아이 문제를 해결하는 데 책은 도움이 안 된다?

아이를 대하는 바람직한 태도나 육아를 잘하는 부모들에게서 공통적으로 나타나는 태도 등에 대해서는 이미 많은 카운슬러와 의사가 책으로 발표한 바 있다. 예를 들면 하세가와 히로가즈(長谷川博一)의 《마법의 훈육(魔法のしつけ)》 같은 책이다.

하세가와 히로가즈는 《엄마는 훈육을 하지 말라(お母さんはしつけをしないで)》와 《못난 아이란 없습니다(ダメな子なんていません)》에서도 중요한 내용을 쉽게 풀어서 설명하고 있다.

처음으로 《마법의 훈육》을 읽은 후 아이 문제를 보는 내 시선은 크게 달라졌다. 그뿐만이 아니라 육아를 할 때도 더욱 즐거운 마음으로 아이를 대할 수 있게 되었다.

그런데 매우 이해하기 쉽고 적절한 내용을 담고 있음에도 불구하고, 상담하러 온 부모에게 이 책들을 추천했을 때 생각한 만큼 효과를 발휘하지 못한다.

그 이유를 몇 가지 유추해 볼 수 있는데, 아마도 가장 큰 이유는 부모 자신이 안고 있는 문제를  인정하고 싶지 않은 탓에 책의 내용을 잘 흡수하지 못하는 것은 아닐까 싶다. "꼭 저를 탓하는 것만 같아서 도저히 다 못 읽겠더라고요."라고 솔직하게 말한 사람도 있었다. 그래서 의사나 임상 심리사들은 아이의 문제로 고민하는 부모에게 책이 큰 도움이 되지 못할 때가 있다는 사실을 잘 알고 있다.

그런데도 이 책을 쓰고 싶었던 이유는 '들어가는 말'에서도 썼듯이, '등교 거부와 전혀 상관없는 아이를 마치 등교 거부 중인 아이 대하듯

해도 괜찮다.'는 생각에 어느 정도 확신이 생겼기 때문이다. 그리고 이 방법이야말로 육아로 고민하는 부모에게 유용하다는 생각이 들어서이다.

즉, 이미 아이에게 문제가 발생한 경우라면 책을 읽어도 별로 도움이 안 될지도 모르지만 '아직 문제는 없지만, 아이를 대하는 태도를 고민 중인 부모'에게 '아이를 믿는 것'을 기본으로 한 육아 방법을 제안하면 나름 효과가 있지 않을까 생각한다.

이 책을 원고 작성 단계에서 읽은 한 지인이 이런 말을 해 주었다.

"솔직히 난 아이를 키울 자신도 없고, 아이를 갖고 싶은 생각도 없었어요. 그런데 이 책에 나오는 '느긋하게 아이를 대해도 좋다.'는 육아 태도를 알게 되면서 아이를 키워 보고 싶다는 생각을 처음 해 봤어요."

따라서 아직 육아를 경험하지 않은 독자도 부디 이 책을 통해 언젠가 하게 될 육아를 생각해 보기를 바라는 마음이다.

## 평소에도 다정하게 아이를 대한다

'등교 거부와 전혀 상관없는 아이를 마치 등교 거부 중인 아이 대하듯 해도 괜찮다.'는 생각에 대해서 약간 다른 비유를 해 보려고 한다.

예를 들어 암에 걸려서 수술이나 방사선 치료, 항암제 투여 등의 치료를 받기 시작하면 환자는 지금까지 살아온 생활 습관을 반성하고 고치기 위해서 더욱더 건강에 신경 쓰며 생활하게 된다. 담배를 피우던 사람은 금연을 하고, 채소도 예전보다 더 많이 먹으려고 애쓸 것이다. 혹은 지금껏 그다지 건강을 챙기지 않았던 사람도 일찍 자고 일찍 일어나는 수면 습관과 적절한 운동을 시작하며, 갑자기 평소의 생활 습관을 고치려고 애쓴다. 또한, "진작에 건강을 챙기면서 생활했어야 했는데……."라고 후회할 것이다.

아이의 문제도 이와 비슷하다. 예를 들면 힘들고 괴로운 일이 계속되고 있던 아이가, 드디어 자신의 괴로움을 등교 거부나 자해 등의 형태로 표현했다고 치자. 그때가 되어서야 비로소 부모와 주변 어른은 겨우 아이의 고통을 눈치챈다.

이때 잘 풀리면 부모는 아이를 대하는 태도를 고치게 되고, 문제 해결까지도 가능할 수 있다. 아이 고통의 원인이 부모가 대하는 방식과 부모와 아이의 관계 때문인 경우는 물론이고, 그 이외의 경우라도 부모가 다정하게 대하면, 즉 애정을 받으면 아이는 에너지를 비축해서 문제를 이겨 낼 수 있게 된다.

그러니 병에 걸리고 나서 뒤늦은 후회를 하지 않으려면 평소에 몸을 소중히 다루는 것이 중요하듯이, 애초에 아이에게 문제가 생기지 않도록 다정하게 대하는 것이 좋지 않을까?

## 이 책의 구성

이 책은 다음과 같은 3부로 구성되어 있다.

**1부 진찰과 상담으로 깨달은 사실**

그동안 진찰과 상담을 하면서 깨달은 점, 특히 아이 문제의 원인이 되기 쉬운 부모의 자세 등을 분석하였다. 그리고 이 책을 쓰는 데 기본이 된 생각을 소개한다.

**2부 부모 자식 간의 관계**

부모와 자식의 심리적 거리에 따라 문제가 드러나는 방식이 다르다는 사실에 초점을 두고, '아이와 거리가 너무 가까운 부모'와 '아이와 거리가 너무 떨어진 부모'라는, 극과 극인 두 가지 유형으로 부모 자식의 관계를 설명하려고 한다.

그리고 아이가 실패를 겪지 않도록 부모가 아이 일에 간섭을 하거나 아이의 행동을 제한하면 어떤 문제가 생기는지 설명한다.

또한, '방어기제'에 대해서도 설명한다. 방어기제란 기본적으로는 자신을 스스로 지키기 위한 무의식적 마음의 활동이다. 예전에는 방어기제가 유해하다는 인식이 지배적이었지만, 아동 발달 과정에 있어 누구에게나 나타나는 정상적인 마음의 기능임이 밝혀지면서 최근 인식이 바뀌고 있다. 여기에서 소개하는 방어기제의 유형들과 구체적인 사례는 우리 일상에서 매우 보편적으로 겪을 수 있는 내용이다.

**3부 아이와의 커뮤니케이션**

아이와 커뮤니케이션을 할 때 조심해야 할 점과 아이의 말을 들을 때 주의할 점에 대해서 설명한다.

그리고 아이에게 지시나 명령조의 말투를 쓰지 않는 대신, 서로의 마음과 생각을 주고받을 수 있는 표현을 사용할 때 아이에게 일어날 변화의 구체적 예를 설명한다.

상담 사례에서 볼 수 있었던 아이의 변화를 소개하면서 어떤 식으로 아이를 대하는 것이 바람직한지, 또 평소 부모가 아무렇지 않게 아이를 대하는 안 좋은 태도에 대해서 구체적인 사례와 대화문을 소개하면서 설명한다.

마지막으로는, 아이에게 생동감을 불어넣어 주는 '아이스크림 요법'을 소개한다.

총 3부로 구성되어 있는데, 각 부별로도 단독 에세이처럼 읽을 수 있다. 따라서 꼭 처음부터 순서대로 읽어 나가지 않아도 흥미로운 페이지나 혹은 읽기 편한 장부터 자유롭게 책을 펼쳐서 읽어도 괜찮다.

이 책에 쓴 내용은 머리로는 이해하기 쉬워도 실제로 실천하기는 쉽지 않을 수도 있다. 그래도 이 책을 읽은 여러분이 자녀와 함께 보내는 시간이 조금이라도 더 즐거워지고, 가정 안에서 부모와 자녀의 웃음이 더 꽃필 수만 있다면 이 책을 쓴 의미가 있다고 생각한다.

구체적인 사례를 소개할 때는 개인정보 보호를 위하여, 본질을 해치지 않을 정도로 수정하였다. 이 책의 취지를 이해해 주시고 진찰과 상담 내용 일부의 게재를 허락해 주신 많은 내담자와 관계자 여러분께도 감사드린다.

# 1부

# 진찰과 상담으로 깨달은 사실

# 부모 스스로 변해야 한다

## 아이를 변하게 하기는 어렵다

아이의 등교 거부 문제를 상담하러 오는 경우, 대부분의 부모는 '아이가 학교에 가지 않는 것'을 '문제'라고 여기기 때문에 다시 학교에 보내기만 하면 '문제'는 쉽게 해결된다고 믿는다.

아이가 학교에 가지 않는 직접적인 이유는 여러 가지가 있을 수 있는데, 반 친구들의 괴롭힘 때문일 수도 있고 혹은 떨어진 학교 성적 때문일 수도 있다. 원인으로 보이는 이런 문제만 해결되면 당장에라도 아이가 학교에 다시 다닐 거라고 부모는 쉽게 생각해 버린다. 그중에는 '그까짓 문제'쯤이야 태연하게 이겨 낼 줄 알아야 한다면서, 아이 스스로 강해져야 한다고 믿는 부모도 있다. 즉, 아이와 주변 상황만 바꿀 수 있다면 '문제' 자체가 해결된다고 생각하는 것이다.

그러나 아이를 변하게 하고, 상황을 바꾸기란 그리 녹록치 않다. 모든 일의 원인은 복잡하게 얽혀 있는 경우가 많기 때문이다.

## 부모는 당장에라도 변할 수 있다

한편, 이럴 때 부모가 즉시 할 수 있는 일이 있다. 바로 자식을 대하는 태도를 바꾸는 것이다.

아이에게 이러쿵저러쿵 잔소리를 자주 하는 편이라면 그만하려고 노력하고, 아이의 일상을 자주 간섭하고 지시를 내리고 있다면 그것을 참아 보자. 이는 아이에게 직접 행동과 변화를 요구하지 않아도, 부모 스스로 명심만 하면 즉시 가능한 일이다.

아침마다 일어나라, 밥 먹어라, 지각하지 마라, 혹시나 깜빡한 준비물은 없는지 다시 확인해 봐라…… 이런 식의 명령이나 잔소리를 그만하도록 조금만 노력해 보라는 것이다.

다만 이런 조언은 상담하러 온 부모가 협력할 자세가 되어 있을 때만 효과가 있다. "문제가 있으니까 아이에게 주의를 주는 건데 그걸 그만두라니요? 그럼 더 나빠지지 않을까요?"라든지, "문제가 있는 건 아이란 말이요. 부모인 내가 변할 필요는 없소." 이런 식으로 완강하게 고집을 부리는 부모는 아이를 대하던 기존의 태도를 바꾸라는 조언을 순수하게 받아들이지 않는다.

| CASE |

지각을 자주 하고, 평소에 무기력해 보인다는 초등학교 4학년 남자 아이의 엄마가 상담하러 왔다. 아침마다 몇 번이고 깨우지만 아이는 좀처럼 일어나지 않는다. 최후의 수단으로 억지로 몸을 잡아당겨 일으켜 세우고, 책상 앞에 데려가 숙제를 시킨다. 교과서도 공책도 전부 다

엄마가 일일이 펼쳐 줘야 한다. 그런 다음에는 옷도 갈아입혀 주고, 아침밥도 엄마가 떠먹여 줘야 먹는다. 반 친구가 학교에 같이 가자고 찾아오면, 대문을 열어 주고 조금만 더 기다려 달라고 사정하는 이도 엄마이다. 매일 아침 전쟁을 치르듯 아이를 등교시키는 것만으로도 엄마의 피로는 극에 달한다.

상담을 하면서 엄마에게 아이를 깨우지도 말고 아이가 할 일을 일절 돕지도 말라고 제안했다. 그러자 처음에 엄마가 보인 반응은 절대로 불가능하다는 것이었다. 자기가 돕지 않으면 아이는 일어나지 않을 테고, 학교도 안 가려고 할 것이라고 말했다.

그랬다. 엄마는 자식이 '등교 거부'를 할까 봐 매우 두려워하고 있었다. 그래서 현 상태로 보아 '등교 거부'라는 '표현'만 겉으로 드러나지 않았을 뿐 이미 더 나쁜 상태인 것 같다고 설명하면서, 아이에게 간섭하는 행동을 그만두도록 설득했다.

| CASE (이어서) |

제안을 받아들이기로 결심한 엄마는 "내일부턴 깨워 주지 않을 거야. 학교에 가고 싶으면 네 힘으로 일어나."라고 선언했다. 다음 날 아침, 아이는 아슬아슬한 시각에 눈을 떴다. 마음이 급해진 아이는 반쯤 울먹거리면서 숙제를 마무리했고, 아침밥도 거른 채 등교했다. 그날 밤, 아이는 엄마에게 "지금까지 엄마가 해 왔던 대로 내가 깨어날 때까지 아침에 여러 번 깨워 줘. 숙제할 때도 옷을 갈아입을 때도 도와줘."라고 부탁했다.

하지만 그 후로도 엄마는 일절 간섭하지 않았다. 그래도 아이는 등교 거부 상태에 이르지 않았다. 혹은 이를 수가 없었다고 표현할 수도 있겠다. 실제로 등교 거부를 하기 위해서는 꽤 용기가 필요하다. 그리고 어느 정도는 아이가 자기 부모와 가정을 신뢰하고 있어야만 한다(그래야 아이는 집 안에 있을 때 자신을 지킬 수 있다고 느낀다.).

자꾸 잔소리하고, 아이 스스로 해야 할 모든 일을 도우려고 했던 엄마가 딱히 아이 일에 간섭을 하려던 건 아니었겠지만, 결과적으로는 아이를 미숙한 상태로 방치하는 행동이었다.

한편, 아이는 갑자기 엄마가 간섭을 안 하니까 '뭐야, 여태껏 날 약한 아이로 키워 놓고선 갑자기 이렇게 매정하게 버리다니, 엄마 너무해!'라고 느꼈을지도 모르겠다.

그런데 알고 보니 이 아이는 중학교 입시* 준비를 위해서 밤늦도록 학원에 다니고 있었다. 엄마의 말에 따르면 아이가 먼저 중학교 입시를 치르고 싶다는 말을 꺼냈다고 한다.

상담 기간 동안 여러 가지 일도 있었지만 꾸준히 대화를 이어 나갔고, 아이는 매일 저녁 다니던 학원 수를 줄이고 싶다고 말했다. 그리고 아이 스스로 스포츠 센터에 등록해 운동을 시작하자, 점점 몸이 건강해졌다. 어느새 엄마가 시키지 않아도 숙제도 미리 다 끝냈으며, 아침마다 깨워 주지 않아도 스스로 일어나 밥도 챙겨 먹고 옷도 알아서

* 일본 중학교의 경우, 주소가 있는 소재지의 지역 학군 공립 학교는 무시험으로 진학할 수 있지만, 교육 수준이 높은 명문 국립이나 사립 학교는 각 학교별로 실시하는 입학시험에 합격해야만 진학할 수 있다. 특히 명문대 진학률이 높고 교육 환경이 좋은 고등학교 중에 중·고 일관 교육(6년제)을 시행하는 사립학교가 많은데, 대부분 중학교 입시부터 통과해야만 입학할 수가 있다. 그래서 초등학교 때부터 사설 학원을 다니며 중학교 입시를 준비하는 경우가 많다.

척척 갈아입었다.

변화가 계속되자 엄마는 상담 초기를 떠올리며 이런 말을 했다.

"어떻게 아침마다 그런 말도 안 되는 행동을 했었는지 지금은 믿기조차 힘드네요."

나는 이 모자가 비뚤어진 거래를 하고 있었다고 생각한다. 애초에 입시를 보길 바랐던 이는 엄마였을 것이다. 그 기대감을 알기에 아이는 부모를 위해서 열심히 공부하고 있었던 건 아닐까?

늦은 밤까지 학원에 다닌 것도 다 부모를 기쁘게 하려고 한 일인데, 그 탓에 너무 지쳐서 아침에 일어나기가 힘들었을 것이다. 진심으로 자신이 하고 싶어서 하는 일에는 잘 지치지 않는 법이다. 진심이 아니면 지속해서 노력하기 어렵다. 엄마는 아이가 부모를 생각해 열심히 노력했고, 그 탓에 매일 지쳤음을 어느 정도 알고 있었을 것이다. 그 때문에 주변 사람들 눈에는 마치 인형을 조종하는 것처럼 보일 정도로, 엄마는 완전히 지쳐 있는 아이를 매일 아침 필사적으로 다그쳐 학교에 보내고 있었던 것이다. 어떻게든 현 상태가 무너지지 않도록 말이다. 엄마의 간섭이 사라지자 아이는 비로소 자신의 진짜 속마음과 마주할 수 있었다.

'아이를 변하게 하는 일은 어렵지만 부모는 당장 변할 수 있다.'

'부모가 할 수 있는 일은 자신의 말과 행동을 고치는 것이다.'

이 말들은 바로 이번 사례에 해당된다. 이 사례를 통해서 부모와 아이 모두 기존에 해 왔던 행동을 바꾸려면 각오를 단단히 해야 한다는 사실을 이해했을 것이다.

## 일반 상담과 부모 상담의 차이점

'일반 상담'과 '부모 상담' 사이에는 차이점이 있다.

본인 문제를 상담하러 오는 일반 상담은 기본적으로 내담자의 이야기를 듣는 것(경청)이 중심이다. 이때 카운슬러는 되도록 조언하지 않으며, 내담자의 심리를 이해하는 데 중점을 둔다.

아이 문제로 부모가 상담하러 오는 '부모 상담'은 형식이 다르다. 물론 개별 사례마다 조금씩 다르지만, 아이의 문제에 관여하는 부모의 태도에 따라서 크게 다음의 두 가지 유형으로 나눌 수 있다.

**① 부모가 아이의 문제를 받아들일 준비가 되어 있는 경우**

아이의 문제를 어느 정도 냉정하게 받아들일 준비가 되어 있고, 상황을 개선하기 위해 부모로서 할 수 있는 일이 무엇인지 조언을 바라는 경우이다.

이런 경우라면 카운슬러가 해야 할 일은 꽤 명확하다. 상담할 때 아이의 상황을 말해 달라고 하면서, 지금까지 부모가 아이를 어떤 식으로 대해 왔는지 그리고 아이 문제에 어떻게 대응해 왔는지를 구체적으로 물어본다.

상담을 진행하는 과정에서 아이가 다니는 학교와 친구, 형제 등 다른 가족 구성원에 대한 대처 방법에 이르기까지 부모가 할 수 있는 일과 개선점을 구체적으로 조언해 주고, 아이에게 일어날 변화를 기다린다.

그런데 아이가 변해 갈 때쯤 상황이 더 나빠지고 있는 것처럼 보이는 말투나 행동이 눈에 띌 때가 종종 있다. 그래서 상담할 때는 앞으로 예상되는 아이의 변화도 사전에 말해 준다. 왜 그런 행동이 유발되는지, 또 어째서 그런 행동을 순조로운 변화라고 판단해도 되는지에 대해서 설명해 준다. 이런 상황에서의 부모의 적절한 대응 방법에 관해서도 이야기를 나누며 부모를 지원한다.

**② 부모가 아이의 문제를 받아들일 준비가 되어 있지 않은 경우**

간혹 "문제가 있는 건 아이지, 내게는 아무 문제가 없다."고 하거나 "아이를 '고치는' 방법만 알려 달라."면서 상담하러 오는 부모도 있다.

이런 부모는 아이가 학교에 가지 않는 상황이 와도 "억지로라도 학교에 보낼 수만 있다면 등교 거부 문제는 해결된다."면서 표면적인 문제를 해소하는 데만 집착한다. 이런 자세는 '등교 거부'라는 불쾌한 현실을 결코 받아들일 수 없다는 '부정의 방어기제'라고 볼 수 있다(184p '불쾌한 현실을 받아들이기 힘들다' 참고).

또는 아이의 문제가 어디까지나 부모인 자신과 아이를 제외한 다른 요소(학교, 교사, 친구 등)에 의해서 발생했다고 믿고, 어떻게 개선하면 좋은지 비결만 알려 달라고 요구하는 경우도 있다. 이런 태도 역시 아이의 문제에 부모가 영향을 끼쳤을 가능성을 인정하지 않는다는 점에서 문제가 크다.

부모가 아이의 문제를 받아들일 준비가 되어 있지 않다면 아이의 마음을 배려하거나 아이를 위해서 부모 스스로 변할 리는 만무하다.

아이의 문제를 해결하기 위한 상담에서 왜 '부모 상담'에 중점을 두는가에 대해서 하세가와 히로카즈의 《마법의 훈육》에서는 '부모가 자식을 받아들이지 못하는 주원인 중 하나는 스스로를 받아들이지 못하기 때문'이라고 했다.

이럴 때는 우선 부모 자신이 내면에 잠재된 불안을 해소할 필요가 있다. 즉, 부모가 아이보다 먼저 상담을 받아야 한다. 이 경우, 카운슬러는 조언을 해 주기보다 부모의 말에 공감하면서 끈기 있게 듣는 데에 중점을 둔다. 부모가 현 상황을 어떻게 느끼고 있는지에 대해서 별도로 비판이나 평가를 가하지 않은 채 말이다.

## 부모를 대신한 아이의 구조 신호

그런데 아이의 문제보다 부모를 대상으로 한 상담이 필요하다는 판단 하에 상담을 시작하면 종종 흥미로운 일이 발생하곤 한다. 아이의 문제하고는 직접 관련이 없는 부모 자신의 문제가 겉으로 드러나게 되면서 결국 부모의 마음이 편해진 경우도 있다. 그 결과 처음에 상담하러 오게 된 계기였던 아이의 문제마저 자연스레 해결되었다. 바로 다음과 같은 경우이다.

| CASE |

"학교 건물 안에 들어가는 것이 무서워요."라며 등교를 거부하는 초등학교 1학년 딸 때문에 엄마가 상담하러 왔다. 상담이 진행되면서 엄마는 "같이 사는 시어머니와의 갈등 때문에 고민이 많아요", "남편이

내 편을 들어 주지 않아서 섭섭해요. 더는 남편을 신뢰하기가 힘들어요."라며 자신이 품고 있던 고민을 솔직하게 털어놓기 시작했다. 그 후 몇 달간의 상담 기간 동안 엄마는 남편에게 자기 생각을 충분히 표현할 수 있게 되었다. 결국, 부부는 시부모의 집을 나와서 따로 살기로 했고, 엄마의 불안한 상황이 나아지자 딸 역시 "더는 학교와 교실이 무섭지 않아요."라면서 다시 학교에 가기 시작했다.

| CASE |

초등학교 2학년 남자아이가 5월의 긴 연휴가 끝난 직후부터 학교에 가기 싫어했다. 등교하지 않은 날은 엄마가 직장을 쉬고 옆에 있어 주었다. 그러면 아들은 엄마에게 딱 달라붙어서 응석을 부렸다. 무릎 위에 앉기도 하고, 안아 달라고 하면서 "엄마, 사랑해."라는 말을 몇 번이고 반복했다. 전에는 이런 행동을 전혀 하지 않았다고 한다.

상담 첫날, 엄마는 혼자서만 내원했는데 아이가 왜 학교에 가려고 하지 않는지 원인을 짐작하기가 어렵다고 말했다.

이윽고 상담을 하면서 엄마는 자신의 불안을 털어놓기 시작했다. 여름에 남편 친척의 결혼식이 있는데, 시부모와 사이가 안 좋기 때문에 결혼식에 참석하고 싶지 않았다고 한다. 그런데 남편에게 그 말을 꺼내자 매우 불쾌해했고, 그 일이 있고 난 후로 심장이 두근거리고 불면증에 시달렸다. 그런 엄마의 불안한 증상이 아이에게 전달된 것 같다고 설명을 하자 엄마는 용기를 내어 남편과 대화를 갖기 시작했다. 그러자 남편은 마침내 아내를 이해하게 되었고, 결혼식에 가지 않아도 좋다고 말해 주었다. 마음이 편해진 엄마는 건강을 되찾았고, 아이도 그 즉시 다시 등교하기 시작했다. 그러고 며칠이 지난 후에 "엄마, 나 말이야, 그때 왜 학교에 가는 게 무서웠을까?" 하고 아이가 슬쩍 물었다고 한다.

이 사례는 곤란한 상황에 있었지만 차마 주변에 도움을 요청하지 못하는 부모를 대신해 아이가 '문제'를 일으켜서 구조 신호를 보낸 것으로 보인다. 그 '문제' 덕분에 부모가 상담을 받게 되었고, 결과적으로 고민에서 벗어날 수 있었던 셈이다.

일반적으로 부모의 불안감을 민감하게 느끼고 등교를 하지 못할 정도의 문제를 드러내는 아이는 초등학교 저학년이 많다. 이 연령대의 아동은 아직 부모와의 일체감이 강해서 부모의 심리가 불안정해지면 영향을 받기가 쉽다.

이렇듯 마치 부모를 돕기 위한 것처럼 문제를 일으키는 아이가 드물지 않다.

# 눈에 보이는 것에만 집착하지 않는다

## 부모 상담 때 종종 보이는 경향

아이 문제 때문에 찾아온 부모와 상담을 하다 보면 종종 신경이 쓰이는 경향을 보게 된다. 아래에 세 건의 상담 사례를 소개한다.

| CASE |

"오늘도 9시에 일어나는 바람에 아침도 못 먹었어요. 아무리 깨워도 안 일어나려고 해요. 지난밤엔 그냥 교복도 입은 채로 잠든 모양이에요. 밤늦게까지 게임만 하고 있어요. 식탁 앞에 앉아 밥 먹을 때도 휴대폰만 만지작거리고요." (종종 등교 거부를 하는 남자 중학생의 엄마)

| CASE |

"아까 오전에 아이가 아직도 학교에 안 가고 집에 있는지 궁금해서

집에 전화를 걸어 봤어요. 혹시 아직 안 갔으면 제가 잠깐 직장에서 나와 차로 학교에 데려다주려고 했거든요. 근데 아니나 다를까 그때까지 자고 있더라고요. 수화기 너머 목소리를 듣고 바로 알았죠. 결국, 학교에 데려다주는 건 포기했어요." (등교 거부를 하고 있는 여고생의 엄마)

| CASE |

"자기 방 밖으로 나와만 줘도 좋겠어요. 그리고 동네 한 바퀴 산책만 해 줘도 소원이 없겠습니다. 종일 학교 양호실에만 있어도 좋으니, 제발 일주일에 하루만이라도 학교에 가 주면 얼마나 좋을까요……?" (등교를 하고 있는 남자 중학생의 엄마)

이런 말을 하는 부모가 자식 일에 관심이 없을 리가 없다. 그러나 이런 부모의 관심은 아이가 한 일과 안 한 일, 또 할 줄 아는 일과 못 하는 일에만 집중되어 있다. 반면 아이가 무엇을 생각하고, 또 어떻게 느끼고 있는지에 대해서는 거의 관심이 없다.

## '지시나 행동을 재촉하는 말'과 '마음과 생각을 전하는 말'

부모와 상담하면서 "다음에 오실 때까지 아이한테 한 말과 하려고 했던 말들을 노트에 기록해서 가지고 오세요. 이삼 일만이라도 좋으니까 아침부터 밤까지요."라고 요청하기도 한다. 나중에 같이 노트를 보면서, '지시나 행동을 재촉하는 말'과 '서로의 마음과 생각을 전하는 말'의 비중이 어느 정도인지 확인하기 위함이다.

노트를 확인해 보면 부모들에게 공통되는 특징이 있다. "목욕해라.", "지금 게임을 하면 어떡해? 숙제를 먼저 해야지."와 같은 '지시나 행동을 재촉하는 말'들로 가득하다는 것이다. 반면 "○○에 대해서 어떻게 생각하니?", "△△를 보니까 즐거웠지?"처럼 '서로의 마음과 생각을 전하는 말'은 거의 보이지 않는다.

이런 자세로 아이와 마주하는 일상에는 아이와 함께 보내는 시간을 사랑하며 즐기려는 요소는 거의 전무해 보인다. 아이 입장에서 보면 부모가 하는 말은 전부 '뭔가를 해라.', 혹은 '해서는 안 된다.'와 같은 지시만 있을 뿐이다. 혹은 '했니? 못 했니?' 이렇게 확인하는 말들뿐이다.

이런 말만 건네면 아이는 긴장한다. 특히 감수성이 풍부하고 다정한 아이일수록 그런 경향이 강하다.

## 눈에 보이는 것만을 추구하지 말라

지시 또는 명령, 확인하는 말만 하는 이유는 눈에 보이는 것, 즉 외적이고 물질적인 것에만 너무 비중을 두기 때문이다.

외적 · 물질적인 달성은 아이가 행복해지는 수단에 불과하다. 그런데도 부모는 종종 '달성'을 절대적인 목표라고 착각하거나 혹은 그렇게 믿으려고 한다.

아이 스스로가 행복하다고 느끼는, 내면의 행복처럼 눈에 보이지 않는 것을 얻는 것도 의미가 있는 일이다. 눈에 보이지 않는 것의 가치를 인정할 줄 아는 부모는 육아를 즐기고 아이에게도 다정하다.

물론 겉으로 드러나지 않는 존재의 가치를 인정하기란 쉽지 않다. 그러나 이를 인정하지 못하면 아이를 다정하게 대하는 것은 불가능하다.

## 판타지의 중요성

| CASE |

크리스마스이브, 학원에서 내 준 숙제를 아직 끝내지 못한 여섯 살 남자아이를 엄마가 혼냈다.

"숙제 빨리 안 하면 오늘 밤 산타할아버지는 안 오실 거야."

아이는 산타 할아버지가 꼭 올 거라고 대꾸했다. 그러자 엄마는 이렇게 말했다.

"아빠가 산타 할아버지라니까. 아무튼 지금 숙제 빨리 끝내. 안 그럼 절대로 안 올 거야."

그러나 아이는 결국 숙제를 다 끝내지 못한 채 잠들고 말았다.

다음날 아침, 잠에서 깨어 보니 크리스마스 선물은 보이지 않았고, 부모도 벌써 직장에 출근한 후였다. 틀림없이 간밤에 산타 할아버지가 다녀갔을 거라고 굳게 믿는 아이는 형에게 같이 선물을 찾아달라고 부탁했다. 하지만 온 집 안을 찾아다녀도 선물은 보이지 않았고, 결국 형은 엄마에게 전화를 걸어 상황을 설명했다. 그러자 엄마는 점

심시간에 잠깐 집에 들러 아들이 발견하기 쉬울 장소에 크리스마스 선물을 숨겨 놓았다. 마침내 선물을 찾은 아이는 크게 기뻐했다. "에이, 뭐야. 산타 할아버지가 이상한 곳에다 선물을 숨겨 놓고 가셨네."

슈타이너 교육으로 유명한 루돌프 슈타이너(Rudolf Steiner)*는 '판타지의 중요성'을 지적했다(다카하시 이와오(高橋巖)의 《슈타이너 교육 방법(シュタイナー教育の方法)》 중에서). 슈타이너는 너무 이른 시기부터 아동에게 이론적이거나 현실적인 내용만을 주입하면 향후 인생을 사는 데 있어서 비현실적이고 공상적인 내용의 가치를 인정하지 못하게 될 가능성이 있다고 말했다.

크리스마스 밤에 순록이 끄는 썰매를 탄 산타 할아버지가 신나게 하늘을 날아다니는 모습을 상상하는 아이의 마음과 행복감에 공감해 주지 못하는 부모라니, 이 얼마나 한없이 슬프고 외로운 일인가? 어린아이에게 학원 숙제를 끝내지 못하는 것과 산타 할아버지의 이미지를 잃어버리는 것 사이의 손실의 크기는 애초부터 비교 대상이 아니다.

오로지 현실적인 것만을 추구하는 부모의 육아 태도는 아이의 숨통을 조일 것이다. 마치 업무를 보듯이 가정과 학교에서 시간을 보내게 될지도 모른다.

이런 상황이라면 아이가 학교와 공부를 싫어하게 되는 게 오히려 당연해 보인다.

* 루돌프 슈타이너(1861-1925)는 오스트리아 출신으로 인지학의 창시자이며 신비사상가, 건축가, 교육자로 유명하다.

## 불안하기에 믿으려 한다

앞서 '혹은 그렇게 믿으려고 한다.'라는 말을 사용했는데, 이 말을 한 이유는 아이 문제로 상담하러 오는 많은 부모가 '지금까지 내가 해 왔던 방식대로 아이를 대해도 정말로 괜찮은 걸까?'라는 생각에 내심 불안해 보였기 때문이다. 그리고 그런 불안 때문에 부모의 태도가 더욱더 완고해지는 경우도 종종 볼 수 있다.

| CASE |

엄마는 초등학교 3학년인 아들을 학원 여러 곳에 보내고 있다. 그리고 매일 밤, 학원 숙제를 하는 아들 옆에 딱 달라붙어서 장시간 열성적으로 가르친다. 공부 때문에 아이를 다그치는 아내의 모습을 보다 못한 아빠가 "애가 좀 지쳐 보이네. 지금 다니는 학원 수를 줄이는 게 어떻소?"라고 말하자, 갑자기 아내는 엉엉 울면서 "아무것도 모르면서 한가한 소리 좀 하지 마요!"라고 소리 질렀다.

불안을 덮고자 매달리는 '신앙'은 자칫 '맹신'이 될 수도 있다. 다음은 어느 학원 강사가 들려준 이야기이다.

| CASE |

초등학교 3학년 여자아이와 엄마가 학원을 등록하려고 찾아왔다. 이 학원은 처음 방문한 학부모와 수강생 모두 설문지를 작성해야 하는데, '학원을 등록하려는 이유'에 대해서 딸은 '○○ 중학교에 들어

가고 싶어서.'라고 기입했다. 이어서 '왜 이 학교에 들어가고 싶은가?' 라는 질문 항목에는 '한눈에 반해서요.'라고 답했다.

원래 아이란 부모의 안색을 잘 살피는 법이다. 착한 아이일수록 어떻게 행동해야 부모가 좋아하는지를 필사적으로 알아채고, 그것을 달성하려고 부단히 노력한다. 그러나 쭉 그렇게 살아온 아이는 다 자란 후에 후회를 하게 되고, 결국 부모에게 '내 어린 시절을 돌려달라.'고 말할지도 모른다.

## 공부와 학력은 수단인가 목적인가

실제로 만나 본 대부분의 부모는 아이의 장래를 진지하게 생각하고 있었다. 그러나 그 걱정과 지원은 현실적인 것(학력과 자격증, 또는 경제적인 가치)에 너무 많은 비중을 두고 있다는 인상을 받는다.

게다가 때때로 아이의 마음은 방치되기도 한다. 마음의 문제는 목표를 이루기만 하면 어떻게든 된다고 생각하는(혹은 믿으려고 하는) 걸까?

그러나 부모가 칭찬이나 야단을 치며 공부를 시킨 아이는 조금 앞서 나간다 할지라도 스스로 할 마음이 생겨서 공부하는 다른 아이에게 금방 뒤쫓기다가 추월당하게 될 것이다.

여기서 하고 싶은 말은, 어차피 나중에 추월당할 테니 너무 어릴 때부터 공부에 오랜 시간 매달리는 건 무의미하다는 것이 아니다. 어릴 때는 느긋하고 자유롭게 뛰어놀면서 딱히 무얼 열심히 하지 않아도 부모에게 다정한 대우를 받으며 일상을 보낼 수 있다면 향후 아이의 삶에 있어 중요한 초석이 된다는 의미이다.

## 넓게 일군 땅에는 건물도 많이 지을 수 있다

어릴 때 지식을 너무 주입시키면 아이의 가능성을 오히려 축소시킨다는 생각에, 내 아들들한테는 그렇게 하지 않았다. 어릴 때는 친구나 형제들과 뛰어놀면서 다양한 사물을 직접 만져 보기도 하며 보내는 편이 즐거울 뿐만 아니라, 뇌와 마음의 성장에도 훨씬 더 좋다고 생각해서이다. 공부를 못해도 된다고 생각해서 안 시키는 것은 아니다.

아이의 인생을 땅에 건물을 짓는 과정에 비교해 설명하자면, 어릴 적에 충분히 뛰어노는 일은 땅을 차근차근 일구는 것과 같다. 일군 땅이 단단하고 넓을수록 그곳에 다양하고 많은 건물을 지을 수 있을 것이다. 한편, 너무 이른 시기에 공부를 시키는 일은 땅을 일구는 과정을 일찌감치 생략해 버리고 곧바로 고층 건물을 올리는 것과 마찬가지이다. 즉, 일찍 공부를 시작한 아이가 더 빨리 고층 건물을 올릴 수는 있겠지만, 결과적으로는 땅도 좁고 단단하지 못해서 다양하고 많은 건물을 짓기란 불가능하다.

공부는 행복해지는 수단 중 하나에 불과하며, 당연히 아이가 공부 말고 다른 진로로도 얼마든지 나갈 수 있다. 그러므로 우선 차근차근 넓은 땅을 확보하는 일이 중요하지 않을까?

## 남의 부러움을 받는 것보다 '행복'이 더 중요하다

전에 어떤 강연회에서 "남이 부러워하는 존재가 되기보다 '행복'이 더 중요하다."라는 말을 한 적이 있다. 교직원을 대상으로 한 강연이었는데 끝나고 나서 참석자들이 작성한 소감문을 읽다가 이런 글을 발견했다.

"선생님은 의사니까 경제적으로 걱정이 전혀 없으시잖아요. 그러니까 자녀분 성적이 떨어져도 아무렇지 않을 수 있는 거 아닙니까?"

'아이를 위해서'라며 열심히 공부를 시키는 대부분의 부모가 이런 생각을 가질 수도 있을 것 같아서 이 기회에 솔직한 생각을 말해 보겠다.

아이들이 공부를 하지 않아도, 성적이 안 좋아도 나는 아무렇지 않다. 큰아들이 중학생이었을 때 기말고사 성적이 썩 좋지 못했다. 그래서 면담 때 담임이 내게 이런 말까지 했다.

"아드님은 내신 성적이 나빠서 들어갈 수 있는 고등학교가 별로 없네요."

나는 이 말에 동요하지 않았다. 왜냐하면 아이한테는 아이만의 인생이 있다고 생각하기 때문이다. 공부를 못해도 괜찮다는 생각에서 이렇게 말하는 것이 아니다. 그러기는커녕 오히려 공부를 잘했으면 좋겠다는 바람도 있다. 만약 입시 경쟁에서 남과 다퉈야 할 상황에 놓인다면 되도록 이기길 바란다.

그러나 그 전에 내 아이가 '나는 지금 행복해.'라고 느낄 수 있는 인생을 살았으면 한다. 그것이 공부를 잘하고, 명문 학교에 들어가는 것보다 더 중요하다.

공부를 잘해 명문 학교로 진학한다고 해서 아이가 꼭 행복을 느낀다는 보장은 없다. 그것은 별개의 문제이다. 남들이 부러워할 만한 학력과 직업을 가지고도 정작 본인은 전혀 행복을 느끼지 못하는 경우도 흔하다. 그 반대의 경우도 있다.

아이 스스로 행복하다고 느끼는 인생을 살 수 있도록 부모로서 할 일이 무엇인가를 고민했을 때, 뇌 과학과 심리학의 전문가인 내가 도달한 교육 방법을 담은 것이 바로 이 책이다.

# 공부보다
# 더 중요한 것

## 인간이 성장하며
## 꼭 습득해야 하는 것

너무 당연한 말이지만 인간이 성장해 가면서 반드시 습득해야 할 것은 공부만이 아니다. 그러나 육아에 대한 불안감이 커질수록 아직 초등학생이지만 미분방정식을 풀 수 있다거나, 한자 검정 능력 시험에서 1급을 따는 등 주목 받을 만한 성과에 마음을 빼앗기는 경향이 부모에게는 있다. 자식이 눈에 띄는 성과를 달성해 세간의 주목을 받을 때 부모는 특히 큰 만족감과 안심을 얻기 때문이다.

아직 어린 나이임에도 200개국 이상의 국기를 암기했다거나 원주율을 몇 천 자리까지 기억하는 아이는 분명 그것을 달성하기까지 꾸준히 노력하는 지구력이 뛰어날지도 모른다.

그러나 이런 것은 컴퓨터로 간단히 해낼 수 있는 단순한 작업에 불과하다. 아이들이 단순한 암기에 매달리는 동안, 놓쳐 버리고 미처 습득하지 못한 뭔가가 더 마음에 걸린다. 그 이유는 이 나이대의 아이에게는 어떤 성과를 내는 것보다 더 중요하고도 어려운, 반드시 이뤄야 할 과제가 있다고 생각하기 때문이다.

## 로봇과 인공지능은 할 수 없는 일

로봇이나 인공지능이 해내지 못하는 일들은 따로 있다. 그중에는 내가 하고 싶은 일을 상대에게 말로 잘 전달해 실현시키는 일이 있다.

언뜻 보기에는 단순한 듯하지만, 그 안에 내포된 정보 처리 과정은 상당히 복잡하다. 내가 하고자 하는 일을 상대에게 잘 전하려면 먼저 내가 희망하는 바와 욕구를 파악해야 한다. 내가 무엇을 하고 싶고, 또 반대로 무엇이 하기 싫은지를 스스로 알아낼 필요가 있다. 또한 누군가에게 요구를 해서 달성하려면 최적의 상대를 찾아야 한다. 이때, 상대의 표정과 그 자리의 분위기, 인간관계 등을 잘 지켜보며 판단하는 것도 중요하다. 또한, 상대가 내 바람을 들어주었다면 잊지 말고 감사의 메시지를 전하는 일 역시 커뮤니케이션을 잘 마무리하는 데 필요하다. 이러한 과정은 타인과의 커뮤니케이션을 계속 성공적으로 유지하는 데 매우 중요하다.

커뮤니케이션을 둘러싼 문제를 해결하는 것은 수학 올림피아드에 나오는 문제와는 비교도 할 수 없을 만큼 복잡하고, 현 단계에서는 아무리 뛰어난 컴퓨터도 해내지 못하는 일이다.

그런데 어린아이는 끊임없이 변화하는 상황 속에서 시행착오를 반복하며 이런 난관을 해결해 간다. 이는 기본적인 커뮤니케이션이 얼마나 사람에게 중요한지를 단적으로 나타낸다고 할 수 있다.

비슷한 예는 얼마든지 더 있다. 형제 간 혹은 부모 자식 간에 의견이 충돌할 때 조정하는 법, 상대에게 미안한 일을 저질렀을 때 사과하는 법, 반대로 상대를 용서하는 법 등이 그러하다. 이것들은 친구를 만들고 연애를 하고 가족을 만들고 사회 안에서 다양한 관계를 형성하고 그 속에서 살아가기 위해 기반이 되는 기술이며, 어린 시절에 무수한 시행착오를 거치며 시간을 들여 조금씩 배워 가야 한다.

## 상대의 마음을 아는 것보다 더 중요한 일

아이가 어떻게 세상을 바라보고 받아들이는지, 대인 관계를 어떻게 체험하는지를 어른의 시선으로 상상하기란 매우 어렵다.

예전에 이런 적이 있다. 막내아들에게 그림책을 읽어 주고 있을 때였다. 막내가 매우 좋아하는 니시무라 도시오(西村敏雄) 작가의 《사자의 멋진 집(ライオンのすてきないえ)》이라는 그림책이었다.

원숭이 목수가 사자네 집을 만들기 시작한다. 그때 돼지가 같이 만들고 싶다면서 찾아오는데, 원숭이는 작업에 방해가 된다며 매정하게 쫓아 버린다. 풀이 죽은 돼지는 이번에는 바나나를 한꾸러미 들고 다시 찾아온다. 그러고는 원숭이에게 바나나를 먹으라고 권한다. 너무 많이 먹어 배가 부른 원숭이는 그만 잠에 빠지고 만다. 원숭이가 잠든 사이, 돼지는 친구들과 함께 제멋대로 집을 짓는다. 이윽고 잠에서 깬

원숭이가 눈앞에 완성된 별난 집을 보고는 "큰일났네! 이걸 어떻게 하지?"라고 당황한다. 그래도 사자가 그 집을 마음에 들어한 덕분에 무사히 마무리되었다는 내용이다.

이 책에서 막내가 제일 좋아하는 대목은 돼지가 바나나를 잔뜩 들고 오는 장면이다. 아이는 매번 그 장면만 나오면 굉장히 기쁜 표정을 짓지만, 나는 '돼지 녀석이 바나나를 이용해 원숭이를 회유했구나.'라고 생각하며 읽곤 했다.

그러다 문득 의문이 생겼다. 과연 막내가 '돼지의 속셈'을 이해했을까? 이는 심리학에서 볼 때 '마음의 이론'의 문제이다. 그러나 아직 어린 유아의 경우, '상대에게는 자기만의 생각이 있다.'는 사실을 잘 이해하지 못한다.

그 무렵, 막내는 이제 막 타인의 생각을 알아차리기 시작한 단계('마음의 이론'을 습득하기 시작한 단계)였다. 그래서 슬쩍 "돼지는 왜 바나나를 갖고 왔을까? 원숭이는 아까 돼지한테 고약한 말을 했잖아."라고 질문을 해 보았다.

그러자 정말 예상 밖의 대답이 나왔다.

"돼지는 원숭이한테 나쁜 말을 들어서 슬펐어. 그래서 '앞으론 그런 슬픈 말은 하지 마!' 이렇게 화해하려고 바나나를 갖고 온 거야."

즉, 이 장면을 좋아하는 이유는 원숭이와 돼지가 화해했기 때문이라는 것이다. 원숭이가 감쪽같이 돼지의 책략에 빠지고 말았다는 생각은 전혀 하지 않았다. 어쩌면 아이는 아직 거기까지는 모를지도 모른다.

막내의 말을 듣고 아이의 해석으로 다시 책을 읽어 보니, 돼지한테는 바나나를 이용해 원숭이를 제멋대로 속이려는 속셈은 없었다고 봐도 전혀 이상하지 않았다. 오히려 아이의 해석대로 읽는 편이 훨씬 재미가 있었다.

물론 이 그림책은 훌륭한 작품이지만 아이는 가르침을 받지 않아도, 아니 가르침을 받지 않기에 훌륭하며, 그것이 비록 눈에 보이지 않아도 확실하게 아이의 마음속에서 성장하고 있음을 새삼 통감했다.

세월이 흐르면 막내도 돼지의 속셈부터 먼저 머릿속에 떠올리게 될지도 모른다. 하지만 심리학에서는 처음에 아이가 습득한 것은 마음속 깊이 확실하게 뿌리를 내려 계속 남아 있다고 말한다. 그러니 이 세상과 사람들 그리고 자기 자신까지도 다정하게 바라보는 시선은 언제까지고 아이 마음속에서 분명하게 살아있을 거라고, 그래서 아이와 아이 주변의 사람들까지도 행복하게 해 줄 거라고 믿는다.

## 아이가 가진 훌륭한 능력

종종 소년 축구 경기 심판을 볼 기회가 있는데, 다음 사례는 어느 유소년 축구팀 경기 중에 목격한 장면이다.

| CASE |

초등학교 4학년 팀별 대항 축구 경기가 열렸다. 이틀간 힘든 경쟁을 뚫고 살아남은 두 팀이 결승전을 치렀는데 승부는 동점으로 끝났다. 결국 우승은 승부차기로 결정하게 되었다. 각 팀이 4명씩 승부차기를

성공시켜서 4대4가 되었고, 이어서 다섯 번째 선수가 등장했다. 선공 팀의 선수가 찬 공은 아슬아슬하게 골대 위를 스쳐갔다. 실패한 아이는 머리를 감싸 쥐고 바닥에 웅크렸다. 응원하던 부모들도 일순 말을 잃었지만, 팀 동료들은 "괜찮아! 괜찮아!", "신경 쓰지 마!"라고 큰 소리로 격려했다. 결국, 상대 팀 마지막 선수가 골을 넣으면서 시합은 끝났다. 승부가 정해지고 줄을 정렬하고 있는 동안 승부차기에 실패한 아이는 흐느껴 울고 있었는데, 동료들이 아이를 둘러싸고 안으며 위로해 주었다.

이 장면에서 실패한 친구에게 같은 팀 아이들은 조금도 주저하지 않고 위로의 말을 건넸다. 코치와 부모가 시켜서 한 것이 아니며, 의식적으로 그렇게 한 것도 아니었다. 생각을 하기도 전에 이미 말이 나오고 있었다.

코치를 비롯하여 주변 어른들은 다들 어떻게 하면 좋을지 몰라서 주저했지만 아이들은 각자 알아서 훌륭한 행동을 취했고, 즉시 실천하며 친구와 자신들을 지켰던 것이다.

이런 행동은 가르친다고 해서 할 수 있는 것은 아니다. 또래와 체험을 계속 공유하면서 기초가 서서히 생기고, 필요한 상황에서 갑자기 나타나는 것이다. 아이들이 얼마나 훌륭한 힘을 갖고 있는지를 강렬하게 실감하게 해 준 에피소드였다.

아이란 자고로 어른보다 훨씬 긍정적이어서 좀처럼 꺾이거나 주저앉지 않는다. 호기심도 왕성하고, 다시 일어서는 것도 빠르며 상대를 용서하는 힘도 강하다. 대인 관계 기술은 바로 이 시기에 습득되는 것이다.

# 먼저 시작하면 남을 이길 수 있다?

## 유년기는 시행착오의 기회가 주어진 시기

언어를 습득하는 데는 임계기, 간단히 말해 언어가 모국어로 고정되는 시기가 존재한다고 알려져 있다. 즉, 어떤 언어 환경에서 일정한 시기까지 살면 네이티브 스피커(native speaker)가 될 수 있지만, 최적 시기를 넘기면 어렵다는 것이다. 임계기는 보통 만 6~12세 무렵까지이다.

마찬가지로, 대인 관계를 맺는 능력(사회성과 커뮤니케이션 능력)을 습득할 때도 최적 시기를 놓쳐 버리면, 이후에는 습득하기 어렵다는 사실이 여러 연구에서 밝혀졌다.

육아를 경험해 본 사람이라면 유년기의 아동은 다른 아동(특히 자기와 비슷한 연령대의 아이)에게 강한 관심을 보인다는 사실을 잘 알 것이다. 부모가 아이를 데리고 외출했을 때, 아이는 아기나 자기 또래의 아이를 발견하면 빤히 응시한다. 처음에는 지켜보기만 하다가 이내 가능한 상황이라고 생각되면(예를 들어 놀이터나 병원 안 놀이 공간

등) 상대에게 접근하기도 한다. 떨어져 앉은 채로 상대를 흉내 내기도 하고, 자기 장난감을 상대에게 보여 주기도 한다. 그렇게 자기 나이에 어울리는, 아이들만의 커뮤니케이션을 시도한다.

처음 만난 상대에게 가까이 접근해서 커뮤니케이션을 하려면 일단 상대와의 거리, 상대의 표정과 목소리 상태, 몸짓이나 손짓 등 다양한 정보를 즉각 처리하며, 현재 두 사람의 상황을 잘 이해하고 파악해야 한다. 어쩌면 상대의 기분이나 기타 조건에 따라서 커뮤니케이션이 잘 안 될 때도 있을 것이다. 그래도 아이는 포기하지 않고, 또다시 도전한다.

유년기는 비슷한 또래 친구들과 어울리게 되며, 이를 지켜보고 뒷받침해 주는 어른도 주위에 있기 때문에 몇 번이고 시행착오를 할 기회가 주어진 귀중한 시기라고 말할 수 있다.

그런데 아래 사례처럼 아이를 키운다면 어떤 일이 일어나게 될까?

| CASE |

다섯 살 남자아이의 엄마가 요즘 집에서 아이에게 수학을 가르치고 있다. 아이가 수학 과목을 싫어하지 않도록 조기 교육을 시키기로 한 것이다. 간단한 덧셈과 뺄셈, 구구단도 가르쳤고, 컴퓨터도 가르치고 싶지만 속셈 학원을 다니는 편이 수학 능력을 잘 키울 수 있다는 조언을 들었다. 그래서 지금 컴퓨터를 가르칠 것인지 속셈 학원을 보낼 것인지를 두고 어느 쪽이 효과적일지 고민에 빠져 있다.

| CASE |

초등학교 저학년인 여자아이가 일주일에 세 번 학원에 다니고 있다. 수영과 그림도 배우고 있다. 주변에 영어 회화를 배우는 아이가 많아지자, 엄마는 조만간 영어 회화 학원에 보낼 계획도 갖고 있다. 하루라도 빨리 조기 교육을 시켜서 영어 발음을 익혀야만 제대로 된 영어를 할 수 있다고 해서, 혹시라도 때를 놓칠까 봐 걱정하고 있다.

훌륭한 영어 발음이나 듣기 능력을 습득하려면 어릴 때의 체험이 중요한 것도 사실이다. 그러나 학원에서 일주일에 몇 번 영어를 접촉하는 것 이외에 주위 사람들이 모두 영어로 대화하는 상황, 즉 살아가는 데 필요한 그 언어에 아이가 직접 관심을 보이는 환경이 결정적으로 중요하다고 한다. 그러나 이에 관한 논의는 이 책의 주제에서 벗어나므로 여기서는 문제 삼지 않겠다.

원래의 주제로 다시 돌아가 보자. 아이는 가족과 또래 친구들에게 둘러싸인 안전한 환경 속에서 따뜻한 보호를 받으며, 한 인간으로서 살아가는 데 필요한 기본적인 능력과 커뮤니케이션 능력을 시행착오를 거치며 습득해 나간다. 그런데 이런 중요한 시기에 글자와 숫자로 단순화된, 어떤 의미로는 '간단'하고 현실이 아닌 '공부'에만 긴 시간을 투자한다면 어떻게 될까? 아이의 조기 교육과 입시에 집착하는 부모들은 이런 상황의 문제점을 과연 깨닫고는 있을까?

'부모 스스로 변해야 한다'(26p)에서도 말했지만 아이의 조기 교육이나 입시 문제에 집착하여 아이를 강압적으로 몰아세우는 부모는 이런 지적을 결코 받아들이지 않는다는 사실을 상담하면서 질리도록 경험했다. 솔직히 이런 부모들이 이 책을 읽고 '아이에게 다정하게 대하자.'라는 생각을 할 것이라는 기대는 별로 하지 않는다.

그렇지만 "어릴 때부터 이런 공부에만 매달리게 하는 것이 정말로 아이를 위한 걸까?", "아이는 아이답게 좀 더 즐겁게 생활하는 게 좋지 않을까?" 같은 고민을 하는 부모에게는 이 책이 말하고자 하는 바가 조금이라도 전달되기를 바라마지 않는다.

## 공부가 갖지 못한 소중함

물론 글자와 숫자에는 다양한 효용과 이점이 있다. 예를 들면, 멍멍 짖고 있어도, 몸을 둥글게 말고 잠을 자고 있어도, 덩치가 커도 작아도 '개'는 '개'이다. 여러 가지 구체적인 개별 정보를 제거하고 추상적인 정보를 전달하는 것이 바로 글자와 숫자의 힘이다.

그러나 어린 시기에는 그런 추상적인 정보보다는 먼저 구체적이고 사실적인 것을 충분히 체험하는 것이 중요하다. '구체적이고 사실적인 것'이란 이를테면 나뭇잎을 흔드는 바람 소리, 틈에서 새어 나오는 복잡한 빛의 움직임, 시냇물에 담근 손이 느끼는 상쾌함, 비가 갠 후 모래사장에서 나는 습한 모래 냄새, 강아지가 장난치며 얼굴을 핥을 때의 간질거림 같은 것이다.

이런 것을 접하고 느끼는 시간은 언뜻 불필요해 보이지만, 사실은 매우 중요한 의미를 갖고 있다. 아직 어린 뇌가 다양한 체험에서 받아들일 수 있는 감각 정보와 그에 따라 환기되는 감정 체험 등은 '공부'를 위한 책이나 비디오 영상을 볼 때 입력되는 정보하고는 완전히 규모가 다른 복잡함과 풍요로움을 가지고 있다.

다양한 감각을 통해서 접하는, 시시각각 변하는 살아있는 세계가 어린아이의 뇌에 삽입되어 이미지의 세계를 풍요롭게 만든다. 풍요로운 이미지의 세계가 만들어지면 책을 읽을 때도 내용을 깊이 있게 만끽할 수가 있을 것이다.

인간은 몇 백만 년의 시간을 거치며 끊임없이 변화하는 자연 속에서 진화해 온 생물이다. 뇌 연구 종사자로서, 유년기를 글자나 숫자 공부에만 장시간 매달리며 책상 위의 지식을 채우는 데만 낭비하는 게 얼마나 아까운지 모르겠다.

글자에 흥미가 없는 시기에 아동이 보이는 행동을 하나 소개한다.

막내아들인 테루가 네 살 때의 일이다. 어린이집이 끝나고 아이를 데리러 갔다. 옷걸이에 막내 것과 똑같은 점퍼가 하나 더 걸려 있었다. 친구 유우키의 옷이었다. 글자를 전혀 못 읽음에도 불구하고, 아들은 소매 쪽 이름표에 적힌 글자를 슬쩍 보더니 한 치의 망설임 없이 "이게 내 거야!"하고 옷 하나를 손에 잡았다. 어떻게 네 옷인 줄 아냐고 물어보니 "내 건 두 개, 유우키 건 세 개야."라고 대답했다. 즉, 이름표에 적힌 글자 수로 구별한 것이다. 그때 '녀석, 제법이구나.' 하고 감탄했던 기억이 있다.

아들은 주변 어른에게 자기 이름의 글자를 가르쳐 달라고 부탁한 적이 없다. 다섯 살이 되고 한참 후에 갑자기 글자에 흥미를 갖기 시작했고, 그림책을 읽어 줄 때면 "아빠, 이 글자는 뭐야?" 하고 자주 묻곤 했다. 그러고 얼마 후 글자를 전부 뗐다.

## 가르쳐 주지 않아도 아이 스스로 '발견'한다

이제 막 글자를 배운 아이를 관찰하다 보면 재미있는 특징을 발견하게 된다. 자기 이름을 읽을 수 있게 되면 그림책이나 부모가 읽는 책, 신문지에 실린 광고 문구 등 시야에 들어오는 글자란 글자는 모조리 읽으려고 한다.

아이들이 글자를 읽는 규칙을 어떻게 배우는지 한번 유심히 지켜보길 바란다.

예를 들면 어떤 아이는 종종 글자를 읽을 때 받침을 누락시켜 버리거나 잘못 발음하기도 한다. 이럴 때 부모가 일일이 교정해 주려고 애쓰지 않아도, 머지않아 아이는 매우 자연스럽게 발음하는 방법을 터득해 간다.

부모가 옆에서 그림책을 읽어 줄 때 아이를 자세히 보면 아이 역시 직접 자기 눈으로 글자를 따라 읽으려고 한다. 그리고 자기가 잘못 읽고 있었다고 깨달으면 나름대로 '수정'을 해 가면서, 부모 혹은 유치원 선생님이 읽어 주던 방법에 최대한 접근하려고 노력한다. 물론 아이가 "이 글자는 왜 ㅁㅁ라고 읽어?"라고 질문할 때도 있다. 이런 상황에 닥치면 나는 되도록 "이럴 때는 ㅇㅇ라고 읽는 거야."라는 투로 아주 간단하게만 알려 줄 뿐, 설명을 길게 하지 않는다. 그리고 아이가 잘 읽었을 때도 칭찬을 하거나 틀려도 교정해 주지 않는다.

부모가 가르쳐 주지 않아도 아이는 스스로 터득할 수 있게 된다. 그 훌륭함을 부디 경험해 보기를 바란다. 물론 아이에게 되도록 많이 가르쳐 주고 싶은 것이 부모의 마음이다. 그러나 억지로 가르쳐서 읽을 수 있게 되기보다는 아이를 지켜봐 주고, 기다려 주는 경험이야말로 부모 역시 훨씬 많은 것을 얻을 수 있다고 믿는다.

이는 향후 육아에서 아이가 공부와 일상에서 하나둘씩 달성해 나갈 때, 부모로서 그것을 어떻게 지켜볼 것인가에 대한 기초가 된다.

어른이 옆에서 가르쳐 주면 얼른 해낼 수 있는 과제를, 아이가 혼자서 못 해내고 있는 상황을 '여유를 가지고' '즐거운 기분으로' 지켜볼 수만 있다면 부모는 매우 편해질 것이다. 또한, 아이 역시도 부모가 간섭을 안 하면 자기만의 속도로 도전에 임할 수가 있어서 더 편하다.

부모가 억지로 가르치지 않아도, 아이는 글자와 숫자, 시계 등에 흥미를 드러내기 시작한다. 그 시기는 아이에 따라 다양하다. 때가 되면 젖을 떼고 기저귀를 떼는 것처럼, 아이 스스로 그 '때'를 결정할 것이다.

## 글자를 모르는 시기는 소중하다

부추기거나 야단치면서 일찍 글자를 가르치는 것은 아무런 이익도 없을뿐더러, 오히려 안타까운 일이다. 그래서 내 아이들에게는 글자를 적극적으로 가르치지 않았다. 아이들이 '글자라는 것을 전혀 모르는 시기'를 소중하게 다루고 싶었기 때문이다.

일단 글자를 읽을 줄 알면 집 안과 거리의 풍경은 일순간에 변해 버린다. 자꾸 글자에 시선을 빼앗기기 때문이다. 그림책을 읽을 때도 마찬가지이다. 미술관의 큰 그림 앞에 선 관람객이 정작 그림을 감상하기보다 옆에 있는 해설만 열심히 읽고 있는 상황이 벌어지는 것이다.

글자에 관심을 갖기 전에 이 세상을 충분히 여유롭게 바라보고 느끼는 것은 매우 중요한 체험이다. 시기의 차이가 있지만, 아이들은 곧 글자에 흥미를 가지기 때문에 굳이 어른이 가르치지 않아도 아이가 먼저 질문을 하면서 금세 글자를 기억해 버린다.

우리 아이들은 초등학교에 들어가고 나서야 처음으로 글자 쓰기를 배웠다. 하지만 모두 책을 좋아한다. 성적표에 적힌 성적이 훌륭하지는 않아도, 공부를 싫어하지는 않는다.

# 등교 거부는
# 용기 있는 행동이다

## 등교 거부는
## '문제'가 아니다

나는 등교 거부를 '문제'라고 생각하지 않는다. 그 이유는 나중에도 설명하겠지만, 학교에 가지 않는 것은 아이가 용기를 내어 자신을 지키고자 한 행동이기 때문이다.

좀처럼 자기 자신을 지키기 힘들었던 아이가 결국 막다른 지경에 몰려서야 결심을 하고 실천한, 이른바 파업 같은 것이다. 이 용기 있는 행동으로 인하여 아이의 부모와 가족, 담임과 반 친구들은 처음으로 당사자가 괴로워하고 있었다는 사실을 알게 된다.

지금까지 아이의 등교 거부 문제로 고민하는 수많은 부모를 만나 왔다. 상담은 부모의 이야기를 듣는 것부터 시작하는데, 처음 부모를 만났을 때 나는 이런 말을 한다.

"등교 거부는 아이가 자기 자신을 지키고자 용기를 내어 선택한 중요한 행동입니다."

이 말을 하는 이유는 여전히 수많은 부모가 등교 거부 자체를 창피하고 한심하다고 여기기 때문이다. 그래서 아이가 등교를 거부하면, 대개 부모는 아이가 학교에 가지 못하는(혹은 가지 않는) 이유를 생각하기보다 무조건 다시 학교로 돌아가길 바란다.

그러나 이는 '아이가 학교에 가지 못하는(혹은 가지 않는) 것'이 부모한테는 바람직하지 못한 현실이기 때문에 받아들이려 하지 않는 것이다. '내 자식한테 이런 일이 일어나다니, 뭔가 잘못됐어. 아이가 학교로 돌아가면 모든 문제는 아무 일 없었던 것처럼 사라질 거야.' 바로 이런 생각을 하는 것이다.

## 등교 거부 시작 시 아이의 심신 상태

그러나 실제로는 등교 거부가 시작될 즈음의 아이는 이미 상당히 약해진 상태일 것이다.

그림1(62p)은 등교 거부를 시작할 때 아이가 얼마나 약해졌는지 그리고 다시 등교할 때 건강이 얼마나 회복되었는지를 이미지로 표현한 것이다.

대개 등교 거부 문제로 아이가 괴로워한다는 사실을 처음 알게 된 부모는 큰 충격을 받는다. 그래서 당장 아이를 학교에 돌려보내서 등교 거부 자체가 아예 존재하지 않았던 것처럼 만들려는 부모도 있다. 가고 싶지 않은 아이를 야단치고, 팔을 잡아당겨 집 밖으로 끌어내 차에 태워서 교문 앞까지 데려가는 한이 있더라도 아이가 학교를 안 가려고 하는 현실을 부정하려고 한다.

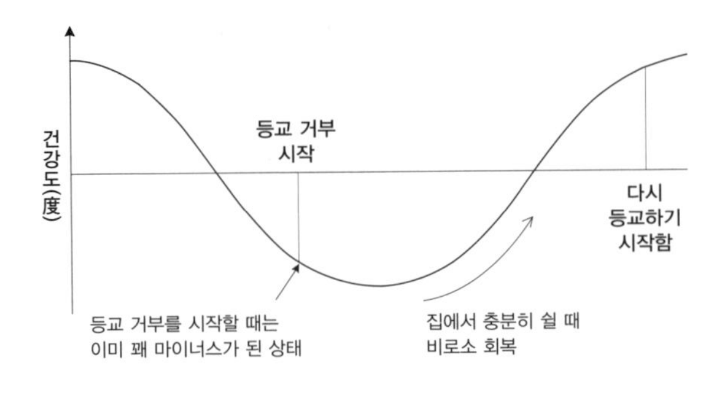


**그림1.** 등교 거부를 시작할 때 아이의 상태

한편, 아이는 학교에 가고 싶지 않다고 말해 봤자 부모가 들어주지 않을 테고, 부모가 충격을 받으리라는 것을 잘 알고 있다. 그렇기에 아무리 힘들어도 입 밖으로 말하지 않고 억지로 다니고 있었던 것이다. 그러다 더는 도저히 노력조차 힘든 상태에 빠지게 되니, 결심하고 학교에 가고 싶지 않다고 표현하는 것이다. 아이가 등교 거부를 시작할(괴로움을 표현할 수 있는) 때에는 이미 피해가 꽤 커진 상태인 것도 이런 이유 때문일 것이다.

따라서 2, 3일 정도 쉰다고 곧바로 학교로 돌아갈 수 있는 경우는 거의 없다. 만약에 돌아갈 수 있다고 해도, 마이너스로 떨어진 건강도가 바로 회복되는 것은 아니기 때문에 머지않아 또 문제가 발생한다. 건강도가 그토록 떨어지기까지는 꽤 시간이 걸리므로 플러스로 올라가기 위해서는 나름의 시간이 필요한 것이다.

모처럼 학교를 쉴 수 있게 되었다고 해도, 집에서 안심하고 지내지 못한다면 지친 마음이 회복하기는 어렵다. 따라서 진찰 및 상담 초기에 이러한 사실을 설명해 준다. 회복하는 데에 나름 시간이 걸리며, 아이가 모처럼 학교를 쉬고 있어도 집에서 안심하고 지내지 못한다면 건강은 회복되지 않는다고 말이다. '밤낮이 바뀐 생활을 하며 게임에만 푹 빠져 지내는' 표면적인 문제로 부모가 잔소리만 한다면 아이는 에너지를 회복하기는커녕 집안에서도 궁지에 몰린다. 그러면 결국, 등교 거부 상태만 장기화될 뿐이다. 뒤처지는 공부와 생활 습관 등에 대해서는 일단 눈을 감고, 아이가 밖에 나갈 수 있도록 건강 회복을 가장 큰 목표로 삼아야만 한다.

## 놀고 싶어서 등교 거부를 하는 아이는 없다

| CASE |

등교 거부를 하는 남자 중학생의 엄마가 등교 거부 한 달이 지나서 상담을 하러 왔다.

"우리 애는 대낮에 잠만 자다가 한밤중이 돼서야 일어나거든요. 그러곤 쭉 컴퓨터 게임만 해요. 솔직히 애가 게임 때문에 학교를 결석하는 게 아닌가, 그런 생각까지 들어요. 그래서 요즘은 차라리 컴퓨터를 버릴까 하는 생각도 해요. 애는 그냥 종일 놀고 싶어서 학교에 안 가는 것 같아요."

그래서 이렇게 물었다.

"아드님이 게임에 빠져서 학교도 안 가는, 소위 불량아였나요?"

그러자 "아뇨. 전혀 불량스럽지 않습니다. 오히려 얌전하고 평범한 아이예요."라고 엄마가 대답했다.

자식이 등교를 거부하는 이유를 진지하게 생각하는 것은 부모로서 상당히 힘든 일이다. 내 아이가 게임에 빠져서 학교를 며칠씩이나 땡땡이칠 만한 아이인지 아닌지는 사실 부모라면 누구보다 잘 알고 있을 터다. 그러나 부모는 아이의 표면적인 행동만 보며 수용할 수 있는 정도의 이유를 찾아내고는 조금이라도 안심하고 싶어 한다.

상담하면서 이 엄마처럼 말하는 부모를 종종 만난다. 하지만 학교에 가지 않고 집에서만 시간을 보내는 것은 아이한테도 힘든 일이다. 게임을 하고, 만화책을 읽고, 인터넷 채팅처럼 기분 전환을 할 만한 무언가가 필요한 것은 어떤 의미로는 당연하다.

## 등교 거부는 패기 있는 선택이다

현재 등교 거부 중인 한 아이의 엄마가 상담 도중 "우리 애는 패기가 없어요."라는 말을 했다. 하지만 패기가 없다면 무서워서라도 등교 거부라는, 남들과 다른 행동을 선택하지는 못할 것이다.

예를 들어 학교에서 또래로부터 괴롭힘을 당하고 있는데, 패기가 없었다면 아무리 자존심을 다친 후라도 자신을 지켜 주지 않는 학교에 "No!"라고 말하면서 이탈하지는 못했을 것이다.

등교 거부는 아이가 자신을 지키기 위해서 용기를 내어 표현한 행동이다. 그 용기 있는 결단을 "패기가 없다."고 치부해 버리는 부모야말로 용기가 부족한 것이다.

괴롭힘이나 따돌림 문제를 예로 들었지만, 학교가 아닌 가정에 문제가 있을 수도 있다. 그러나 아이가 할 수 있는 구조 요청 표현 수단은 어른이 생각하는 것 이상으로 매우 한정되어 있다.

말로 표현을 잘 못 하는 아이가 할 수 있는 일은 아침에 늦게 일어나서 지각하기, 숙제 안 하기, 준비물 안 챙기기, 학교 결석하기, 목욕 안 하기, 식사 거르기, 자해, 폭력 등의 선택지 정도가 있을 뿐이다.

다시 말해서 아이의 이런 행동은 부모와 주변 어른들에게 보내는 메시지이다. 특히 가장 신뢰할 수 있는 부모에게 "엄마! 아빠! 나 지금 너무 힘들어요."라고 호소하는 것이다.

가끔 이런 사실을 설명하면 "왜 직접 말하지 않는 걸까요?"라고 의문을 던지는 부모가 많은데, 사실대로 말하고 싶어도 과연 부모가 잘 들어 줄지 기대할 수 없기 때문에 말을 못 하는 것이다. 혹은 아이가 현재 자신이 처한 상황을 스스로 '괴롭다'거나 '힘들다'고 느끼는 것조차도 힘들어 하는 상황일 수도 있다. 이런 경우, 무작정 참기만 하다가는 문제가 더욱 심각해져서, 조만간 말이 아닌 행동으로 표현할 수밖에 없는 위기에 빠질 수 있다.

## 공부가 뒤처질까 봐 걱정할 때가 아니다

아이의 등교 거부 문제로 부모와 상담을 하던 중

에 신기하다고 느낀 부분이 있다. 바로 등교 거부를 하는 아이를 둔 부모는 무엇을 곤란해 하고, 무엇을 불안하게 생각하고 있는가에 대한 것이다.

상담하러 오는 부모 중 많은 수가 "계속 학교를 결석하면 공부를 따라가지 못하는 게 아닐까요?", "지금 중학생인데 고등학교에 진학을 못 하게 되면 어떡하죠?", "지금 고3인데 혹시 유급을 하면 1년 더 다녀야 하나요?"와 같은 걱정을 입에 올린다.

등교 거부 중인 한 중학생의 아빠는 매일 아침 출근 직전에 "학교 공부가 절대로 뒤처지면 안 된다."라고 당부하면서 문제집 풀이를 숙제로 내 준다고 했다.

"공부가 뒤처질까 봐 그게 걱정이에요. 집에 있으면 아무것도 안 하거든요."

이런 이유로 아빠는 일일이 문제집을 검사하고 도장까지 찍어 가면서 숙제를 검사하고 있었다. 그러나 현재 아이는 학교에 안 갈 뿐만이 아니라(혹은 갈 수 없는 상황이거나) 집에만 있는 모습을 동네 사람들이나 학교 친구들이 보는 게 싫어서 아예 집 밖으로 나가지 않게 되었다. 아이가 이렇게 약해지고 곤란한 상황인데도 성적이 떨어질까만 걱정하는 부모의 모습에서 위화감을 느꼈다.

집 밖으로 나가지 않으면 학교는커녕 앞으로 살아가는 데도 많은 지장이 생긴다. 그런데도 공부가 뒤처져서 진학도 못하고 유급을 할지도 모를 상황만 걱정하는 것은 본질에서 매우 어긋난 것이다. 만약 아이가 밖으로 안 나가고 집 안에만 있으려고 한다면 왜 나가지 않는지, 지금 무슨 생각을 하고 무엇을 느끼고 있는지를 먼저 신경 써야 하는

데 말이다.

이 점은 앞서 말한 '눈에 보이는 것에 너무 치우치고 있다.'는 내용과 연결된다. 특히 등교 거부 초기에 부모는 보통 '학교에 갈 수 있을까?'와 '학교 공부를 따라갈 수 있을까?'처럼, 아이가 무엇을 하고 무엇을 못 할지에 대한 걱정만 한다. 그러나 아이는 학교나 공부 이전에 '나는 이제 살아 봤자 아무 소용이 없는 게 아닐까?'라고 고민할 만큼 괴로워하는 경우도 결코 드물지 않다.

## 가정 폭력도 아이의 구조 신호

아이가 보내는 구조 신호 표현 중에서, 가정 폭력에 대해서도 설명해 보려고 한다.

큰 소리를 치고, 벽을 주먹으로 치거나 발로 차고, 컵과 접시도 깬다. 그러다 끝내 부모를 밀치기도 하고, 때리고 발로 차는 등 가정 폭력은 몇 가지 단계를 거친다.

여러 경우가 있기 때문에 단정 지어 말하기는 어렵지만, 그동안 만나 본 가정 폭력 사례들에서 부모가 자식의 이야기를 잘 들어 주지 않는 경향이 두드러졌다. 비싼 게임기를 사 달라거나 자동차를 사 달라는, 그런 종류의 무리한 요구를 들어주지 않았다는 것이 아니다.

아이가 폭력으로 호소할 수밖에 없는 상황에 처하는 사례의 공통적인 특징은 바로 부모의 태도가 매우 완고하다는 것이다. 부모 자신이 옳다고 생각하는 일과 가치관을 아이에게 강요하는 경우가 많았다.

그런 경우, 아이는 부모의 사고방식과 행동에 이의를 제기하는 것이 애초에 허락되지 않거나, 의견을 말해도 거의 들어 주지 않는 상황에 놓여 있다. 그리고 아이는 아무리 열심히 자신의 마음을 전해도 부모는 꿈쩍하지 않는다고 느끼고 있다.

그렇게 되면 아이가 부모의 마음을 움직이기 위해서는 폭력에 호소하든지, 아니면 자해나 거식증, 과식증, 비행 등 자기 몸에 스스로 상처를 입히는 것밖에는 수단이 없어지는 것이다.

## 다시 등교하는 타이밍

다시 등교하는 타이밍도 중요하다. 집에서 안정되게 지낸 덕분에 마이너스였던 건강도가 크게 증가해 플러스가 되었다고 하자. 그래서 이제 학교에 충분히 다시 갈 수 있을 것처럼 보이는 상태가 되었어도 아이가 즉시 등교할 수 있는 것은 아니다. 이는 건강도가 마이너스로 떨어졌다고 해서 곧바로 등교 거부로 연결되지 않는 것과 마찬가지이다.

여기에서 강조하고 싶은 것은 언제 다시 등교할 수 있을지는 사례에 따라서 다양하지만, 언제 학교에 다시 나갈지에 대해서는 아이에게 맡기는 것이 중요하다는 점이다.

새 학기가 되었다는 둥 수학여행을 간다는 둥 여러 이유를 달면서 교사나 부모는 아이가 다시 등교하기를 재촉한다. 그러나 모처럼 여기까지 회복했다면 중요한 결단은 아이에게 맡기는 것이 좋다.

다시 학교에 가는 일은 등교 거부를 결심하는 것과 비슷할 정도로 대단한 용기가 필요한 일이다. 그것은 부모에게도 아이의 용기를 믿고 기다리는, 귀중한 체험을 할 기회이다.

물속에 들어가는 것을 무서워하는 아이의 등을 살짝 밀어서 물에 들어가도록 도와주면 "뭐야, 전혀 안 무섭네!"하고 다음부터는 아무렇지 않게 물속에 첨벙 뛰어 들어갈 것이다. 마찬가지로 아이의 건강이 회복되고 있다면 부모나 주위 어른이 아이에게 권유하면서 다시 등교시키는 일은 그다지 어려운 일은 아닐 것이다.

그러나 이럴 때는 아이가 스스로 결정하는 것이 중요하다. 그래야 아이에게는 향후 긴 인생에서 끝까지 살아 있는 중요한 자신감으로 이어지고, 부모에게도 아이의 용기를 믿고 기다릴 수 있었다는 중요한 경험으로 남는다. 이 경험은 부모 자식의 관계에서 오래도록 귀중한 유대가 될 것이다.

## 등교 거부의 타이밍과 아이가 가진 강인함

마지막으로, 매우 인상적이었던 어느 초등학교 남자아이의 등교 거부 사례를 소개한다.

| CASE |

초등학교 6학년 남학생 A군은 여덟 살 여동생 그리고 엄마와 같이 살고 있다. 아빠와 엄마는 1년 전에 이혼했다. A군이 5학년이 되었을

때, 그때까지 살던 곳을 떠나 엄마의 고향으로 이사를 갔다. 엄마가 새로 얻은 일자리는 자주 야근을 해야만 했는데, A군은 새 학교에 좀처럼 적응을 못하는 여동생을 달래고 격려하는 한편, 장남으로서 열심히 엄마를 위해 집안일도 도우면서 씩씩하게 학교에 다녔다.

이사하고 1년이 지나 6학년이 된 지 얼마 안 된 어느 날 밤, 엄마가 밤늦게 집에 돌아와 보니 웬일로 빨랫감이 바닥에 어지러이 흩어져 있었다. 항상 A군이 깨끗이 정리했기 때문에 그때까지 단 한 번도 없던 일이었다. 지쳐 있던 엄마는 A군을 야단치고 말았다. A군은 갑자기 큰 소리로 울기 시작하더니, 엄마를 밀치고 집 밖으로 뛰쳐나갔다. 그런 일은 처음이었기 때문에 엄마는 상당히 충격을 받았다. 그날 A군은 꽤 멀리 떨어진 장소를 맨발로 걷고 있다가 경찰관에게 발견되었다. 그리고 다음 날부터 학교에 가지 않았다.

엄마는 아들이 등교 거부를 시작한 시점에 상담하러 찾아왔다. 그리고 상담 중에 엄마가 A군에게 너무 의존하고 있었다는 사실이 명백하게 드러났다.

이혼으로 인해 마음에 생긴 상처와 이사를 하고 새로 얻은 직장 그리고 힘든 육아를 엄마도 필사적으로 견뎌 내고 있었다. A군은 항상 착한 아이였고, 그동안 아빠와 엄마 사이에서 마음고생도 했다. 게다가 부모가 이혼한 후부터는 이전보다도 더 부모에게 마음을 썼다. 전학을 하게 되어 친구들과 헤어진 상실감에 매일 외로워하는 여동생에게도 다정하게 대하며 격려하는 한편, 늦게 퇴근하는 엄마를 대신해 식사 준비와 빨래도 스스로 솔선해서 하고 있었다.

"우선 A군에게 사과를 하고 힘들었는데도 지금까지 도와줘서 고맙다고 아이에게 감사하는 마음을 전하세요."라고 엄마에게 조언했는데, 내 말을 이해하고 즉시 그렇게 했다.

학교에 가지 않게 되어 식사할 때 말고는 방에서 나오지 않았던 A군에게 엄마가 사과를 하자, A군은 얼음이 녹듯이 그 자리에 털썩 쓰러져 앉았다고 한다. 쭉 험악하게 굳어 있던 표정이 순식간에 풀리면서 미소를 되찾았고, 그 시점부터 계속 어린아이처럼 응석을 부리기 시작했다고 한다.

그 후에는 하루 종일 엄마에게 달라붙은 상태로 떨어지려고 하지 않았다. 2주가 지나도록 A군은 옷을 갈아입는 것도 양치질도 식사도 스스로 하지 못했다. 말도 아기 말투가 되었다. 결국 엄마는 휴직을 하고 아기를 돌보듯이 A군을 보살피기 시작했다. 그리고 한 달 후, A군의 상태는 원래대로 돌아왔고 "나 내일 학교에 갈래요."라고 선언하더니 다음 날부터 아무렇지 않게 학교로 돌아갔다.

무엇보다도 가슴에 와닿았던 것은 A군이 등교 거부를 결단한 타이밍이다. 이사하자마자 곧바로 등교 거부를 했다면 이 가족은 붕괴하고 말았을 것이다. 엄마의 일도 여동생의 학교생활도 어떻게 되었을지 장담 못 한다. 그동안 A군은 친구와 헤어진 슬픔과 아빠를 그리워하는 마음을 가슴속에 꼭꼭 감춘 채로 엄마와 여동생을 마치 남편이나 아빠인 것처럼 지탱해 준 것이다.

처음 상담하러 온 시점에서는 엄마에게 여유가 없었기 때문에 자신이 아들에게 얼마나 의존하고 있었는지 전혀 눈치채지 못하고 있었다. 상담을 하는 동안 엄마의 이야기를 들으면서 A군의 마음을 생각하자, 몇 번이나 마음이 울컥해졌다.

A군은 어린 나이에도 가족이 위기에 놓인 상황에서 그야말로 한계까지 지탱하며 노력했다. 그리고 이윽고 엄마가 현 상황을 받아들일 수 있게 되자 '아기로 퇴행'함으로써 본인에게 필요한 것을 얻어 자신을 회복시켰다.

인류는 몇 백만 년 동안 가혹한 환경 속에서 살아남았다. 그리고 지금 살아 있는 사람들은 그중에서도 신체적으로나 정신적으로나 가장 강인했던 조상의 후예이다. 우리 안에는 강하게 살아남으려는 힘이 분명 잠재해 있을 것이다. 이 사례 역시 그 사실을 새삼 깨우쳐 주었다.

# 아이를 믿고 애정을 표현한다

## 상담의 기본은 이야기를 듣는 것

일반적으로 상담은 내담자의 이야기를 들으면서 진행된다.

물론 상담 내용에 따라서 내담자가 이렇게 하면 문제(상담하러 온 계기가 된 일)는 해결될 거라는 게 누가 보아도 분명한 경우가 있다. 그래도 카운슬러가 먼저 조언하는 것은 좋은 방법은 아니다. 조언을 받는다고 일이 잘 해결될 정도라면 좋은 책만 읽어도 됐을 것이고, 이미 친구나 가족으로부터 받은 조언이 해결해 주었을 것이다. 그럼에도 해결이 잘 되지 않았기에 돈을 지불하고 시간을 써서 상담을 받으러 온 것이다.

중요한 점은 내담자가 하는 말을 비록 대부분의 사람이 '조금 이상하다.'고 느끼는 내용일지라도 어쨌든 들어 주는 것이다. 천천히 여유를 가지고 들어 주기 시작하면, 비로소 내담자는 자기 마음에 다가갈 수가 있다.

진정한 자신에게 가까이 다가가는 일은 꽤 무서운 일이기도 하다. 카운슬러의 역할은 혼자서는 갈 수 없는 무서운 곳에 함께 따라가는 일이라고도 할 수 있다. 조금만 더 가면 곧 도달할 수 있을 것만 같아도 성급해하지 말고, 스스로 자기만의 속도로 도달하기를 기다리는 것이 중요하다.

이러한 사고의 근본에는 인간에 대한 신뢰가 있다. 혹은 생물에 대한 신뢰라고 말해도 좋을 것이다. 생물은 반드시 자신을 지키는 힘을 갖추고 있다. 그 힘이 발휘되기를 믿고 기다리는 것이다.

## 아이는 개선하려는 힘을 갖고 있다

상담에서 중요한 자세는 바로 내담자가 가진 힘을 믿는 것이다. 비록 카운슬러의 눈에 좋은 방향으로 나아가고 있지 않더라도(혹은 오히려 안 좋은 쪽으로 가더라도) 지켜보고자 하는 자세는 육아에 있어서 아이에 대한 믿음을 갖는 것과 같다.

하지만 부모가 내 아이는 미숙해서 이대로 놔두면 잘못된 방향으로 갈 것이라는 생각을 갖고 있다면 결국 아이에게 간섭하게 된다.

| CASE |

세 살과 한 살짜리 자매를 키우고 있는 엄마는 큰딸 육아로 완전히 지쳐 있다. 큰딸은 여동생이 태어나고 나서 이미 뗀 기저귀를 다시 차기 시작했다. 원래도 호불호가 분명한 아이였지만, 시간이 갈수록 점

점 심해졌다. 목욕도 싫다, 양치질도 싫다, 다정하게 말해도 전혀 들으려 하지 않았고, 야단치거나 강제로 시키면 울부짖으면서 저항했다. 혹시 육아 방법이 잘못된 게 아닐까 고민 중인 엄마는 하루 종일 아이에게 화만 내고 있는 상황이다. 좀 더 다정하게 아이를 포용하는 자세로 대해야 할까? 그런데 만약에 그렇게 했다가 아이가 전혀 나아지지도 않고 심지어 그냥 이 상태로 정체돼 버리면 어떡하나 걱정이다.

주변에 있는 또래의 아이들은 다들 할 줄 아는데 우리 아이만 아직 못 하는 상황이라면 아마 대부분의 부모는 불안을 느낄 것이다. 게다가 이 사례처럼 바로 아래 동생이 있으면 손이 더 많이 가기 때문에 부모에게 여유는 없다. 이런 고민을 하는 것도 충분히 이해가 간다.

하지만 이럴 때도 흔들림 없이 아이를 믿는 굳은 마음만 있다면 큰 도움이 된다. 엄마가 어린 동생만 신경 쓰고 자기한테는 관심을 덜 주는 것 같아서 "엄마, 나를 더 소중히 대해 주세요."라고 필사적으로 엄마에게 호소하고 있는 것이기 때문이다.

이럴 때 나라면 큰딸에게 완전히 항복하고 큰딸을 애지중지 대할 것이다. 화장실에서 배설하는 데 매번 실패해도 "괜찮아."하고 치워 주고, 응석을 부릴 때마다 되도록 반응해 줄 것이다.

동시에 동생이 떼를 써도 일단 큰딸을 우선시할 것이다. 그 이유는 큰딸은 지금 부모의 애정이 부족하다며, 자기만의 표현으로 필사적인 호소를 하고 있기 때문이다.

동생을 꼭 챙겨 줘야 할 경우에는 먼저 큰딸에게 양해를 구한다. "너는 언니잖아. 언니면 당연히 동생한테 양보하고 참아야 되는 거야." 이런 태도가 아니라 "힘들게 해서 정말로 미안해."라고 진심으로 미안해하는 것이다.

이렇게 하는데도 점점 건방져져서 부모가 손도 못 쓸 정도로 상황이 나빠지는 아이는 없을 것이다. 부모가 아이를 신경 써 주면 아이 역시 똑같이 상대를 신경 쓰고 배려하게 된다. 원래부터 아이는 좋은 쪽으로 개선하고자 하는 힘을 갖고 있다.

동생이 태어나서 스트레스를 받고 있다면, 어떤 형태로든 큰아이에게는 배설에 관련된 문제가 발생하곤 한다.

정신분석의 창시자인 지그문트 프로이트(Sigmund Freud)• 는 "변은 아이가 엄마에게 최초로 선사하는 선물이다."라고 했다. 나 역시 네 아들이 각자 처음으로 화장실에서 대변을 누었을 때 얼마나 기뻐했는지 모른다. 그날의 기억은 지금도 또렷하다. 첫째 때는 증거 사진까지 찍어서 남겼을 정도였다. 이때 "잘했어! 정말 대단하구나!"하고 크게 기뻐하는 부모를 보면서 아이는 방금 자기가 한 일이 얼마나 부모를 기쁘게 했는지를 곧 이해한다.

그래서 부모에게 불만이 생기면 "이제 더는 엄마 아빠를 기쁘게 하는 일은 안 할 거야."라고 부모에게 주고 있던 선물을 중지해 버리는 것이다. 비록 그 일이 자기 몸에 좋지 않아도 말이다.

• 지그문트 프로이트(1856–1939)는 오스트리아의 신경과 의사이자 정신분석의 창시자이다. 히스테리 환자를 관찰하고 최면술을 행하며, 인간의 마음에는 무의식이 존재한다고 하였다. 대표 저서로는 《히스테리 연구》(1895), 《꿈의 해석》(1900) 등이 있다.

## 특별한 일이 없을 때도 애정을 표현한다

"이 세상에 태어나 줘서 정말 기뻐.", "네가 있어서 아빠 엄마는 행복해." 이런 말은 부모가 아이에게 보내는 훌륭한 선물이므로 직접 아이에게 들려주자.

특별한 일이 없을 때도 자주 말하면 좋다. 아이가 어릴 때는 부모도 쑥스러워하지 않고 자연스럽게 표현한다. 그러니 자연스럽게 표현할 수 있을 때 몇 번이고 반복해서 실컷 말을 해 주어야 한다. 그러면 결국 부모 자신도 행복해진다.

하세가와 히로가즈도 《마법의 훈육》에서 아이는 자기 자신을 좋아할 수 있어야 한다고, 그 중요성을 강조하고 있다. 칭찬을 하라는 것이 아니라 아이의 존재 자체를 긍정하자는 말이다. "널 좋아한단다." "넌 우리에게 매우 소중한 아이야." 이런 메시지를 평소에도 몇 번이고 아이에게 전달하는 것이야말로 훈육처럼 보이지 않는 진정한 가르침의 비법이라고 설명한다.

자꾸 장난만 치는 어린아이를 대할 때도 마찬가지이다. 어쩌면 이 아이는 가까운 미래에 자기 자신을 싫어하게 될지도 모르고, 이미 '부모님이 나를 미워해.'라고 느끼기 시작했을 수도 있다. 이 아이에게 필요한 것은 장난칠 때마다 꾸중을 듣는 것이 아니라, "널 좋아한단다."라는 말을 몇 번이고 반복해서 듣는 일이다. 그것도 아이가 착한 일을 했을 때가 아닌, 딱히 칭찬할 이유가 없을 때에 말이다. 혹은 아이가 문제를 일으켰을 때 "넌 소중한 아이야."라고 말해 보자. 효과는 클 것이다.

-《마법의 훈육》 중에서

부모가 아이에게 사과하는 것도 애정을 표현하는 말과 비슷한 효과가 있다.

부모도 나름 아이를 소중히 대하려고 노력하지만, 대부분의 아이는 이런저런 불만을 가지기 마련이다. 그래서 부모의 입장에서 보면 굳이 사과할 정도의 일이 아닌 경우라도 아이에게 애정을 주기 위해서 기회가 생기면 미안하다고 사과를 하는 것이다. 이때 중요한 것은 아이 입장에서 부모를 어떻게 생각하는지, 부모가 한 일을 어떻게 받아들이고 있는지를 느끼는 것이다.

"네가 어릴 때 더 많이 놀아 주고 싶었는데 바빠서 시간이 없었단다. 미안해.", "이 엄마가 너무 바빠서 네 말을 들어 주지 못했어. 그때 많이 섭섭했지? 미안하구나." 이렇게 사과를 하는 일은 아이의 입장에서는 애정을 보여 준 말과 같다.

## 애정에 조건을 달지 않는다

선물을 사 주거나 놀이공원에 데려가는 것도 아이한테는 기쁜 일이다. 아이가 착한 일(부모에게 좋은 일)을 했을 때 주는 상이 아니라, 딱히 특별한 일이 없을 때도 조건 없이 아이와 즐기도록 하자. 애정에는 조건이 없어야 한다.

예전에 이 이야기를 어느 강연에서 했더니 "우리 집은 여유가 없어서 뭘 사 주거나 하진 못합니다."라고 말한 부모가 있었다. 그래서 가능한 범위 안에서 사 주면 된다, 아이는 부모가 생각하는 이상으로 훨씬 더 집안의 사정을 잘 파악하고 있다고 대답했다.

이런 생각을 하게 된 데에는 근거가 있다. 다 자란 후에도 부모에게 끈질기게 용돈을 요구하거나, 승용차나 비싼 옷을 사 달라고 조르는 사람이 있다. 실은 이들은 대부분 어릴 때 부모가 항상 조건을 달고 무언가를 선물했던 경우가 꽤 많다. 그러니까 이들의 부모는 자식이 어렸을 때부터 원하는 선물이 있으면 그때마다 시험 성적을 올려라, 명문 고등학교에 합격해라, 이런 식의 특별한 조건을 내걸면서 선물을 사 주었던 것이다.

조건을 달면서 선물을 사 주는 것은 진정한 애정이 아니라 거래이다. 거래가 아닌 무조건적인 애정을 아이에게 주어야 한다.

# 좋아하는 마음이 먼저다

## 산책 교육에 실패한 이유

우리 집에서 키우는 개가 아직 새끼였을 때의 일이다. 예방 접종도 마치고 3개월쯤 되자 밖에서 산책을 시키기로 했다.

개를 처음 키워 보는 건 아니었지만, 새끼 때부터 제대로 훈련을 시켜서 똑똑한 개로 키워야겠다고 마음먹었다. 개를 훈련시키는 방법을 알려 주는 책을 사서 보니, '산책시킬 때는 개가 원하는 방향으로 가도록 내버려 두면 안 된다.', '산책을 시키는 교육을 할 때는 무엇보다 처음이 매우 중요하다. 주인보다 앞서가려고 하면 가던 방향을 바꾸거나, 목줄을 약간 잡아당기면서 안 돼, 라고 말한다.' 이런 내용이 있었다.

난생 처음 집 밖으로 나온 강아지는 흥분한 나머지 이곳저곳 마구잡이로 뛰어가려고 했다. 깡충깡충 점프를 하기도 했다. 도중에 다른 개를 만나면 멍멍 짖다가 도망도 가고, 아무튼 강아지답게 매우 활발하게 움직였다. 태어나서 처음 경험하는 세계에 흥분한 것이다.

강아지가 뛰려고 하거나 점프하려고 할 때마다 나는 책에서 본 대로 "안 돼!" 하고 야단쳤다. 그러자 이윽고 강아지는 점점 풀이 죽더니, 결국은 아예 움직이려고 하지 않았다. 할 수 없이 강아지를 부둥켜안고 집까지 걸어 돌아와야 했다.

다음 날, 산책을 가려고 목줄을 들고 강아지한테로 다가갔다. 그러자 강아지는 낑낑 두려움에 떨면서 도망쳐 버렸다. 개집 안에 숨어서 몸을 둥글게 말고 덜덜 떨기까지 했다. 전날 산책을 나갔다가 주인에게 많이 혼났기 때문에 목줄을 매면 산책하러 나간다는 사실을 학습해 버린 것이다. 즉, 이 학습은 강아지 입장에서는 무서웠던 경험인 셈이다. 그로부터 우리 강아지가 산책을 좋아하게 되기까지는 꽤 긴 시간이 걸렸다.

'이 불쌍한 주인이 너를 제대로 키워 보고 싶은 마음이 너무 강한 나머지 정작 중요한 사실을 잊고 말았구나.' (사실 불쌍한 쪽은 내가 아닌 강아지이리라.)

육아 상담을 전문으로 하고, 대학에서 심리학을 가르치고 있어도 이런 어이없는 실수를 저지른다.

## 배움의 순서

이때 잘못된 것은 바로 배움의 순서이다. 강아지는 '산책할 때는 주인보다 앞서가지 않는다.', '다른 개를 만나도 짖지 않는다.'와 같은 것을 배우기 전에 훨씬 더 중요한 것을 배웠어야 했다. 바로 '산책은 즐겁고, 주인과 밖에 외출을 나가면 즐겁다.'는 것을 체험하는 일이다.

우선 주인과 산책하러 나가는 것을 좋아하도록 만들었어야 한다. 하마터면 나는 우리 개의 가장 큰 즐거움을 송두리째 빼앗아 버릴 뻔했다. 그래서 강아지는 목줄을 보면 즉시 도망치는 행동을 보이며, 어리석은 주인에게 잘못을 깨닫게 해 준 것이다. 이와 같은 실수를 육아에 대입하여 생각하면 다음의 교훈을 얻을 수 있다.

살아가는 데 있어서 기본이 되는 중요한 일은 먼저 그 일을 좋아하게 되는 것이며, 그 일을 잘할 수 있게 되거나 제대로 하게 되는 것은 다음 단계의 문제라는 것이다.

육아에서도 느긋하지 못한 부모 중에는 '당연히 우리 애는 이걸 할 줄 알아야지. 이 일을 좋아하든 안 좋아하든 무슨 상관이람.'이라고 생각하는 경우가 많다. '남들만큼만 해라.' 혹은 '그래도 가능하면 남들보다는 잘해야지.'라고 무의식 속에 전제하기도 쉽다.

'먼저 좋아하는 마음이 생기게 하는 것이 중요하다.'는 말은 여러 상황에 적용된다. 새로운 친구를 만나는 일, 낯선 곳에 가는 일과 같이 경험해 보지 못한 일에 도전하는 경우는 물론이고 식사하기, 목욕하기와 같은 기본적인 일상생활 습관 역시 '먼저 좋아하게 되는' 과정이 중요하다.

이 책에서 가장 강조하고 싶었던 내용이 바로 위에서 말한, 이런 다양한 일들을 아이가 우선 좋아할 수 있도록 하는 것이 중요하다는 것이다. 부모는 육아를 할 때 이 점을 가장 중요한 목표로 삼아야 한다. 혹은 이 점만을 목표로 삼아도 괜찮다.

## 먼저 좋아하는 마음이 생겨야 한다

'먼저 좋아하는 마음이 생기게 하라.'라는 육아 목표는 삶 자체를 좋아하게 만든다. 삶을 좋아하게 되면 결국 아이는 어른이 된 후에도 자신의 생명을 지킬 줄 알게 된다. 극단적으로 말하는 것 같지만, 삶을 사랑하는 아이는 어른이 된 후에 아무리 괴로운 상황에 내몰려도 결코 자살이라는 선택을 하지 않을 것이다.

그래서 나는 아이들이 '그 어떤 일도 죽음보다는 낫다.'라는 생각을 갖길 바란다. 이런 생각은 '이런 일을 겪을 바에는 차라리 죽는 편이 낫다.'라는 사고와는 정반대에 위치한다.

나는 내 아이들을 믿는다. '아이를 믿으면 나쁜 짓은 안 하겠지.'라든지 '부모가 슬퍼할 짓은 안 하겠지.'와 같은 이유로 믿는다는 것이 아니다. 비록 부모가 원하지 않는 일을 아이가 하더라도, 끝까지 '아이들은 사랑할 만한 가치가 있는 존재'라고 믿겠다는 말이다.

# 잘하는 것보다 좋아하는 마음부터 갖게 한다

## 음식도 '먼저 좋아하는 마음'이 중요하다

예를 들어 '먹는' 문제를 아이에게 어떻게 가르칠 것인가에 대해 온 가족이 함께 모여 식사하는 장면을 떠올리며 생각해 보자.

다음은 모 신문에 기사로 실렸던, 한 살배기 딸을 키우는 엄마가 느끼는 불안을 소개한 사례이다.

> 막막합니다……
>
> 이제 14개월 된 딸을 키우고 있는, 오사카에 거주하는 엄마(29세).
> "요즘 아동 학대 뉴스를 보고 있으면 어떻게 아이를 가르쳐야 할지 모르겠어요. 어떻게 훈육을 해야 할지, 아이에게 손을 대면 정말 안 되는지 잘 모르겠어요."
>
> 딸은 밥 먹을 때마다 자기 스스로 해 보고 싶어 해서, 숟가락을 손에 쥐어 주지 않으면 계속 큰 소리로 운다. 할 수 없이 숟가락을 쥐어 주

면 만족스럽다는 듯이 음식을 떠서 먹으려고 하지만, 정작 음식물은 대부분 다 흘리고 먹지 않는다.

"다시 밥을 준비해서 먹이는데, 매번 똑같은 일을 반복해요. 어떻게 하면 좋을지 막막하네요. 이대로 아이 하고 싶은 대로 내버려 뒀다가 나중에 안 좋은 버릇만 생기는 건 아닌지, 그래서 훗날 고생하지나 않을지 걱정입니다."

지금 이 엄마는 아동 학대로 아이를 죽게 하거나 다치게 만든 부모와 자신이 뭐가 틀린지, 진정한 훈육과 아동 학대의 경계선이 궁금하다.

–산케이 신문, 2010년 9월 21일자

아직 나이가 한 살밖에 안 된 유아에게 밥알을 흘리지 않고 똑바로 먹도록 집착할 필요는 없다. 아이가 밥을 진지하게 먹으려고 하지 않는 이유는 아직까지 우유를 주식이라고 인식하고 있기 때문이다.

그리고 숟가락을 쥐고 음식을 마구 흘리는 것도 아이가 즐겁게 하고 있다면 어느 정도 부모는 각오를 하고 마음껏 하도록 두는 것이 좋다. 음식을 흘려도 괜찮도록 사전에 준비해 두자.

아이가 음식을 흘리지 않고 제대로 먹게 하는 방법을 고민하지 말고, '아직 어린데도 가족과 함께 식탁에 앉고 싶어 하네.', '숟가락을 쥐고 밥을 먹으려는 의욕이 크구나.' 이런 정도로 받아들이면서 조급해하지 말고 애정으로 지켜보자.

그러다 보면 어느새 우연히 밥을 잘 떠서 먹는 날이 찾아온다. 서서히 숟가락질도 늘어서 언젠가는 전혀 밥알도 안 흘리고 잘 떠먹는 날

이 분명히 올 것이다.

## 잘 해내는 것은 그 다음 문제

육아를 이미 다 끝낸 부모라면 옛날을 회상하며 아이가 밥을 흘리기만 하고 제대로 먹지도 못했던 유아기를 오히려 그리워하는 날이 온다. 그만큼 시간은 눈 깜짝할 새 빠르게 흘러간다.

물론 그때마다 치우는 일은 귀찮지만, 아이가 식사 시간을 좋아하게 되는 매우 중요한 과제를 순조롭게 수행하는 중이라고 생각하며, 다정한 시선으로 지켜보도록 하자.

주위의 또래 아이들은 다들 밥을 잘 먹는데, 우리 아이만 왜 이러는지 걱정할 필요도 없다. 아이들은 저마다 자신에게 어울리는 속도로 발달한다. 그런데 부모가 너무 조급해하거나 여유가 없으면 결국 부정적인 태도만 취하게 된다.

물론 많은 부모가 '아이가 하고 싶은 대로 내버려 뒀다가 나쁜 버릇만 생겨서 나중에 고생할지도 모른다.'고 걱정하며 불안해한다. 그러나 아이는 성장해 가는 법이다. 아이를 믿는 마음이 있다면 '일곱 살이 되고, 열 살이 되었는데도 여전히 밥 먹을 때 음식을 마구 흘리는 걸 기뻐할 아이는 없다.'라고 생각하는 여유도 생길 것이다. 아이는 부모에게 야단을 맞거나 칭찬을 받는 것과는 상관없이, 스스로 자랑을 하고 싶어서 잘 해내고 싶어 한다. 다만 속도와 순서가 부모의 생각과 다를 뿐이다.

잠깐 다른 주제의 이야기를 하자면, 나는 아이가 다른 가족을 보고 자기도 식탁에 앉아서 먹으려 하거나 어른과 똑같은 그릇에 담아 달라는 등, 다른 가족과 똑같이 행동하고 싶어 하는 마음이 나중에 학교에 가고 싶어 하는 마음의 기초가 된다고 생각한다. 그런 소중한 마음이 지금 아이 안에서 자라고 있다는 경외심을 느끼면서 내 아이들을 지켜보고 있다. 물론 옷에 흘린 카레 자국과 방석 위에 쏟은 우유 때문에 자주 비명을 지르지만 말이다.

사람들은 음식을 쏟거나 흘리면 쓸데없이 낭비한다고 생각한다. 음식을 함부로 대한다는 비난도 들을 수 있다. 그렇지만 음식을 흘리더라도 아이가 먹고 싶은 대로 놔두는 것은 결국 아이의 식육을 위해서 그리고 삶을 사랑하기 위해서 미래에 투자하는 셈이라고 부모들에게 전하면서 응원하고 싶다. 투자에 대한 보상은 클 것이다.

## 식사 시간은 즐거워야 한다

식사 시간은 가족이 함께하는 즐거운 시간이다. 그러나 아직 어린아이에게는 종종 모든 사람의 신경이 쏠리곤 한다. 아이가 "물."이라고 말하면 부모는 "물 주세요."라고 곧바로 존댓말로 교정해 준다.

"젓가락을 제대로 잡아야지.", "왼손을 어디에 두는 거니?", "똑바로 앉아.", "입속에 음식이 있을 땐 말하지 마라.", "좀 더 천천히 먹어라.", "좀 빨리 먹어.", "간장을 너무 많이 찍으면 안 된다니까.", "좀 더 먹어야지.", "너무 많이 먹으면 안 돼.", "흘리지 좀 말고 먹어.",

"거 봐라, 또 흘렸잖아.", "내가 분명 흘릴 거라고 말했지?", "채소도 먹어야지.", "몸에 좋으니까 생선을 꼭 먹어야 해.", "국이 다 식어 버리잖아.", "밥을 다 먹었으면 '잘 먹었습니다.' 하고 인사해야지.", "네가 먹은 그릇은 설거지대에 가져다 놓거라." 등 아이에게 쏟아지는 말은 전부 다 엄격하다.

할아버지나 할머니와 다 같이 사는 대가족은 더 많은 시선이 아이에게 집중된다. 아이의 동작 하나 하나가 전부 감시의 대상이다.

그러면 즐거운 식사 시간은 긴장을 해야 하는, 안 좋은 소리만 계속 듣는 괴로운 시간이 되어 버린다. 만약 부모가 강박적으로 아이를 야단치는 사람이라면 아이는 아무리 노력해도 매번 어떤 이유로든 야단을 맞게 될 것이다.

이런 상황에 대해 부모는 '훈육'이자 '아이를 위한 것'이라고 말할지도 모른다. 그러나 이것은 '학대'이다. 즐겁게 보낼 수 있는 시간을 빼앗고 큰 고통을 준 셈이기 때문이다. 그리고 앞으로 살아갈 긴 인생에서 식사하는 시간을 싫어하도록, 어린 마음에 깊이 각인시킨 것이다.

## 편식에 너무 신경 쓰지 않는다

편식도 필요 이상으로 걱정하는 부모가 많다. 하지만 음식에 대한 호불호는 개인차가 크다.

채소를 싫어하는 아이는 세 살 정도까지는 본인이 결심하고 먹으려고 애써도 입에서 저절로 뱉어 버리는 경우가 흔하다. 아마 몸이 아직은 받아들이지 않는 것이리라.

아이를 믿는다면, 생물로서의 힘을 믿는다면 아이의 신체가 필요로 할 때 언젠가는 먹기 시작할 것이라고 믿고 느긋하게 기다려 주자.

'생선이 머리에 좋다.', '채소를 얼마큼씩 꼭 먹어야 한다.' 이런 것에 너무 사로잡히지 말고 간섭은 줄여서 아이가 먹는 행위를 좋아하게 되도록 내버려 두자. 그러면 아이는 자신의 식욕을 잘 조절할 수 있게 될 것이다.

아이들이 어릴 적에 나 또한 어떻게 하면 채소를 잘 먹게 만들까 항상 고민했다. 그러던 어느 날, 기저귀를 갈다가 모처럼 잘게 썰어서 먹였던 당근과 피망이 거의 고스란히 변에 섞여 나온 것을 목격했다. 그걸 보고, 억지로 무리해서 먹여 봤자 그건 부모의 자기만족에 불과할지도 모른다는 생각이 들었다.

그 후로는 채소를 먹을지 말지 아이에게 결정권을 주었다. 그 덕분인지 원래 채소를 싫어했던 첫째와 둘째가 지금은 "오늘 저녁 반찬에는 채소가 적네요."라는 불평까지 할 정도가 되었다.

이런 변화를 보면서 아이에게 억지로 먹이지 않아도 때가 되면 아이들도 채소를 먹을 수 있게 된다는 사실을 실감했다.

## 아이를 믿고 기다린다

막내아들이 막 두 살이 되었을 때의 일이다. 아이가 가족과 함께 식탁에 앉고 싶어 했다. 아직 키가 작아서 그릇에 손이

닿지도 않는데 유아용 보조 의자는 자존심이 상한다는 듯 앉기를 싫어했다. 결국 의자에 앉아서 밥을 먹는데, 식탁 위로 얼굴만 삐죽 나온 상태에서 앞에 있는 컵을 잡으려다가 엎어 버렸다. 젓가락을 쥐고 밥을 뜨려고 하지만 자꾸만 흘린다. 보다 못해 숟가락으로 떠서 먹으라고 말했지만 "나도 형들처럼 젓가락으로 먹고 싶어."라고 우긴다. 하지만 젓가락질이 서툴러서 별로 떠먹지도 못한다. 우리 부부는 영양의 균형보다는 먹는 것을 즐길 수 있도록 그냥 아이를 지켜보기로 했다.

이런 일도 있었다. 막내는 네 살이 되도록 식빵의 테두리를 먹으려고 하지 않았다. 아침 식탁에는 항상 아이가 남긴 식빵 테두리 네 조각이 덩그러니 남아 있었다. 그래서 매번 내가 먹었다. 그런데 어느 날부터 남긴 식빵의 테두리가 하나씩 줄기 시작했다.

그러다가 다섯 살이 된 후로는 하나도 남기지 않게 되었다. 그동안 우리 부부는 아이를 그저 지켜볼 생각으로 "남기지 말고 다 먹어야지." 또는 "식빵 속살만 먹지 말고, 테두리부터 먹으렴."이라는 말은 단 한 번도 하지 않았다. 그리고 식빵 테두리까지 다 먹었을 때도 "잘했어! 드디어 테두리까지 다 먹을 수 있게 되었구나."와 같은 칭찬을 하지 않았다.

식빵의 테두리를 먹느냐 마느냐는 매우 사소한 일이지만, 부모가 일부러 아이에게 명령하거나 칭찬을 하면서 지도를 하지 않아도 아이는 자기 나름의 속도로 결국 잘할 수 있게 된다.

이렇게 아이가 일상에서 사소한 일을 달성해 가는 것을 부모가 소중하게 지켜봐 주는 일이 나중에 아이가 자기 일을 스스로 해결하는 데 중요한 밑바탕이 된다. 그리고 부모에게도 아이에게 잔소리하거나 굳이 가르쳐 주지 않아도 아이 스스로 해내는 과정을 지켜볼 수 있었던 귀중한 체험으로 남는다.

이런 체험은 특별한 시간이나 장소가 아니어도 얼마든지 가능하며, 어린아이의 평범한 일상에는 이런 일이 무수하게 준비되어 있다.

## 화장실에서 밥을 먹는 대학생들

그런데 아이가 먹는 일과 식탁에서 다른 사람과 대화를 나누는 일을 좋아하게 되는 데 실패하면 어떻게 될까? 실은 그 결과, 식사를 '무서운 장소에서 고통스러운 시간을 보내야 하는 일'이라고 느끼는 사람도 적지 않다.

어떤 대학생은 학교 식당에서 밥 먹는 것이 힘들어서 자기 차 안에서 끼니를 때울 때가 많다고 한다. 그는 주위에 다른 사람이 있으면 음식의 맛도 느낄 수 없고, 자기가 지금 배가 고픈지 아닌지조차도 인식하기 힘들어진다고 한다.

예전에 섭식 장애 치료차 찾아왔던 20대 여성은 다른 사람이 있는 자리에서는 절대 음식을 먹지 못했다. 밥도 못 먹을뿐더러 입을 벌리는 것조차 너무 부끄러워서 도저히 할 수가 없다고 한다.

이 말을 믿기 힘들지도 모르겠지만, 최근 대학교에는 일부러 화장실에서 점심을 먹는 학생이 늘고 있다고 한다. 예전에 근무했던 대학교에서도 화장실에 가 보면 학생들이 먹다가 버린 빵 봉지나 삼각 김밥

포장지, 음료수 빈 용기가 바닥에 떨어져 있더라는 이야기를 자주 들었다.

이런 현상도 먹는 행위를 좋아하게 되는 데에 실패한 것과 관련이 있을 수 있다.

## 아이의 행복에 도움이 되는지 의식한다

아이가 식사 전에 과자나 아이스크림을 먹고 싶다고 조를 때는 어떻게 해야 할까.

《5세까지 천천히 육아를 하라(5歳までのゆっくり子育て)》를 비롯하여 좋은 육아서를 많이 저술한 히라이 노부요시(平井信義)는 육아에서 '훈육'은 거의 필요 없지만, 식사 때만큼은 항상 아이가 충분한 공복 상태에서 밥을 먹도록 부모가 신경 써야 한다고 했다.

정답은 없겠지만, 부모는 언제나 '지금 아이에게 강요하려는 일이 정말로 아이의 행복에 도움이 되는가?'를 의식하는 것이 중요하다.

## 억지로 시키는 것은 아이를 방해하는 것

너무 잘 해내는 것에만 집착하는 것은 역효과를 불러올 수 있다.

아이에게 테니스나 수영 같은 운동, 혹은 피아노나 바이올린 같은 악기를 어릴 때부터 가르친 부모 중에 "아이가 편하게 놀면서 배우다가 안 좋은 습관이 들기 전에 전문가에게 맡겨서 제대로 가르치고 싶어요."라고 말하는 사람이 있다.

그러나 공부든 운동이든, 아이의 실력을 키워야 한다는 부모의 강박적인 생각은 강요를 낳고, 즐거운 놀이는 고통이 되어 버린다.

I CASE I

스무 살의 여대생. 초등학교에 입학하기 전부터 학원을 다녔다. 매일 아침 학원 숙제로 구구단과 한자 쓰기를 해야 했다. 엄마가 옆에서 지켜보다가 한자를 하나라도 틀리면 처음부터 전부 다 새로 쓰라고 시켰다. 그래서 이 여대생은 자신이 공부를 싫어하게 된 것도 그때 억지로 엄마가 공부를 시켰기 때문이라고 생각한다.

이런 교육 방식은 아이가 공부를 싫어하게 만드는 전형적인 예이다. 부모가 시키지 않아도 아이는 자기만의 속도로 언젠가 공부를 시작한다. 부모가 억지로 시키는 것은 오히려 아이를 방해하는 것이며, 그러다 보면 언제까지고 시간이 흘러도 아이가 자발적으로 공부하는 시기는 오지 않을 것이다.

언젠가 이 아이는 자기만의 속도로 할 수 있게 되리라고 믿고 지켜보는 것이 아이에게서 진정한 의욕을 끌어내는 유일한 방법이다. 일단 아이가 진정한 의욕을 갖게 된다면 강요를 당해 억지로 하는 아이보다도 훨씬 더 생기 있게 자기 자신을 위해서 공부하기 시작할 것이다.

# 이끌어 주지 않으면 성장하지 못한다?

## 아이는 스스로 해내고 싶어 한다

뭐든지 잔소리를 하면서 똑바로 하게 만들려는 부모는 아이라는 생물에 대해 올바른 방향으로 이끌어 주지 않으면 성장을 못 한다고 믿고 있는 듯하다. 하지만 과연 그럴까?

그동안 내 아들들과 놀이 동아리의 아이들, 진찰실에서 만난 아이들 등 수많은 아이들의 성장을 지켜봐 왔는데, 그 과정에서 아이들은 부모의 지시가 없어도 스스로 해내고 싶어 하는 마음을 갖고 있다는 사실과 그것을 증명하는 장면을 많이 목격했다.

## 직접 우유를 마시겠다고 우기는 네 살배기

막내아들이 아직 네 살 때의 일이다. 어느 날 "우유 마실 거야!"라고 하기에 "컵에 따라 줄까?"라고 물어보니 "아니야,

내가 할 거야!"라고 대답을 했다.

그때까지는 항상 우리 부부가 따라 주곤 했는데 이 날은 자기가 직접 하겠다는 거였다. 그래서 어떻게 하나 지켜보니, 아이는 의자를 냉장고 앞까지 가져간 다음 의자 위에 올라가 냉장고 문을 열었다. 우유 팩은 한눈에도 아이한테는 무거울 것 같았는데, 어쨌든 두 손으로 잡아 밖으로 꺼냈다.

아슬아슬하게 식탁 위로 운반한 다음, 컵을 꺼냈다. 우유 팩의 입구를 손으로 마구 만져대면서 간신히 폈는데, "거길 손으로 만지면 세균이 우유에 들어간단다."라고 참견하고 싶은 것을 꾹 참았다.

드디어 컵에 따르기 위해 우유 팩을 들어서 한쪽 방향으로 기울였다. 그러나 너무 아랫부분을 잡은 게 문제였다. 역시나 우유가 한꺼번에 밖으로 쏟아져 나왔고, 우유 팩을 떨어뜨릴 뻔하면서 컵을 엎고 말았다. 이때 무심코 "으악!" 하고 큰 소리를 낼 뻔했지만, 어느 정도 이렇게 되리라는 예상을 하고 있었기에 참을 수 있었다.

아이는 "앗!" 하고 작게 말하더니 슬쩍 나를 보았지만, 곧바로 "수건, 수건."이라고 중얼거리면서 욕실 쪽으로 뛰어갔다. 그리고 수건을 들고 돌아와 바닥과 테이블 위에 쏟아진 우유를 닦았다. '이럴 때는 수건 말고 걸레로 닦는 거야.' 마음속으로는 이렇게 생각했지만, 입 밖으로는 내지 않았다.

이쯤이 되자 아이의 행동을 지켜보는 게 즐거워졌다. 바닥을 다 닦은 아이는 나를 보고는 "닦았어요."라고만 말했다. 그러고는 이제는 꽤 가벼워져서 들기 편해진 팩을 들어 우유를 컵에 따라 마셨다. 그리고 우유 팩을 도로 냉장고 안에 집어넣었다. 그러나 냉장고 앞까지 가져간 의자도 그대로 놓여 있고, 우유를 닦았던 수건도 바닥에 그대로였다.

물론 처음부터 부모가 "얘야, 네가 하면 흘릴 거야."라고 말하며 아이가 직접 우유를 따르지 못하게 할 수도 있다. 또는 우유를 옮기는 방법이나 따르는 방법 등 주의할 사항을 사전에 아이에게 조언해서 실패를 겪지 않도록 예방할 수도 있다. 뒷정리를 할 때도 의자와 닦았던 수건을 일일이 치우라고 말하는 부모도 있을 것이다.

그러나 이런 경우 나는 가능한 한 아무 말도 안 하려고 노력한다. 성공도 실패도 아이 스스로 충분히 느끼길 바라고, 아이가 잘 체험할 수 있도록 옆에서 방해하지 말고 지켜보고 싶기 때문이다.

그 후로도 한동안 아이가 직접 우유를 컵에 따르려고 한 적이 있다. 그런데 우유를 따르다가 흘린 것은 초기의 몇 번뿐이었다.

그러나 아이가 우유를 잘 따랐을 때 칭찬하지 않았다. 따르다가 우유를 흘릴 때도, 흘린 우유를 직접 닦았을 때도 마찬가지였다. 그렇다고 아이를 무시한 것은 아니다. 아이는 아빠가 옆에서 자기가 하는 모든 행동을 지켜보고 있다는 것을 알고 있다. 즉, 아이한테 "지금 네가 하고 있는 일을 잘 지켜보고 있단다."라고 메시지를 보내고 있는 것이다. 감시가 아니라 관심을 갖고 지켜보는 것이다.

이런 접근 방식은 카운슬러가 내담자를 대하는 자세와 비슷하다. 카운슬러는 도중에 끼어들지 않고 내담자의 이야기를 들어 준다. 비록 상대가 좀처럼 입을 열려고 하지 않아도 관심을 갖고 함께 있어 준다. 이것은 상담의 기본이다. 그리고 아이를 대할 때도 이래저래 말을 거는 것이 아닌, 그렇다고 무시하면서 방치하는 것도 아닌, 앞에서 언급했던 접근 방식이 가능하다는 것을 알았다.

## 크게 반응하지 말고, 담담하게 행동한다

아이가 서툰 손길로 어떤 일을 하려고 할 때, 옆에서 부모가 아무 말도 하지 않고 가만히 지켜보기만 하는 것은 힘들다. 정말로 주의를 하지 않으면, 무심코 기존에 했던 습관대로 말을 걸어 버린다.

그러나 이때 '아이가 결코 실패하지 않도록 해 주어야겠다.'라는 생각보다는 '실패해도 괜찮다.'라는 마음을 먹으면 지켜보기가 쉬워질 것이다. 실패했을 때야말로 아이에게 애정을 보여 줄 때이다. 조금 전 일화에서 아이는 자기가 흘린 우유를 직접 닦았지만, 나이가 더 어린 유아라면 부모가 직접 뒤처리를 해야 할 것이다. 그때는 어디까지나 담담하게 행동하는 것이 중요하다.

예를 들어 컵을 잡으려고 손을 뻗다가 국그릇을 엎어 버렸다고 하자. 이럴 때 부모는 으레 "으악!", "잠깐만! 어서 걸레 좀 가져와! 빨리!"와 같은 과한 반응을 보이기 마련이다.

그러나 부모가 인내하고 담담하게 행동하면, 아이는 자신에게 일어난 불행을 있는 그대로, 아무런 방해를 받지 않고 확실하게 체험할 수 있다. 주변에서 어른이 지나치게 반응을 보이지 않아도, 심지어 야단을 맞거나 주의를 받지 않아도 아이는 아이 나름대로 성취감과 굴욕감을 느끼면서 성장해 간다.

# 2부

# 부모 자식 간의 관계

# 부모와 자식의 이별

## 부모와 자식에게는 여러 번의 이별이 찾아온다

부모 몸속에 잉태되어 자란 생명이지만, 이윽고 아이는 부모와는 별개인 한 사람이 된다. 그리고 성장을 하며 부모로부터 떨어져서 독립을 한다. 그 과정에서 부모 자식 간에는 셀 수 없을 만큼 많은 이별의 단계가 있다. 이 장에서는 그중에서도 중요하다고 생각하는 네 가지 이별에 대해 설명하고자 한다.

## 네 가지 이별 단계

① **탄생** 엄마의 몸속에서 성장한 아기가 바깥세상으로 나와 호흡하기 시작한다. 배꼽도 떨어지고, 엄마와 아기의 몸이 서로 물리적으로 분리하는 단계이다.

② **재접근기** 아이가 '나랑 엄마는 다른 존재이다.'라고 의식하기 시

작하는 시기이다. 엄마 역시 '이 아이는 나와는 별개의 존재이다.'라고 깨닫기 시작한다. 약 1세 반부터 2세 반까지가 해당되며, 아이가 엄마를 강력하게 요구하는 시기이다. 그래서 '재접근'이라는 용어를 사용한다.

③ **1차 반항기** 아이가 '내 생각과 부모의 생각은 서로 다르다.'는 사실을 의식하기 시작하는 시기이다. 언어 구사력이 늘면서 자기 생각을 표현할 수 있게 된다. 약 2세부터이다.

④ **2차 반항기** 아이가 '부모의 가치관과 내 가치관은 서로 다르다.'는 사실을 의식하기 시작하는 시기이다. 마치 부모와의 거리를 확인하듯이 부모가 싫어할 만한 행동이나 옷차림을 일부러 하려고 한다. 한편, 서로 거리가 멀어지는 서운함 때문에 반대로 애교를 부릴 때도 있어서 부모가 당혹해하기도 하는 시기이다.

## 첫 번째 이별
## - 탄생

분만을 통해 엄마의 배 속에 있었던 아기가 외부로 나오게 되면서 배꼽을 자른다. 즉, 엄마와 아기가 하나의 몸이었던 시기가 끝난 것으로, 이것이 첫 번째 이별이다.

이 시기에 나타나는 대표적인 문제가 바로 머터니티 블루(maternity blue)*이다. 예를 들어 '과연 이 어린 아기를 잘 키울 수 있을까?'와 같

* 흔히 '산후 우울증'이라고도 말하는데, 산욕기의 산모에게 자주 나타나는 불면, 불안, 우울증 등의 정신 증세를 말한다.

은 구체적인 불안감을 엄마가 표현하는 경우도 있지만, 딱히 이유를 알 수 없는 강력한 분노와 슬픔이 엄마를 덮칠 때도 있다.

많은 사례 연구를 통해서 엄마와 아이의 관계를 연구해 온 셀마 프레이버그(Selma Fraiberg)는 엄마를 덮치는 이 시기의 막연하고 강력한 불안감에 대해서 '아기 방의 유령(ghosts in the nursery)'이라는 표현을 써서 설명한다.

예를 들면 엄마가 울고 있는 아기를 보다 보면 문득 강한 분노와 슬픔이 떠오를 때가 있다. 이것은 엄마 자신이 아직 아기였을 때, 엄마의 엄마가 보였던 분노라고 한다. 아기는 자기를 품에 안았던 엄마의 강력한 분노와 슬픔을 고스란히 느낄 줄 알고, 그것을 기억 속에 담는다.

그렇게 어른이 될 때까지 오랫동안 마음속 깊은 곳에 봉인해 두었던 기억이, 비로소 자신도 엄마가 되었을 때 자신이 낳은 아기가 '거울' 역할을 하며 고스란히 되살아나는 것이다.

## 두 번째 이별
## - 재접근기

아기가 아장아장 걸음마를 떼기 시작하면 엄마와 주변 어른들의 관심은 끝없이 아기에게로 향한다. 주의를 기울이지 않으면 아기가 마음대로 여기저기 가 버리기 때문이다.

이렇게 아이의 이동 능력이 높아지면, 아이가 엄마와의 거리를 의식하는 시기가 찾아온다.

한 살 반 무렵이 되면 아이는 "엄마! 어디야?" 이런 말을 자주 한다.

이렇게 말하는 데에는 부모 쪽 요인과 아이 쪽 요인이 있다.

걷기 시작한 무렵에는 언제 넘어질지도 모르고, 기둥이나 테이블에 머리를 부딪칠지도 모르기 때문에 부모는 계속 걱정하면서 아이를 가까이서 지켜본다. 그러나 걸음마가 능숙해지면, 부모도 마음에 여유가 생겨서 감시를 대충하게 된다. 그러면 집 안 또는 외출한 곳에서 아이는 문득 부모가 옆에 없는 경험을 하게 된다.

아이는 그때까지는 '내가 어디에 가든 부모가 계속 지켜봐 주고 있으며, 어떤 순간에도 부모는 그 자리에 있다.'라는 인식을 가지고 있다. 현실은 그렇지 않을 수도 있지만, 어쨌든 그렇게 믿음으로써 커다란 안도감을 얻게 된다.

이것은 아이에게 중요한 일이다. 영국의 소아과 의사이자 아동 정신의학자인 도널드 위니캇(Donald Winnicott)은 이런 아이의 착각이 점차 약해지면서 현실에 다가가는 것을 '탈(脫) 착각'이라고 했다. 구체적으로 언어화해서 의식하는 것은 아니지만, '부모가 항상 내 편에만 있어 주지 않는다.', '부모는 무엇이든 다 가능하지도, 나를 어떤 상황에서든 지켜 주지도 않는다.'와 같은 생각을 아이가 서서히 하게 되는 것이다. 이것이 바로 두 번째 이별이다.

## 세 번째 이별
## - 1차 반항기

아이는 두 살 무렵부터 급속도로 말을 잘하게 된다. 그때까지 축적된 언어 지식과 능력이 마치 댐 안에 가득 찼던 물을 순식간에 방출하듯이 쏟아져 나온다.

또한 이 시기가 되면 고분고분하던 아이가 갑자기 "싫어!"라고 자기 표현을 해서 부모를 깜짝 놀라게 하기도 한다. 이것이 바로 세 번째 이별이다.

이 1차 반항기는 부모한테 큰 시련을 준다. 하지만 현재의 육아 방법이 잘못되었는지를 고민하거나 무리하게 아이를 몰아세우지 말고, 반대로 선물을 주면서 아이를 달래거나 하지도 말자. 아이의 성장이 순조롭게 잘 진행되고 있다고 안심하면서 즐기면 된다.

이 시기에 아이가 너무 자기주장을 강하게 하는 것 같다고 두려워하거나, 걱정하는 마음에 아이를 강압적으로 대하는 부모를 가끔 만날 때가 있다. 어떤 엄마는 이런 말을 한 적이 있다.

| CASE |

두 살 반짜리 남자아이를 키우는 엄마의 이야기이다. "아이가 말을 안 들을 때, 예를 들면 목욕을 다 끝냈는데도 옷을 안 입으려고 할 때는 갑자기 제 자신도 깜짝 놀랄 만큼 화가 치밀어 올라요. 아이는 그저 장난치는 것뿐이라는 걸 잘 알면서도 분노를 제어하지 못하는 제 자신이 무서워집니다. 이럴 때는 제 안에서 '아이를 용서하면 안 돼!' 하고 명령하는 것만 같아요. 결국 호되게 아이를 혼낸 후에는 항상 왜 그토록 화를 냈는지 굉장히 후회가 밀려와요. 제 안에서 끓어오르는 분노를 이해할 수 없어요."

이런 현상에 대해서 '세대 간 전달'이라는 사고방식으로 접근하면 다음과 같이 설명할 수 있다('아기 방의 유령'과 비슷한 도식이다).

이 엄마는 어릴 때 비슷한 상황에서 자기주장을 하다가 부모에게 과한 억압(강한 질책과 폭력)을 받았을 수도 있다. 왜 당시 부모가 강한 분노를 보였는지는 알 수 없다. 어쩌면 부부 간의 문제 혹은 고부 간의 갈등 때문일 가능성도 있다. 당시 아직 나이가 어렸던 이 엄마는 그때 느낀 공포심을 마음속 깊은 곳에 담아 두고 있었다. 그렇게 오래 봉인해 두었던 공포심과 부모가 보여 준 분노하는 모습이, 성인이 되고 엄마가 된 순간 자신이 낳은 아이를 매일 지켜보면서 저주처럼 되살아났는지도 모른다.

이 순간, 이 엄마는 자기 부모의 감정을 마치 자신의 감정이라도 되는 것처럼 체험하고 있다. 이것은 '동일화'라는 방어기제인데, 특히 이 경우에는 '공격자와의 동일화'라고 생각할 수 있다(방어기제에 대해서는 176~232p 참고).

아이가 순수하게 자기주장을 시작하면 부모는 그 상황에 불안해하지 말고(혹시 이러다가 이기적인 아이로 자라는 건 아닐까 고민하지 말고), 우선 자기주장을 하기 시작한 아이의 성장을 기뻐하고 환영하는 시선을 잊지 말자.

## 네 번째 이별
## - 2차 반항기

신체의 이별(탄생), 별개의 존재라는 깨달음(재접근기), 자기 의지의 깨달음(1차 반항기)에 이어 마지막에 자신의 가치관을 깨닫는다. 이것이 네 번째 이별이다.

'내 인생은 나의 것이다.', '부모의 가치관과 내 가치관은 서로 다르다.'라는 의식이 생기기 시작하는 이 시기의 아이에게는 또래와의 관계가 무엇보다도 중요해진다.

그러면 반대로 부모와의 거리를 일부러 강조하거나 확인하려는 행동이 눈에 띈다. 소위 2차 반항기이다. 예를 들면 가족끼리 외출하는 것을 전혀 거부하지 않았던 아이가 이제는 "난 안 갈래."라고 대답하는 것이다.

자, 어린 시절을 떠올려 보라. 가족끼리 외출 나갔다가 친구를 만났을 때 묘하게 창피한 기분이었던 적이 있을 것이다. 그 이유는 아직도 부모와 함께 행동하고 있다는 사실로 인해 부모와의 거리가 애매한 위치에 있다고 느꼈기 때문이다.

흘러내리는 바지에 속옷이 보이도록 입거나, 체인 같은 목줄로 된 액세서리를 하고 머리를 염색하는 등 부모의 눈살을 찌푸리게 하고 교사에게 야단을 맞을 만한 차림새를 이 시기의 많은 아이들은 하고 싶어 한다. 이런 스타일로 외모를 꾸밈으로써 자신이 부모(혹은 교사)와는 다른 가치관을 갖기 시작했다는 자부심을 드러내는 것이다.

아이와 헤어지는 데 저항이 큰 부모일수록, 이런 아이의 행동을 관대하게 받아들이지 못한다. 그리고 아이의 말투나 복장이 점점 자신이 싫어하는 스타일로 변해 가는 것을 지나치게 두려워한 나머지 간섭하려 든다.

특히, "내가 어렸을 땐 말이야, 말도 잘 듣고 손도 많이 가지 않는 아이였어."라는 식으로 말하는 부모는 아이가 자립심을 표현하는 것을 여러 수단으로 억누르려는 인상을 준다. 어쩌면 이런 부모는 어릴 적 자신의 부모로부터 지나친 억압을 받았는지도 모른다.

아이의 자립을 막으려는 부모의 마음 한구석에는 아이가 멀어져 가는 것에 대한 두려움이 있다. 그러나 많은 부모가 아이를 관리하는 것을 '제대로 된 어른으로 키우기 위해서'라고 정당화한다.

## 부모도
## 동요할 때가 있다

지금 소개한 각 이별의 단계는 아이가 순조롭게 성장할수록 자연스럽게 찾아온다. 아기가 걸음마를 떼고 유치가 나면 기쁘듯이, 소중한 단계를 하나씩 통과하고 있다고 생각하며 지켜보는 것이 중요하다.

남의 아이에게는 '저렇게까지 야단을 안 쳐도 될 텐데…….'라든지 '너무 걱정하는 거 아니야?' 하는 식으로 냉정하게 바라볼 수 있지만, 내 자식의 일에는 당사자인 만큼 쉽게 동요하게 된다.

이와 비슷한 경험을 한 적이 있다. 큰아들이 중학생이었을 때의 일이다. 당시 큰아이는 축구에만 몰두해 있어서 공부도 안 하고 매일 밤늦도록 TV만 열심히 봤다. 아이의 복장과 말투는 점점 거칠게 변해 가는 것 같았다.

'아, 정말 이대로도 괜찮을까? 부모로서 무작정 아이를 믿고 지켜보기만 해도 과연 괜찮을까?' 이런 걱정으로 매일 불안감이 커졌다.

그러던 어느 날, 내 친구가 거리에서 큰아이를 우연히 만나서 잠깐

이야기를 나누었다고 말했다. 그 친구는 우리 아이들을 어릴 때부터 봐서 잘 알고 있었다. 그래서 요즘 큰아이 때문에 걱정이 많다는 말을 하자, 친구는 매우 뜻밖이라는 표정을 지으며 이렇게 말했다.

"무슨 걱정할 게 있다고 그래? 애가 굉장히 좋아 보이던걸?"

그 말을 듣고 나니 정말로 안심이 되었다. 타인의 시선에는 아이의 모습이 그렇게 보인다는 걸 알게 되었기 때문이다. 아이를 지금까지처럼 계속 대해도 괜찮다는 생각에 마음이 편해졌다.

아이와 함께 부모도 성장하기에 부모 역시 마음이 흔들릴 수 있다. 그래도 아이가 부모와 헤어지기 위한 중요한 시기를 열심히 보내고 있다고 생각하면 부모와 아이 모두 큰 혼란을 겪지 않고 잘 이겨 낼 수 있을 것이다.

# 아이와 부모 사이의 거리
## - 가까운 부모와 멀리 떨어진 부모

### 이상적인 부모, 아이, 현실의 삼자 관계

지금까지 아이들이 겪고 있는 문제를 상담해 오면서 한 가지 깨달은 것이 있다. 바로 부모와 아이, 그리고 바깥 세계(=현실) 이 삼자 관계에 관한 내용이다.

그림2(110p)는 이상적인 부모와 아이, 현실의 삼자 관계를 나타낸 것이다. 이 그림을 보면 부모와 아이, 현실 이 삼자는 서로 독립되어 있으며, 전부 실선으로 그려 있다.

여기서 중요한 것은 부모도 아이도 바깥 세계, 즉 현실과 직접 상대하고 있다는 점이다. 아이는 자기에게 일어난 사건을 부모에게 말하거나 곤란한 상황이 생긴 경우에는 상담을 하기도 한다. 그리고 부모는 아이의 말을 들어 주고 조언을 한다.

이런 삼자 관계에서는 아이가 직접 바깥 세계(=현실)와 마주함으로써 부모하고는 다른 자기 나름의 가치관과 삶의 방식을 터득해 간다. 또한, 부모로부터 적절한 관심이나 격려와 지지를 받는다면 아이의

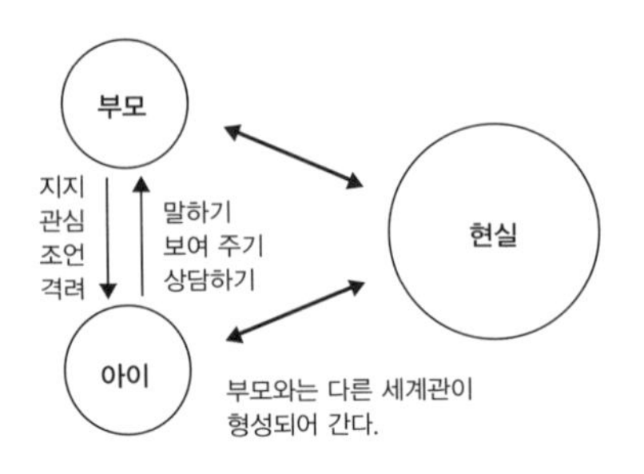


**그림2.** 이상적인 부모 · 아이 · 현실의 삼자 관계

자신감과 용기는 더 쑥쑥 자란다. 이렇게 부모로부터 자신감과 용기를 얻은 아이는 실패해도 또다시 도전하고, 의견이 다른 상대에게도 자기 생각을 말로 주장할 수 있게 된다.

이것이 아이와 부모 사이의 거리가 적절한 경우이다.

한편, 아이와 부모 사이의 거리가 적절하지 못한 경우로는 두 가지 타입이 있다. 바로 '아이와 너무 가까운 부모'와 '아이와 너무 떨어진 부모'이다. 이 두 타입은 딱히 특수한 경우는 아니다. 오히려 흔하다고 볼 수 있다.

## 아이와 부모 사이의 거리 측정

그러면 아이와 부모 사이의 거리는 어떻게 측정할까? 기본적으로 부모가 아이와의 거리를 어떻게 만들어 가는지는 구체적인 일상에서 드러나는 개별 상황을 보고 판단할 수 있다.

예를 들면 한 고등학생이 장차 개 훈련사가 되고 싶어서 해당 전문

직업학교에 진학하고 싶다는 말을 부모에게 했다고 상상해 보자. 부모는 동물에 관심도 없고, 개 훈련사가 어떤 직업인지도 잘 모르는 상태이다.

이런 경우에 '아이와 너무 가까운 부모'는 아이가 자신도 잘 모르는 분야로 진로를 결정한 사실에 매우 불안감을 느끼고 동요한다. 개 훈련사는 어떤 직업이지? 수입은 얼마나 되나? 부모 가까이에서 살면서 출퇴근할 수 있는 일인가? 등 여러 가지를 조사할 것이다.

반면, '아이와 너무 떨어진 부모'는 아이가 자신이 관심도 없는 분야를 아무리 희망하더라도 무관심하다. 때문에 동요도 하지 않고, 왜 그 일을 원하는지에 대해서도 묻지 않는다. 이미 어느 정도 부모가 아이의 진로를 계획해 놓은 상태라면 '네가 개 훈련사가 되겠다고? 무슨 말도 안 되는 소리를 하는 거야?' 정도로만 생각할 것이다. 그러고는 남에게는 "우리 애가 아무짝에도 쓸모없는 직업을 선택하려고 하네요."라고 투덜거릴지도 모른다.

## '아이와 너무 가까운 부모'란?

유치원생을 키우고 있는 한 엄마의 이야기이다.

| CASE |

"유치원의 또래 아이들과 비교했을 때 제 아들은 매사 서툴고 동작도 느리고, 이해하는 데도 시간이 걸려요. 그래서 초등학교에 들어가

고 나서 글자를 배우면 너무 늦을 것 같아서 조금이라도 일찍 공부를 시켜서 열등감을 안 가지도록 하고 싶은데, 애를 보면 공부를 한 지 10분도 안 지나서 벌써 의욕을 잃고 툭 하면 괴로운 표정을 짓네요."

아이의 미래를 위해서, 나중에 고생하지 않게 하려고 하는 일이 실제로는 공부를 싫어하게 만드는 전형적인 행동이다. 이 엄마는 아이와 자신을 분리하지 못하고 있다. 즉, 우리 아이는 시련을 견디지 못한다, 그러니 되도록 고생시키고 싶지 않다, 힘든 경험을 하게 하고 싶지 않다, 이러한 과잉보호를 하는 것인데, 이는 '아이와 너무 가까운 부모'라고 말할 수 있다.

다음 사례는 어느 입시 학원의 강사에게 들은 이야기이다.

| CASE |

초등학교 3학년부터 수강할 수 있는 입시 코스를 신청하러 부모와 함께 찾아온 초등학교 2학년 아동. 이 아이는 직접 자기 입으로 중·고 일관 교육*을 시행하는 A학교로 진학하고 싶다고 말했다. 그 학교에 진학하고 싶은 이유를 물어보자 "고등학교 입시 문제로 고생하고 싶지 않아서요."라고 대답했다.

이 아이는 부모의 생각과 마음을 그대로 받아들이고 있다. 이런 식

* 중학교와 고등학교를 통합하여 6년제로 운영하는 일본의 교육 시스템을 통칭하여 '일관제' 혹은 '에스컬레이터식 학교'라고도 부르는데, 그중에는 유치원 과정이나 초등학교부터 시작해서 대학까지 일관제로 운영되는 사립 학교도 있다. 일단 입시에 합격하면 부속 대학까지 그대로 자동 진학이 가능한 것이다. 일본은 명문 대학 중에 사립 대학이 많아서 일관제를 운영하는 사립 유치원 과정부터 인기가 많은데, 경쟁률이 높은 편이다.

의 부모와 아이의 일체감은 '거리가 너무 가까운 부모'와 아이 사이에서 자주 볼 수 있다.

아이가 경쟁이 치열한 입시를 치르는 것을 지켜보는 일은 자식과 일체화된 부모한테는 꽤 괴로운 일이다. 왜냐하면 사소한 일까지 자식과 하나가 되어 일희일비하기 때문이다.

또한 '거리가 너무 가까운 부모'는 아이의 대인 관계를 단순히 '잘 알고 있는' 것을 넘어서, 은연중에 본인을 섞어서 표현하는 경우가 눈에 띈다. 이런 부모는 주어를 생략해서 말하기 때문에 지금 이야기하는 내용이 과연 부모의 마음인지 아니면 아이의 마음인지 이따금씩 헷갈릴 때가 있다. 예를 들면 부모가 "사실은 ㅇㅇ를 싫어해요."라는 말을 했을 때, 과연 부모가 싫어한다는 말인지 아니면 아이가 싫어한다는 말인지를 파악하기 힘들다. 그러나 부모는 언제나 자식과 일체화되어 있기 때문에 굳이 주어를 언급할 필요성도 못 느끼는 것이다.

## '아이와 너무 떨어진 부모'란?

한편, '아이와 너무 떨어진 부모'는 일단 아이의 상황에 자신이 빠져드는 일이 없다. 이런 부모에게 아이는 ①부모의 훌륭한 점을 칭찬하는 거울에 불과하거나, 혹은 ②액세서리로서, '훌륭한 자신의 일부'이다.

①에 해당하는 부모는 자신이 어릴 적에 부모로부터 받지 못했던 관심을 자식에게서 얻으려고 한다. 그래서 항상 아이에게 부모를 칭찬

해 주기를 요구하고, 아이는 "우리 엄마가 세상에서 최고야!", "아빠는 정말로 대단해!" 이렇게 항상 부모를 칭찬한다.

예를 들면 엄마의 직업이 그림책 작가라고 하자. 그러면 아이는 반드시 "나도 언젠가는 엄마처럼 그림책 작가가 될 거야."라고 말한다. 아이는 직감적으로 "난 엄마가 쓴 책은 별로 좋아하지 않아."라든지 "ㅇㅇㅇ라는 작가가 그린 책이 더 좋아." 같은 말을 해서는 절대로 용서받지 못한다는 것을 잘 알고 있다. 아이가 '부모의 부모' 역할(거울이 되어서 당신은 훌륭하다고 계속 말하는 역할)을 하고 있는 셈이다.

②에 해당하는 부모에게 자식이란 자기 자신의 일부이다. 마치 손이나 발과도 같다. 즉, 손과 발은 하나의 독립된 주체로서 감정을 느끼지 못하듯이, 아이에게도 감정이 없다고 생각한다. 따라서 아이의 내면(무엇을 느끼고 있는가, 무엇을 생각하고 있는가)에는 관심이 없다.

예를 들어, 이제 곧 아이가 입시를 앞두고 있다고 치자. 이 부모는 장차 자기 자식이 명문 학교에 다니게 되어 주변 사람들에게 부러움을 사고 칭찬을 듣는 일에만 흥미가 있다. 이들에게는 자신의 일부인 자식이 듣는 칭찬은 결국 자신이 듣는 것과 마찬가지라는 관점에서만 자식이 존재하는 의의를 둔다.

둘 중 어떤 경우에 해당하든, '거리가 너무 떨어진 부모'는 아이의 자존심을 무시하기 때문에(아이에게 그런 마음이 있다는 사실을 깨닫지 못함), 아이의 자립에는 관심이 없다.

또한, 만약 부모가 관심도 없는 일을 아이가 진지하게 하려고 하면 바로 무마시켜 버리는 것이 이런 부모에게서 자주 볼 수 있는 특징이다. 예를 들어 아이가 학교 친구나 게임, 아이돌 가수 같은 소재의 이야기를 하려고 하면 부모는 잘 들어 주지 않는다. 그런 소재들은 자신이 얼마나 훌륭한 부모인가를 나타내는 거울 역할을 하지 못하기 때문에 관심이 없다.

"솔직히 아이가 하는 말을 듣다 보면 진짜로 졸음이 밀려와요.", "아이랑 놀다가도 문득 이 어지러운 장난감들을 나중에 치워야 한다는 생각이 머리에 스쳐요." 이런 말을 하는 부모는 '아이와 너무 떨어진 부모'일 가능성이 높다.

이런 부모는 아이의 내면에 조금도 관심을 주지 않는다. '아이와 너무 떨어진 부모'에게 아이란 자신의 부모를 대신하는, 자신에게 관심을 주어야만 하는 존재이기 때문에 아이가 관심을 갖는 대상이나 아이가 즐기고 싶은 놀이는 지루할 뿐이다.

# 아이와 너무 가까운 부모의 문제
## - 아이의 현실을 가공한다

앞서 아이를 지나치게 걱정하는 부모를 '아이와 너무 가까운 부모'라고 설명했는데, 이 장에서는 이런 부모의 문제를 보다 상세하게 설명하고자 한다.

### 아이와 너무 가까운 부모, 아이, 현실의 삼자 관계

오른쪽 그림3은 '너무 가까운 부모'와 아이, 현실의 삼자 관계를 표현한 그림이다. 앞장의 그림2와 비교했을 때 크게 다른 점은 부모를 상징하는 실선에 아이가 포함되어 있다는 것과 아이를 상징하는 선이 점선이라는 것이다. 이는 부모와 아이의 존재가 서로 분리되지 못하고 경계가 애매하다는 사실을 말한다.

대부분의 경우 '너무 가까운 부모'는 아이를 과소평가해서, 종종 "우리 아이는 스트레스를 잘 받는 편이에요.", "애가 워낙 마음이 약해서 믿음직스럽지 못해요." 같은 말을 하기도 한다. 그리고 자식이 혹독하

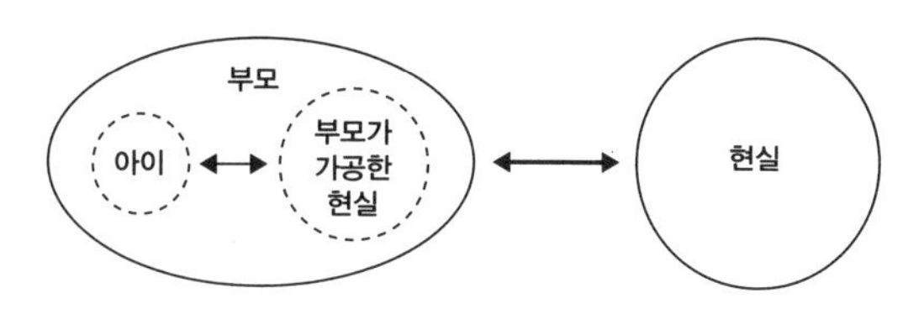


부모의 시선, 사고방식에 영향을 받은 세계관이 만들어진다.

**그림3.** 거리가 너무 가까운 부모 · 아이 · 현실의 삼자 관계

고 힘든 현실에 맞서 나갈 것을 미리 걱정해서, 필사적으로 현실을 가공하기 위해 애쓴다. 즉, 아이가 현실에 대처하는 힘이 충분하지 못하다고 생각하여 아이를 위해 현실을 부모의 가치관에 따라 안전하게 가공하는 것이다.

가공하는 방법도 다양하다. 구체적으로는 음식 제한하기(수제 과자만 먹이기, 콜라는 금지하기 등), 헤어스타일과 옷차림 제한하기, 이동의 제한과 통행 금지 시간 설정하기(저녁 7시 이후에는 반드시 부모에게 전화하기 등), TV와 게임 제한하기, 친구를 비롯한 대인 관계에 간섭하기, 입시나 진학, 취직, 이직, 결혼, 이혼, 출산, 육아 간섭하기 등 매우 다양한 영역에 걸쳐 행해진다.

입시 문제를 예로 들면 "우리 아이는 뭐든지 스스로 하는 타입이 아니라서, 좀 더 교육에 신경 써 주는 사립 학교가 잘 맞을 것 같아요.", "고등학교 입시 공부가 참 힘들잖아요. 그러니 아예 중 · 고 일관 학교에 보내는 게 아이를 위하는 길이에요."처럼 '우리 아이는 연약해.'라고 굳게 믿는 듯한 발언이 눈에 띈다.

이런 점은, 나중에 설명하게 될 '아이와의 거리가 너무 떨어진 부모'의 입시에 대한 생각과 크게 다르다. '너무 떨어진 부모'는 아이의 입

시 문제도 부모로서 자신이 얼마나 훌륭한지를 표현하는 하나의 수단처럼 여긴다. 그리고 아이의 불안감과 망설임에는 관심이 없다. '너무 가까운 부모'가 아이의 불안감을 마치 자신의 문제처럼 느끼고 발언하며 행동하는 것과는 대조적이다.

## 사실을 자세하게 말하고 주어를 생략하는 경향

'너무 가까운 부모'는 아이의 문제, 등교 거부나 섭식 장애와 같은 문제 때문에 상담하러 왔을 때 아이에 관한 사실을 매우 상세하게 말하는 경향이 있다.

예를 들면 아이의 친구 관계에 관련된 문제를 말할 때도 '친구가 이런 상황에서 저런 말을 했다, 그것을 들은 우리 아이가 뭐라고 말하니까 이렇게 되었다…….' 같은 식으로 사실 관계를 상세하게 말한다. 어떻게 그렇게 자세히 잘 알고 있는지 놀랄 정도이다.

그리고 앞서도 언급했지만 주어를 생략하는 경향이 있어서, 상담 도중에 몇 번이나 "지금 말씀하신 내용은 부모님에 관한 일인가요? 아니면 자녀분 일입니까?"라고 확인을 해야 할 때가 있다.

이런 식의 표현을 하는 이유는 부모와 아이가 분리되지 못했기 때문이다. 부모는 아이와 일체가 되어 바깥 세계를 대하기 때문에 아이의 일을 마치 본인이 체험한 것처럼 설명하는 것이다.

## 아이와 일체가 되어 괴로워하는 부모

아이가 친한 친구와의 사이에 생긴 작은 오해 때문에 고민하는 상황이라고 가정해 보자.

부모와 자식의 관계가 이상적인 상태라면 부모는 아이가 어떻게 화해하는지 지켜볼 것이다. 그리고 아이가 어떤 발언을 했고, 상대는 어떻게 반응했는지 등과 같은 세세한 사실보다는 아이가 도대체 무엇 때문에 힘들어하고 얼마나 괴로워하는지, 혹은 아직도 마음이 상해 있는지 등 아이의 마음에 관심이 갈 것이다.

이런 부모는 자신과 마찬가지로 아이에게도 아이만의 인간관계가 존재한다는 사실을 이해하고 있다. 그래서 아이가 자기만의 방법으로 문제를 이겨 내는 것이 어떤 의미를 가지고 있는지 알고 있는 상태에서 아이의 능력을 신뢰하고 지켜보게 되는 것이다.

그러나 '너무 가까운 부모'는 아이가 어떻게 느끼고 있는지보다 사실이 어떤지, 나쁜 쪽은 누구인지, 어떻게 해야 좋은지 등의 문제에만 민감하게 집착한다.

"이럴 생각으로 이렇게 말했는데, 상대 아이는 오해해서 이런 대답을 했더라, 그래서 이번엔 이렇게 대꾸를 하니까……." 결국 이런 말만 카운슬러는 듣게 된다. 그래서 어떤 때는 '이 부모는 대체 뭘 상담하러 온 걸까?'하는 기분이 들기도 한다.

이처럼 '너무 가까운 부모'는 자신이 문제의 한가운데에 있는 것처럼 괴로워하며, 지금 당장이라도 도움이 필요하다고 사실 관계를 절절하게 호소한다. 그리고 자식을 구하기 위해 상대 아이나 그 부모, 학교

측에 어떻게 반응하고 행동해야 할지 고민한다.

## 경험이 적은 카운슬러가 자주 하는 실수

여기서 잠깐 여담을 해 볼까 한다. 아직 나이가 젊고 경험이 별로 없는 카운슬러가 이런 유형의 부모를 만나게 되면 자기도 모르게 그들의 관계에 휘말리는 일이 종종 있다. 카운슬러가 상담하러 온 부모의 부모가 되어, 이 불쌍한 내담자를 어떻게든 도와주고 싶은 마음이 생기는 것이다.

이렇게 되면 정작 카운슬러는 부모가 마음을 들여다볼 수 있도록 돕지 않고(내면 분석하기), 부모가 호소하는 문제를 직접 '해결해 주기' 위해서 현실 세계에서 일을(상담실 밖의 일까지) 하게 된다. 예를 들면 아이의 담임에게 부모의 의견이나 요구 사항을 대신 전달하기도 하고, 육아 문제를 자꾸 간섭하는 시부모에게는 부모의 생각을 대신 전하는 일까지 한다. 아이를 잘 지켜보지 못하는 부모는 '아이를 위해서'라며 행동하고, 부모와 상담 중인 카운슬러는 부모의 말을 듣기만 하지 않고 '부모를 위해서' 움직이는, 흥미로운 이중 구도가 생기는 것이다.

그러나 상담은 어디까지나 상담실 안에서 진행되어야 함이 원칙이며, 이 원칙을 벗어나게 되면 일은 결코 잘 해결되지 않는다. 그리고 카운슬러에게 중요한 것은 서둘러 뭔가를 해결해야겠다고 마음먹는 것이 아니라, 우선 상대의 마음을 이해하기 위해서 상대방의 말을 충분히 잘 듣는 것이다.

## '현실을 가공하고 있다'는 자각

물론 부모가 아이를 지키는 것은 당연하다. 예를 들면 자동차가 많은 현대 사회에서 아이가 교통사고를 당하지 않도록 조심하는 것은 부모의 중요한 역할이다. 이것도 일종의 '현실을 가공' 하는 것이다.

아이는 부모가 안전하게 가공해 준 세상 안에서 안심하고 살아갈 수 있다. 즉, 현실을 가공하는 일 자체가 나쁜 것은 아니며, 오히려 꼭 필요한 경우도 많다. 단지, 부모가 현실을 어느 정도까지 가공하느냐가 문제인 셈이다.

중요한 것은 '아이를 위해서 현실을 가공하고 있다.'는 자각을 부모가 확실하게 해야 한다는 점이다. 아이가 만날지도 모르는 위험이나 곤란을 사전에 제거하고 현실을 안전하게 가공하면 물론 아이를 지킬 수 있다. 그러나 그와 동시에 아이가 위험이나 곤란한 상황을 직접 당했을 때 대처하는 방법을 스스로 배울 기회를 빼앗을 수도 있다.

매일 아침 나는 다섯 살짜리 막내아들을 어린이집에 데려다주는데, 가는 길에 도로를 횡단해야 하는 지점이 나온다. 그때 아이 손을 꼭 잡고 건너고 싶지만, 아이가 내 손을 안 잡으려고 하면 그냥 어떻게 행동하는지 잘 관찰한다. "길을 건널 때는 반드시 어른 손을 잡아야 해!"라고 말하고 싶지만, 그렇게 하지 않아도 아이는 매번 차가 오는지 안 오는지 잘 살핀 다음 직접 건넌다. 만약 아이가 위험한 순간에 뛰어 들어갈 것 같으면 잽싸게 아이를 들어 올릴 수 있는 가까운 위치에서, 나는 현실을 가공하는 일과 아이가 세상을 스스로 체험하게 하는 일 양쪽의 의의를 긴장하면서 의식하고 있다.

눈앞의 위험을 피하기 위해 무조건 아이의 행동을 부모가 제한하고 관리한다면 적어도 당장의 일은 쉽게 해결된다. 반면, 부모의 시선이 닿는 곳에서 아이가 진짜 세계를 체험할 수 있도록 하는 데는 매우 손이 많이 간다.

### 현실을 가공하지 않는 것과 방치하는 것은 다르다

이처럼 일부러 현실을 가공하지 않는 것과 아무것도 하지 않고 그대로 놔두는 것은 전혀 다르다. 이 둘의 차이점은 대단히 중요하므로 잘 이해하길 바란다.

반복해서 말하지만, '아이와 너무 가까운 부모'는 아이에게 누구와 노는지, 어디에 놀러 가는지, 몇 시까지 집에 돌아와야 하는지 등에 대한 여러 가지 제한을 가한다. 그렇게 하지 않으면 아이가 연약해서 잘못되거나 사고에 휘말리게 될 거라는 불안감이 있기 때문이다. 아이와 적절한 거리를 두지 못한 채, 아이를 과소평가하며 걱정해 버리는 것이다.

하지만 본래 아이는 여러 번 실패를 거듭하고 그것을 극복하며 성장해 간다. 친구와 다소 오해가 생기더라도 곧 자신과 상대의 노력을 통해 화해를 하고, 실수를 해도 사과하거나 용서를 받으면서 상황이 회복되는 경험을 쌓는다. 그렇게 현실과 마주하는 방법을 터득해 간다. 그리고 이런 경험은 살아가는 데 있어서 자신감과 용기의 원천이 된다.

어린 시기에 이른바 '안전한 실패'를 반복하며 자기 나름의 방법으로 극복해 가는 일은 성공보다 더 중요한 경험이라고 할 수 있다. 그러나 '너무 가까운 부모'는 아이에게서 이런 중요한 경험을 빼앗아 버린다. 이것이 오히려 위험한 일이 아닐까?

## 안전한 실패를 체험해야 하는 시기가 있다

유아는 정말로 잘 넘어진다. 어딘가에 시선을 빼앗기면 발아래도 잘 보지 않고 뛰어가기도 하지만, 그렇게 여러 번 넘어지다 보면 어느새 조심할 줄 알게 된다.

다행히 유아는 체중이 가볍고 중심도 낮아서, 키가 크고 체중도 많이 나가는 어른과 달리 넘어져도 타격은 그리 크지 않다. 부모와 주위 어른이 지켜보고 있고, 어린 피부는 상처도 금방 낫는다. 어릴 때는 넘어지는 것을 배우는 때이기도 하다.

인간관계도 이와 비슷하다. 보호를 받는 상황에서, 아이들 특유의 낙관적이고 긍정적인 마음을 갖고 있을 때 몇 번씩 실패를 경험하는 것은 매우 중요하다.

어떤 말을 하면 상대가 화를 내는지, 내가 불쾌한 때는 어떻게 하면 좋은지 등 시행착오를 겪으며, 지도가 완성되어 가는 것처럼 내 감정과 그것을 표현하는 방법, 상대와 주고받는 대화나 관계성 등이 그림처럼 마음속에 완성되어 가는 것이다.

그리고 가장 중요한 것은, 여러 번 실패를 해도 스스로 할 수 있는 일이 있으며 상대와 주위 사람이 도와줄 때도 있으니 결국은 괜찮다, 어떻게든 된다는 것을 몇 번이고 경험하는 일이다. 이것은 인간에게 꼭 필요한 체험이며, 부모는 아이가 이처럼 안전하게 실패하는 기회를 빼앗지 않도록 매우 조심할 필요가 있다.

# 아이와 너무 떨어진 부모의 문제 - 아이의 마음에 무관심하다

앞장에서 '아이와 너무 가까운 부모'의 문제를 상세하게 설명했는데, 이와 대조되는 것이 바로 '아이와 너무 떨어진 부모'이다. 이 장에서는 '아이와 너무 떨어진 부모'에게 일어나는 문제를 자세히 살펴보고자 한다.

## 아이와 너무 떨어진 부모, 아이, 현실의 삼자 관계

그림4와 그림5(126p)는 '아이와 너무 떨어진 부모'와 아이, 현실의 삼자 관계를 나타낸 그림이다.

'아이와 너무 떨어진 부모'를 전형적인 두 개의 경우로 표시했는데, 양쪽 다 아이는 부모에게 하나의 독립된 존재로서 인정받고 있지 않다.

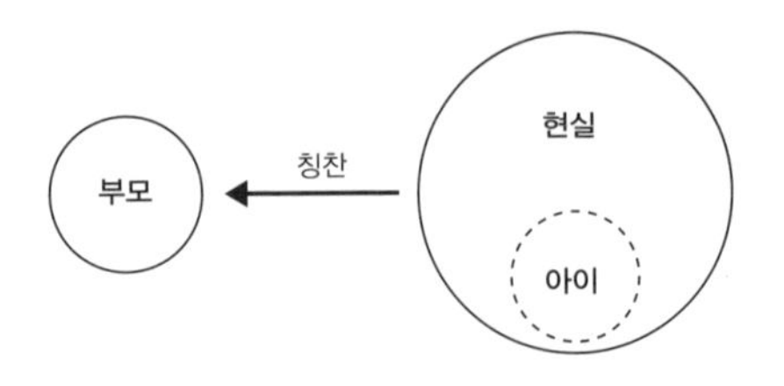

그림4. 거리가 너무 떨어진 부모 · 아이 · 현실의 삼자 관계 I

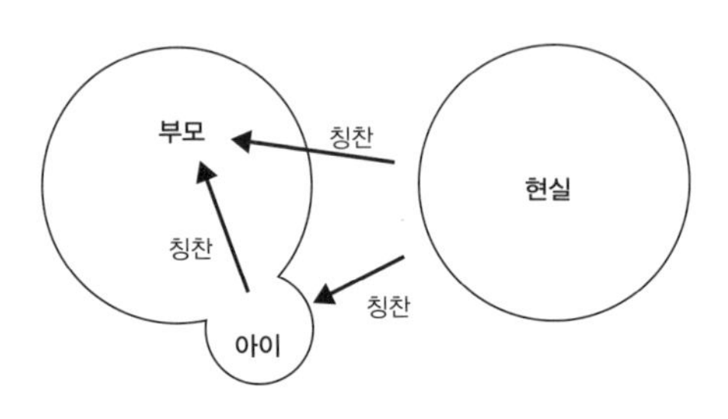

그림5. 거리가 너무 떨어진 부모 · 아이 · 현실의 삼자 관계 II

## 아이는 자신을 칭찬해 주는 거울

그림4를 보면 부모에게 아이는 바깥 세계 또는 그 외의 많은 것들 중 일부에 불과하다. 즉, 부모에게 아이는 부모 자신이 얼마나 훌륭한지를 칭찬받기 위해서 존재하는 사람들 중 하나일 뿐이다. 마치 백설공주의 계모가 거울을 보며 "거울아, 거울아. 이 세상에서 누가 가장 아름답니?"라는 질문을 했을 때 "바로 당신입니다."라는 대답을 듣고 싶어 하는 심리와 비슷하다.

이런 부모 자식 관계에서 아이는 부모가 얼마나 훌륭한지를 거울에 비추어 주는 존재에 불과하다. 심지어 부모는 거울이라는 사물에 감정이 존재하지 않듯이, 아이에게도 감정은 없다고 생각해서 아이의 마음에는 전혀 무관심하다. 아이에게는 그저 부모를 기쁘게 만드는 역할만 주어진다. 혹은 부모가 뭔가 불만을 가졌을 경우 그것에 공감하거나 위로하는 역할만 주어진다.

## 아이는 자신의 일부, 혹은 소유물

한편, 그림5를 보면 부모에게 아이는 부모의 일부, 즉 신체의 일부분이나 액세서리 같은 소유물 중 하나로 보인다. 아이는 확장된 부모의 일부를 구성하는 것에 불과하며, 독립된 인간이 아니다. 그 때문에 현실 세계에서 아이가 받는 칭찬을 부모는 자신에게 쏟아진 것이라고 느낀다. 물론 아이가 받는 비판도 자신을 향한 비판이라고 느낀다.

예를 들면 아이가 달리기 경주에서 일등 했을 때, 아이가 사생 대회에서 수상했을 때 아이의 기쁨에 공감하여 기뻐하는 것이 아니라 자신의 훌륭함이 세상에 증명되었다고 느끼고 자랑스러워한다.

이와는 반대로 아이가 입시에 실패하면 아이의 슬픔을 배려하거나 공감하지 않고, 그보다 부모로서 지금까지 자신이 겪은 고생, 세상과 주위 사람들에게 창피한 마음 등 오직 자신의 힘든 점만을 주장한다.

보통 '아이와 너무 떨어진 부모'는 아이의 졸업식에 가서도 '우리 아이가 지금 어떤 기분일까?'보다도 '어떤 옷을 입고 갈까?', '사람들이 나를 어떻게 볼까?'에만 관심을 둔다. 참관 수업 중에 아이가 발표를 하다가 실수하면 집에 돌아간 후에 "아까 너 발표할 때 엄마가 얼마나 창피했는지 알아?!"라고 화를 낸다. 실패를 겪은 아이의 마음에는 전혀 신경을 써 주지 않고, 창피하다고 느낀 부모 자신의 마음을 더 소중하게 여기는 것이다.

### '아이와 너무 떨어진 부모'는 상담하러 오지 않는다

그런데 '아이와 너무 가까운 부모'가 종종 상담을 받는 데 반해서, '아이와 너무 떨어진 부모'는 웬만큼 큰 문제가 일어나지 않고서는 상담하러 오지 않는다. 아이가 힘들어하는 상황에서도 부모 자신은 아무렇지 않을 때가 많기 때문이다.

그리고 상담하러 와서도 아이의 문제나 아이의 힘든 점에 공감하면서 고민하지 않는다. 마치 집에 비가 샌다거나 차가 고장이 나서 '수리하지 않으면 안 되는 귀찮은 일' 정도로만 생각한다는 느낌을 상담하면서 받곤 한다.

### '아이와 너무 떨어진 부모'의 아이가 보이는 경향

어릴 때부터 이런 환경에서 성장하면 꽤 심각한 문제를 초래한다. 예를 들면 자신의 감정보다 부모(상대)의 기분에 더 민감하고, 눈치를 본다. 지금 지쳤는지 아닌지, 지루한지 아닌지, 매 순간 자기 기분보다도 부모(상대)의 상태에만 마음이 집중된다. 그리고 정작 자신이 하고 싶은 일보다는 상대가 해 달라는 일에만 의식이 향한다.

이런 환경에서 성장한 사람은 상대방에 너무 맞추려 하기 때문에 사람을 만나면 큰 피로가 몰려온다. 또한, 자기 뜻을 주장하거나 자신이 편해지는 선택을 하는 행동이 나쁘고 이기적이라며 죄악감을 느끼는 경향이 있다.

## 당신의 아이가 어떤 사람인지 지켜보라

미국의 정신분석가 낸시 맥윌리엄스(Nancy McWilliams)는 저서 《인격 장애의 진단과 치료(Psychoanalytic Diagnosis: Understanding Personality Structure in the Clinical Process)》에서 부모의 뜻대로 성장해야 하는 아이가 처한 위험성을 다음과 같이 말하고 있다.

> 혼란스럽게도 상대로부터 '널 높이 평가하는 이유는 단지 네가 어떤 특정한 역할을 해내고 있어서야. 그냥 그것뿐이야.'라는 취지의 메시지를 아이가 알아채게 되면, 혹시 자기의 본심 특히 적의나 이기적인 마음을 들켰을 때 상대에게 분명 거절당하거나 모욕당할 것이라고 생각할 것이다.
>
> —《인격 장애의 진단과 치료》 중에서

물론 부모가 아이에게 어떤 기대를 거는 것은 자연스러운 일이며, 아이도 부모의 기대에 부응하고 싶은 욕구와 또 그것을 달성했을 때의 만족감은 좋게 작용하는 부분도 있다고 맥윌리엄스는 인정한다. 그러나 여기서 중요한 것은 부모가 자신의 목적에 도움이 되는지의 여부와 상관없이 아이에게 똑같이 신경을 쓸 수 있는가 하는 점이라고 말한다.

다음은 조금 전 인용문에서 이어지는 내용인데, 이 책에서 가장 감동받은 부분이다.

> 지인 중에 85세 여성이 있는데, 지인의 말을 듣다 보면 자식과 손주들에 대해서 매우 비(非) 자기애적인 태도가 확연히 드러난다. 지인은 대공황의 시기에 12명이나 되는 자식을 키워 냈다. 다행히 아이들은 심각한 가난과 여러 뼈아픈 상실에도 불구하고, 다들 건강하게 잘 자라 주었다.
>
> "매번 임신을 할 때마다 울었어요. 대체 어디서 돈을 구한담, 어떻게 이 아이들을 키우면서 다른 일까지 할 수 있단 말인가, 정말 고민했습니다. 하지만 그러다가도 항상 임신 4개월 정도가 되면 배 속에서 꿈틀거리는 생명을 느끼고 마음이 설레요. 그러면 이런 생각이 떠올라요. '네가 이 세상에 태어나는 순간이 참 기다려지는구나. 어떤 아이인지 빨리 보고 싶어!'"
>
> 지인의 말을 인용한 이유는 앞으로 부모가 될 사람 중에 자기 아이가 나중에 어떤 사람이 될지를 벌써부터 결정해 버린 사람과 지인을 비교해 보고 싶어서이다. 전자는 부모가 이루지 못한 야망을 나중에 자식이 전부 실현하고, 가족에게 명예를 가져다 줄 거라고 착각하고 있다.
>
> —《인격 장애의 진단과 치료》 중에서

이 소절을 읽었을 때 '내 아이들이 과연 나중에 어떤 사람이 될지 지켜보고 싶다.'고 생각하게 되었는데, 이를 위해서는 아이가 갖고 태어난 선천적인 부분이 잘 표출될 수 있도록 지켜보는 자세가 중요하다.

## 아이 스스로 '행복하다'고 느낄 수 있어야 한다

이와 비슷한 주장 중에 구로카와 아키토(黒川昭登)의 '훈육은 무용지물이다.'(《우울증과 신경증의 심리 치료(うつと神経症の心理治療)》 중에서)라는 표현이 있다.

그동안 육아와 병원 진찰 그리고 상담을 통해 얻은 경험에서 말하자면, 이 주장에 수긍한다. 아키토의 주장처럼 부모가 아이를 무조건적으로 사랑하면 아이는 부모와 주위 사람들을 생각할 줄 알게 된다. 그러나 매우 유감스럽게도 이토록 중요한 육아의 포인트가 거의 알려지지 않고 있다. 반면 '절대 음감을 키워 줘야지.' '수학 실력을 키워 줘야지.' 'L과 R발음을 잘 듣고 구분해 낼 만큼 영어 연습을 시켜야지.'처럼, 부모가 아주 단순한 연습이나 훈련에만 관심을 갖는 것이 현실이다.

육아의 최종 목표는 아이가 일류 학교에 합격하거나 의사나 변호사가 되거나 고급 공무원 혹은 대기업에 취업하는 것만은 아닐 터이다. 어디까지나 육아의 목표는 '아이의 행복'이어야만 한다.

주위 사람들에게 부러움을 사는 것보다 아이 스스로가 '난 지금 행복해.'라고 느낄 수 있는 것이 가장 중요하다. 이 차이는 매우 크지만, 정작 그 일에 무관심한 사람이 너무 많다는 걸 매일 느낀다.

# 현실을 받아들인다는 것

## 괴로운 현실의 수용 과정

괴로운 현실에 직면했을 때 그것을 받아들이는 과정에서 많은 사람들이 비슷한 반응을 보인다는 사실은 잘 알려져 있다. 이를 '수용 과정'이라고 한다. 이때 마음의 상태는 부정 → 분노(타인에 대한 분노, 자신에 대한 분노) → 수용(슬픔)의 순서로 변한다.

가족이 사망하는 등 극심한 스트레스를 겪을 때 전형적인 수용 과정의 유형이 나타난다. '부정'은 현실을 거부하고 받아들이지 않는 것을 통해서 스스로를 보호하려는 마음의 활동이다. 예를 들면 예상치도 못했던 가족의 사망 소식을 들었을 때 "거짓말이야!"라고 말하는 것도 현실을 부정하는 태도가 나타난 현상이다. "그럴 리가 없어. 뭔가 잘못된 거야."라고 마음속으로 믿으려고 한다. 사실 여부를 확인하고, 진짜로 일어난 사건이라고 믿어야만 할 때가 오면 '분노'가 일어난다.

'혹시 병을 치료하는 중에 의료 과실이 있었던 건 아닐까?'와 같은 식으로 분노를 쏟을 상대를 찾아 비난한다(타인에 대한 분노). 이 또한

'부정'과 마찬가지로 무의식적인 마음의 활동이다. 누군가를 원망하는 역할에 마음이 지배되고 있는 동안은 소중한 가족을 잃었다는 괴로운 현실을 마주하지 않아도 된다.

처음에는 타인을 비난하다가 이내 자기 자신을 비난하는 상태로 이행되는 경우도 있다(자신에 대한 분노). '가족이 고통 속에서 병마와 싸우고 있을 때, 난 아무것도 모른 채 여행을 즐겼다니…….' 이처럼 본인도 도저히 어쩔 수 없었던 상황을 후회하기도 한다. 이 역시 슬픔을 받아들이기보다는 자기 자신을 원망하는 편이 아직은 편하기 때문에 내면에서 이런 태도를 선택하는 것이다.

그러다 얼마의 시간이 흐른 후, "그래, 이렇게 될 수밖에 없었는지 몰라."라고 합리적으로 이해하려는 '수용' 단계에 다다른다. 이 단계에서는 우선 머리(이성)로 받아들이기 시작한다. 그리고 주위에 있는 친구나 지인으로부터 위로를 받고 응원을 받으면서 신체(마음)로도 현실을 받아들이는 단계가 찾아온다. 이 단계는 이미 발생한 현실과 마주하며 진짜 이별의 슬픔을 체험하는 시간이다.

## 일단 인정하려 하지 않고 분노한다

현실을 받아들이기 힘든 것은 사별의 슬픔에만 해당하는 것은 아니다. 육아에서도 다양한 형태로 나타나는데, 이것을 알아 두면 육아를 하는 부모의 마음이 가벼워질 것이다

| CASE |

중학교 3학년 남학생의 엄마 A씨. 5월에 학원에서 개별 상담을 하던 중 지금 성적으로는 원하는 고등학교에 합격하기가 힘드니 지망 학교 수준을 하향 조정할 필요가 있다는 말을 들었다. 원래 성적이 썩 좋지 않다는 것은 알고 있었기에 어느 정도 각오는 한 상태였지만, 막상 직접 말을 듣게 되니 충격을 받았고, 아들에게 화를 냈다. 그날 밤, TV를 보고 있던 아들에게 "왜 공부를 더 열심히 안 하는 거니? 시답잖은 학교에 들어갈 바엔 차라리 진학하지 마!"라고 꽤 격하게 화를 냈다.

A씨는 아들의 성적이 좋지 않다는 사실을 알고 있었으니, 아들이 3학년이 되어 입시철이 다가올수록 앞으로 힘든 일이 예정되어 있다는 것을 알았을 것이다. 그러나 미리 생각하면 피곤하니까 어느 정도 회피하고 있었던 것이다. 하지만 당연하게도 언젠가는 현실을 직시하지 않으면 안 되는 때가 찾아온다.

앞서 사별하는 슬픔을 수용하는 과정을 설명하였는데, 이러한 마음의 변화가 A씨에게도 일어나고 있다. 현실을 일부러 보지 않으려고 애썼던 '부정' 상태에서, 현실과 마주하게 되면서 '분노'를 체험하고 있다. 더구나 이 '분노'는 자신에게 불쾌하고 불안한 생각을 하게 만든 아들에게 '의존한(어리광을 부린)' 마음의 활동이라고 할 수 있다. "왜 나를 힘들게 하는 거야?" 바로 이런 식의 어리광이다.

이 단계에서 분노와 불쾌함을 표현하여 자기 뜻대로 아이를 조종하려고 하는 것은 좋은 방법이 아니다. 그런 방법을 써서 공부를 시킨다 해도 아이의 자발성을 키우는 데에는 역효과이기 때문이다.

## '분노'에서 '곤란하다'의 단계로

아이에게 '분노'를 보이는 것은 도움이 되지 않음을 이해하면, 이번엔 '곤란하다'고 느끼는 단계로 진행된다. 수험생인데도 공부를 열심히 하지 않고, 실제로도 성적이 별로라면 부모로서 곤란한 상태이다. 그래서 상담 중에 약간 분노가 가라앉은 A씨에게 왜 곤란하냐고 물어보았다.

A씨의 대답은 다음과 같았다.

"성적이 나쁘면 좋은 고등학교에 갈 수가 없잖아요? 수준 낮은 학교엔 공부 잘하는 친구도 없을 텐데 서서히 공부에서 멀어지겠죠. 결국 좋은 대학에 못 들어가서, 나중엔 괜찮은 직장에 취직도 못 할 거예요. 안 그래도 요즘 취직하기가 얼마나 어려워요? 정말 앞으로 더 힘들어질 거라고요."

## 곤란한 사람은 아이이다

A씨는 자신이 왜 곤란한지를 설명했지만, 그런 상황이 되었을 때 진짜로 곤란한 사람은 A씨가 아니라 아이가 아닐까?

앞서 설명한 부모와 아이 그리고 현실 이 삼자 관계의 도식을 떠올려 보자. A씨가 아들과 일체화되어 아들의 불안감을 가로챈 것이다.

"그런 성적으로는 좋은 고등학교에 못 갈 테니 대학도 글렀고, 직장도 못 얻을 거야!"라는 말은 어느 정도 타당한 전망이라고 할 수 있겠지만, 지금 설명하고 싶은 것은 그런 내용은 아니다.

아무리 엄마의 전망이 타당하다고 해도 아이가 스스로 그것을 받아들이지 않는다면 전혀 도움이 되지 않는다. 아이의 마음을 무시하고, 부모의 눈에 보이는 '현실'(=가공한 현실)을 강요해 봤자 아이는 자발적으로 행동하지 않는다.

이런 식으로 현실을 가공하는 한, 아이는 스스로 현실을 받아들이거나 매사에 자발적으로 대응하는 방법을 배울 기회를 빼앗기게 된다. '내 미래가 어렵겠구나, 이거 참 곤란해졌네.'라고 생각하지 않고, 오히려 '엄마 기분이 나쁜 것 같아. 어떡하지?' 하며 곤란해 하는 정도에 머물 것이다.

부모가 아이를 대신해서 곤란을 느낀다면 부모와 자식이 함께 짐을 짊어진 것이나 마찬가지이므로, 부모가 짊어진 양만큼 아이의 짐은 가벼워진다. 그러면 자기 자신을 위해서 직접 어떻게 해 보려는 아이의 의욕은 가벼워진 분량만큼 줄게 되는 것이다. 그 결과, 부모는 아이가 살아갈 에너지를 빼앗아 버린 셈이 된다.

어디까지나 곤란한 처지에 놓이는 사람은 부모가 아니라 아이라는 현실을 부모는 받아들여야만 한다.

# 아이를 심하게 혼낼 때 초래되는 위험

## 집중을 잘하는 아이와 그렇지 못한 아이

요즘 아이들은 어릴 때부터 많은 학습 활동을 한다. 입시를 위한 공부가 아니더라도 음악이나 운동, 그림, 서예 등 다양한 학습을 위해서 시간을 할애하고 있다.

아이가 학습하고 취미 활동을 하는 시간이 부모에게 한숨을 돌리는 여유로운 시간이 되면 좋을 텐데, 그렇지 못한 부모가 많다. 부모 중에는 아이의 능력을 향상시키는 데만 집착해서 아이를 몰아세우는 경우도 종종 있다.

어릴 때는 집중력에 있어 개인차가 크다. 네 살이어도 한 가지 일에 가만히 집중해서 잘 해내는 아이가 있는 반면, 여섯 살이어도 정말 짧은 시간에 집중력이 현저히 떨어지는 아이도 있다. 그러나 학습 활동에 집중을 잘 못한다고 해서 무조건 실력이 뒤처지는 것은 아니며, 오히려 호기심이 왕성하고 활동성이 높아서 '누가 시켜서 하는 일은 싫어!'라고 생각하는 면이 장점(자립심이 강하다)이 될 수도 있다.

잘 뛰어놀고 활발한 남자아이의 경우, 특히 글자를 외우거나 계산을 하는 단순 작업을 잘 못 하는 경우가 많다. 그러나 나이를 먹어 갈수록 이런 아이도 점차 차분해지면서 집중하는 시간이 늘어난다. 너무 이른 시기에 공부를 싫어하게 만드는 경험만 하지 않는다면 반드시 잘할 수 있게 될 것이다.

그런데도 아이가 잘 집중하지 못한다고 해서 다른 아이와 비교하면서 '왜 우리 아이는 이토록 집중력이 떨어지지?' 하고 불만을 느끼는 부모가 많다. 그러면 아이는 부모를 만족시키지 못했다는 생각에 자기 자신이 싫어져서, 자신감을 잃거나 죄책감을 느끼기도 한다.

## 야단치는 행동에 의존하는 부모

'나 자신이 좋다.'는 마음과 '나는 일단 시작하면 잘할 수 있다.'는 마음은 아이가 공부나 운동을 하는 데 있어서 중요할 뿐만 아니라, 긴 인생에서 자신을 줄곧 지탱해 주는 것이다. 그러나 어릴 때 자신감을 잃게 하는 말을 계속 듣거나 흥미를 느낄 수 없는 일을 억지로 하게 된다면, '자신을 사랑하는 마음'과 '자신을 믿는 마음'은 성장하기 힘들 것이다.

| CASE |

"아이가 아침에 일어나서 밤에 잠들 때까지 매 순간 혼만 내는 것 같아요. 머릿속으로는 '아, 이러면 안 되는데.'라고 생각하면서 아이

를 때릴 때도 있어요. 실은 제가 어릴 때 뭘 해도 잘하지 못하는 편이어서 또래들에게 늘 뒤처졌어요. 그 때문에 툭하면 부모님께 야단도 잘 맞았고요. 그래서 내 자식은 나처럼 고생시키고 싶지 않아서 공부도 생활 습관도 잘할 수 있도록 일찍부터 가르치기 시작했거든요. 남편의 눈엔 마치 군대에서 혹독하게 훈련시키고 있는 것처럼 보이는 모양이에요. 솔직히 저도 아이의 사소한 동작이나 자세를 세심하게 관찰하면서 잔소리를 하고 있다는 걸 문득 깨달아요. 어떨 때는 제가 한 말을 아이가 잘 알아듣지 못하는 표정을 지으면 그게 너무 화가 나서 저도 모르게 손찌검을 할 때도 있어요."(일곱 살 남자아이의 엄마)

'아이는 집에서 편안한 마음으로 생활할 수 있게 해 주는 것이 가장 좋다.'는 생각에서 본다면 이 엄마는 아이를 학대하는 것처럼 보일지도 모른다. 그러나 명문 학교 입시에 몰두해서 '집착하는' 부모 중에는 위 사례의 엄마와 비슷한 고민을 하며 육아를 하는 부모가 정말 많다.

이 부모는 지금 자기가 하고 있는 일이 정말로 아이를 위한 것인지를 고민하고 불안을 느끼고 있었기 때문에 상담을 하러 온 것이었다. 그런데 아이를 지나치게 야단치면서도 전혀 불안과 망설임을 느끼지 않는 부모도 있다. 이런 부모는 아이를 야단치고 감시하는 행동에 너무 의존하고 있는 상태라고 할 수 있다. 여기서 말하는 '의존'이란 '약물 의존'이나 '알코올 의존'과 같은 의미에서의 의존이다. 그렇기 때문에 의존하는 상태에 빠져 있는 부모는 지금 자신이 하고 있는 행동은 전혀 '도움이 되지 않으며', 오히려 '매우 유해하다.'는 말을 들어도 결코 그 말을 이해하지 못한다.

## 야단치는 행동에 너무 의존하는 부모의 문제

어린아이에게 자꾸 강제로 공부하라는 고통을 주게 되면, 결국 아이는 다양한 신체 증상을 보이면서 구조 신호를 보낸다. 몸을 움찔움찔하거나 자꾸 눈을 깜빡거리는 틱 증상을 보이거나, 손톱을 물어뜯고, 극도로 벌레를 무서워하는 공포증이 나타난다. 더 심해지면 학교 교실에서 배설을 하거나 호흡 곤란을 일으키기도 한다.

그러나 이런 증상 때문에 상담하러 온 부모에게 "가정에서 받는 스트레스가 원인이라고 생각됩니다. 되도록 아이에게 다정하게 대해 주세요."라고 조언을 해도 곧바로 받아들이지 못한다.

부모의 이야기를 가만히 다 듣고 난 후, "자녀분은 공부를 억지로 해야 하고, 야단을 맞는 일이 많아서 그게 큰 스트레스로 느껴지는 것 같습니다."라는 취지의 말을 하면, 대부분의 부모는 그냥 쓴웃음을 짓거나 아무렇지 않은 듯 흘려듣는다. 상담을 시작하면 그런 말이 나올 것 같았다며 이미 어느 정도 예상한 부모도 여럿 있었다. 결국 부모 자신도 문제점을 알고 있는 것이다. 그런데도 아무렇지 않아 한다.

그들 중에는 "이 의사 양반이 학교 입시 문제가 얼마나 큰일인지 모르니까 이런 태평한 소리나 하고 있구먼. 내 자식과 내가 꾸는 큰 꿈을 아무도 알아주지 않아도, 우리는 끝까지 열심히 해내고 말 거요."라며, 어떻게 보면 강박적인 신념을 갖고 있는 부모도 있다.

앞서 부모들 중에는 아이를 야단치고 감시하는 행동에 의존하는 사례가 있다고 설명했는데, 이런 행동은 결코 유익하지 못하므로 그만두어야만 한다는 조언을 하면 이때도 그냥 쓴웃음을 짓거나 아무렇지 않게 흘려듣기도 한다. 이러한 태도는 니코틴 중독자에게 금연의 필요성을 말했을 때 보이는 반응과 대단히 유사하다.

## 감정의 스위치를 끄다 - '해리' 방어기제

그렇다면 이런 행동을 하는 부모에게서 훈육을 받은 아이는 어떤 문제를 일으킬까?

| CASE |

자해를 하는 여고생. 초등학교 저학년 때부터 매일 아침 6시에 일어나 엄마가 시키는 과제를 반드시 해야만 했다. 아침마다 50문제씩 한자 시험을 보기도 했다. 만점을 받으면 엄마는 굉장히 기뻐했다. 그러나 하나라도 틀리면 50문제 전부를 새로 여러 번 공책에 다시 써서 외워야 했다. 엄마는 딸이 글자를 쓸 때 사소한 실수도 용납하지 않았으며, 힘든 표정을 지으면 뺨을 때린 적도 여러 번 있었다.

아직 집중력도 충분히 자라지 않은 아이에게 한자를 몇 십 번씩 쓰도록 시킨다면 당연히 아이는 공부를 싫어할 수밖에 없다. 아이가 공부를 싫어하도록 만드는 전형적인 본보기라고도 할 수 있다.

누구나 경험해 본 적이 있을 텐데, 마음이 선뜻 내키지 않는 단순한 작업을 쉬지 않고 계속하다 보면 의식이 멀어져 가는, 현실감이 희미

해져 가는 기분이 들 때가 있다. 이런 기분을 '이인감(離人感)'이라고 하는데, '해리(解離)'라는 방어기제의 일종이다.

학대를 당한 아이는 어른이 된 후에도 해리 증상을 보이는 경우가 많다고 한다. 해리 현상을 초래하는 것은 폭력이나 폭언에 의한 학대뿐만이 아니다. 장시간 불쾌한 작업을 강요당하는 일이 지속되면 아이는 결국 해리 방어기제를 습득해 버린다. 감정의 스위치를 끊는 방법을 터득해서 지금 이 불쾌한 작업을 하고 있는 사람은 자기 자신이 아니라고 느낌으로써, 고통을 무시할 수 있게 되는 것이다.

이 인과 관계를 설명하는 것은 대단히 어렵지만, 해리 증상이 진행되면 이 사례의 여고생처럼 성장한 후에 자해하는 경우도 있다.

## 아이를 다정하게 지켜보는 일의 장점

"정리정돈 좀 잘해라.", "놀지 말고 공부해라." 이런 잔소리를 듣지 않는다면 아이는 집에서 훨씬 편하게 지낼 수 있다. 그리고 반드시 자신이 하고 싶은 일을 찾아낸다.

평소 학교와 학원을 비롯한 바깥 세계에서 지시만 계속 받은 아이는 집에 돌아오면 그냥 편안하게 아무것도 하지 않는 시간을 적극적으로 선택할지도 모른다.

이 책의 주제이기도 하지만, 만약 부모가 아이에게 잔소리를 하거나 야단을 치지 않겠다고 마음을 정하면 부모 역시 집에서 아이와 함께 보내는 시간이 고통이 아닌 행복으로 180도 바뀔 것이다. 그러면 집에서 초조해지는 일도 없다. 집에서 보내는 시간이 즐거우면 아이뿐만 이 아니라 부모까지 구하는 셈이다. 또한, 아이는 건강을 회복하면서 주체적이 되어 간다.

이것은 가설일 뿐이지만, "정리정돈 좀 잘해라."라고 시끄럽게 잔소리를 들었던 아이보다 부모가 다정하게 지켜본 아이 쪽이 훨씬 어른이 된 후에 청소하고 치우는 것을 좋아하게 될 것이다. "공부해라."라는 말을 계속 들었던 아이보다 부모가 다정하게 지켜본 아이 쪽이 나중에 훨씬 더 공부를 좋아하게 될 수도 있다.

그 예로, 우리 아이들에게 공부하라는 잔소리를 한 적이 없는데 그렇게 자란 네 아이 중 세 아이는 적어도 공부를 싫어하지 않는 것 같다(막내는 아직 초등학교 입학 전이다.). 물론 필요에 따라서지만, 자발적으로 공부하는 편이다.

# 엄마는 자식을 떠나보내기 위해 존재한다

아이는 스스로
부모로부터 멀어져 간다

'엄마는 자식을 떠나보내기 위해 존재한다'는 낸시 맥윌리엄스가 저서 《인격 장애의 진단과 치료》에서 소개한, 심리학자 에르나 퍼먼(Erna Furman)의 논문 제목이다.

> 퍼먼은 (중략) 너무 서두르지 않는 한, 아이는 스스로 젖을 뗀다는 사실을 강조했다. 독립을 요구하는 움직임은 의존하고 싶은 희망과 동등하게 근본적 혹은 강력한 것이다. 퇴행과 보급이 필요할 때는 부모가 언제라도 반응해 줄 거라고 신뢰하는 아이는 자연스럽게 분리하려고 한다. 퍼먼은 아이는 자연스럽게 전진하고자 하는 움직임을 보인다는 관점에서 분리 과정을 새롭게 구성했다. 그러나 이것은 아이를 그대로 놔두면 퇴행적인 만족을 더 좋아하기 때문에 부모가 아이에게 일부분 욕구 불만을 느끼도록 해야만 한다는 서양의 고정관념에 도전하는 것이었다.
>
> ―《인격 장애의 진단과 치료》 중에서

앞서 설명했지만 아이가 부모로부터 멀어지려고 할 때, 부모와의 일체감을 확인하려는 행동이 증가한다. 이것은 무의식적으로 이별의 외로움을 느끼기 때문이다.

조금 전에 인용한 문장에서 '퇴행과 보급이 필요할 때는 부모가 언제라도 반응을 해 줄 거라는 신뢰'가 의미하는 바를 쉽게 이해하기 위해서 다음과 같은 장면을 상상해 보자.

세 살쯤 되는 아이가 외나무다리를 건너려고 한다. 엄마는 뒤편 기슭에서 아이를 지켜보는 중이다. 아이는 강가에 걸친 다리를 건너고 싶지만 무섭기만 하다. 하지만 누가 "위험하니까 그만하자."라는 말을 하면 더 도전하고 싶은 마음이 생긴다. 그래도 역시 무섭기 때문에 몇 번이고 뒤돌아서 엄마 쪽을 흘끔거린다. 이때 엄마는 "쭉 너를 지켜보고 있단다."라는 메시지를 표정이나 몸짓으로 보여 준다. 그러면 이내 아이는 부모의 응원을 등에 업고, 부모 곁을 떠나 다리를 건너간다.

## 억지로 나가라고<br>떠밀면 역효과

| CASE |

등교 거부를 한 여고생의 엄마. 딸은 고2에 올라가자마자 등교 거부를 하기 시작해 결국 학교를 그만두었다. 지금은 방송통신 고등학교에 들어가서 집에서 공부하고 있다. "너 앞으로 어떻게 하려고 그래?"라고 딸에게 물어보니 "아직 모르겠어."라고 대답했다.

"아빠랑 내가 먼저 죽으면 남은 세월을 혼자 힘으로 살아갈 수 있어야 해."라고 말하자, 딸은 어두운 표정을 지으며 "나는 쭉 이 집에 있을 거야. 아빠랑 엄마가 죽으면 따라 죽을 거야."라고 말했다.

이 사례를 보면 부모는 자기가 이끌지 않는 한 딸은 절대로 집 밖으로 나가지 못할 거라고 믿고 있다. 그러나 실제로는 딸은 아직 부모에게 말하지 않았을 뿐, 자격증도 따고 재택근무가 가능한 일을 혼자서 찾아보고 있었다고 한다.

아이를 믿지 않은 채, 집에서만 은둔하고 밖에 절대 나가지 못할 거라고 생각하면서 억지로 밖으로 내몰면 오히려 역효과를 불러와 아이는 더 집에만 있으려고 할 것이다. 부모에게조차 신뢰받지 못한다고 생각해 더욱더 자신감만 잃고 만다.

그러므로 부모는 용기를 갖고 아이를 믿어 주어야 한다. 아이가 언젠가는 은둔하지 않고 집 밖으로 나갈 것이라는 믿음을 가지라는 말이 아니다. 밖으로 나가든 안 나가든, 아이 자신이 행복해질 수 있는 선택을 스스로 할 것이라는 믿음을 가지라는 말이다.

극단적으로 말하면, 경우에 따라서는 집을 나가지 않는 선택이 좋았던 사례도 있다. 예를 들면 억지로 집 밖으로 나가 자신에게 맞지 않는 일을 무리하게 하다가 스트레스 때문에 자살하는 일이라도 생긴다면, 차라리 집에만 있어도 괜찮다며 건강하게 오래 살기만을 바랄 것이다. 물론 이건 꽤 과격한 표현이지만, 결론은 부모가 아이를 믿어 주면 결국 아이의 자신감도 성장해서 용기를 가질 수 있다는 것이다.

## 이별을 당하는 부모의 슬픔

맥윌리엄스는 같은 책에서 이별을 당하는 자로서 느끼는 부모의 슬픔과 아이의 마음을 다음과 같이 설명한다.

> 젖을 뗄 때 본능적인 욕구 만족이 상실되는 감정을 절실히 느끼는 쪽은 보통 아기가 아니라 엄마이다. 그리고 젖 떼기와 비교되는, '분리'하는 기회도 비슷하다고 말할 수 있다. 엄마는 자식의 자율성이 성장할수록 기쁨과 자랑을 느끼는 한편, 비탄의 아픔으로 괴로워한다. 그러나 건강한 아이는 부모가 이런 아픔을 느끼는 것을 환영하는 법이다. 예를 들면 학교에 처음 간 날, 최초로 맞이한 연말 댄스 파티, 또는 졸업식에서 부모가 눈물을 흘려 주기를 기대한다.
>
> —《인격 장애의 진단과 치료》 중에서

또한, 자식과 분리되지 못한 부모의 문제점을 다음과 같이 설명한다.

> 분리개체화 과정에서 아이에게 우울증적 정신역동이 생기는 것은 아이가 성장할수록 엄마는 너무 괴롭기 때문에 아이에게 매달려서 아이가 죄악감을 느끼도록 하거나('네가 없으면 엄마는 외톨이가 될 거야.'), 역공포증적(counterphobic)으로 아이를 밀어낼('넌 왜 혼자서 놀지 못하니?') 때뿐이라고 한다. 전자의 상황에 처한 아이는 적극적으로 독립하고 싶은 평범한 소망을 유해하다고 판단하게 된다. 그리고 후자의 경우, 아이는 의존을 요구하는 자연스러운 행동을 혐오하게 된다.

양쪽 모두 자아의 중요한 일부분을 나쁜 것으로 경험하는 것이나.

—《인격 장애의 진단과 치료》 중에서

이 문단은 맥윌리엄스가 우울한 성격이 형성되는 원인으로 부모와 자식 간의 문제를 언급하고 있는 부분이다. '분리개체화 과정에서 우울증적 정신역동이 생긴다.'라는 기술 다음에 이어진 부분을 읽어 보면, 아이가 부모로부터 떨어져 독립하려고 할 때 부모의 부적절한 관여 때문에 장차 아이에게 우울증이 생길 수 있다고 말한다.

'우울증적 정신역동이 생긴다.'는 것은 '우울한 성격의 바탕이 생긴다.'라는 의미이다. '우울한 성격의 바탕'이란 자신이 하고 싶고 좋아하는 일을 하려고 할 때 '이기적이고 제멋대로 군다.'라든지 '자기만 좋으면 그만인가?'와 같은 마음이 생기는 경향이나, 그러는 것이 당연한 상황에서도 상대에게 의지하거나 도움을 요청하는 데 강한 저항을 느끼는 경향을 말한다.

아이에게 매달리는 타입의 부모가 아이의 성격에 초래하는 문제점에 대해서는 이미 '아이와 너무 가까운 부모'가 가진 문제점 부분에서 설명했는데, 여기서 지적하는 내용도 그와 같다.

자신을 아이와 분리하지 못하는 부모가 자발적으로 멀어져서 자립하려는 아이에게 "이토록 슬퍼하고 있는 나를 버리는 거니?"라고 매달리면서 죄악감을 느끼도록 만들면 아이는 자신이 하고 싶은 일을 하는데도 스스로 나쁜 짓이라고 느끼게 된다.

그리고 어른이 된 후에도 자신이 원하는 일을 하려고 할 때, '지금 내가 하려는 일은 이기적이야.'라든지 '나만 좋으면 그만인가? 나는 이기적인 인간이란 말인가?'와 같은 부정적인 감정이 생긴다.

또한, 인용한 내용 중에 아이가 떠나는 슬픔에 부모가 직면했을 때 '역공포증적으로 아이를 밀어낸다.'라는 기술이 있는데, '역공포증적'이란 실은 무서운데도 전혀 무섭지 않은 척 행동하는 태도를 말한다.

예로 든 "넌 왜 혼자서 놀지 못하니?"라는 말이 가진 의미는, 아이가 자립을 하면 자신이 외로울까 봐 아이의 자립을 두려워하는 부모가 본심을 숨기고 "널 상대하는 게 이젠 지겨워."라고 거절하는 메시지를 보낸다는 것이다. 쉽게 말하자면 '오기를 부리는' 것이다. 가끔 드라마에서 애인과 헤어져서 슬퍼하는 사람이 "아, 그 사람이 사라지니까 속이 다 시원하네!"라고 말하는 장면이 나오는데, 이것이 바로 역공포증의 전형적인 예이다.

이처럼 말이 본심과는 다른 메시지를 내보내면 아이는 혼란스럽다. 부모와 떨어질 때 아이는 큰 외로움을 느끼기 때문에 부모의 애정을 다시 확인하고 싶은 것은 당연하다. 이런 때도 "언제든 여기에 있을 테니 언제라도 다시 돌아오렴. 널 지켜보고 있단다."라고 부모가 애정을 표현해 주면 아이가 자립할 때 힘의 원천이 될 것이다.

그러나 오히려 "이젠 너 혼자서 할 수 있잖아!"하고 차갑게 내뱉어 버리면 아이의 자립을 방해하게 된다. 아이가 불안감을 느껴 더 자립을 못 할 수도 있다. 즉, 언제까지고 자식이 부모한테만 의존하도록 만들고 싶은, 무의식의 소망을 반영하고 있는지도 모른다.

## 아낌없이 주고, 그 다음은 아이에게 맡긴다

아이를 너무 오냐오냐 키우면 혼자 힘으로 살아가기 힘들 것이라는 걱정 때문에 일부러 다정하게 대하는 것을 참거나 억지로 아이를 거부할 필요는 없다. 아이는 저마다 자기만의 속도와 타이밍이 있다.

오히려 부모가 불필요한 걱정을 해서 많은 걸 간섭하면 본래 아이의 힘이 성장하는 것을 방해하고, 그 결과 언제까지고 부모로부터 독립하지 못할 수가 있다. 실패를 안 하도록 세심한 조언을 하고, 힘든 일을 겪지 않게 미리 앞서 나가서 도와주는 등 현실을 가공하면서 아이의 인생에 간섭하면, 단기적으로는 아이를 돕는 것처럼 보이겠지만 장기적으로는 아이 스스로 강해지고 자립할 수 있는 기회를 빼앗는 것이 된다.

아이가 본래 가진 힘을 발휘할 수 있도록 쓸데없는 간섭을 하지 않는 상황이라면 아이는 자신의 행복이 최대가 될 수 있는 선택을 할 것이다.

그 선택은 부모가 볼 때 만족할 만한 최고의 선택이 아닐 수도 있다. 그러나 아이는 부모와 다른 시대를 살아가고 있는 만큼 부모의 가치관과 다른 가치관을 만들어 가는 것이 당연하다고 생각하는 것이 중요하다. 그것이 바로 아이를 믿는 일이다.

# 공복의 자유,
# 식욕의 자유,
# 배설의 자유

## 직접 아픈 경험을 해 보는 것이 중요하다

'아이와 너무 가까운 부모'는 아이가 처한 상황까지도 마치 자신이 겪는 것처럼 느낀다. 그리고 내 자식은 너무 여려서 시련을 견디지 못할 거라고 걱정한다. 그래서 아이가 처한 현실을 안전하게(사실은 부모가 안전하다고 생각하는) 가공하려고 애쓴다. 물론 어린아이에게 위험한 현실은 많기 때문에 가능한 한 아이가 다치지 않게 안전을 확보하는 일은 중요하다. 그러나 그 '정도'는 판단하기 어렵다.

예를 들면 기어 다닐 수 있게 된 아기는 집 안을 탐험하기 시작한다. 식탁은 온 가족이 모이는 장소이기 때문에 호기심이 발동한 아기는 식탁 밑으로 자꾸 들어가려고 한다. 옹기종기 모여 있는 가족들의 발도 신기하고, 가끔 식탁 밑을 훔쳐보며 장난도 쳐 주는 엄마, 아빠 때문에 아기들은 대체로 식탁 밑의 공간을 매우 좋아한다.

하지만 그곳에는 식탁 다리나 넓은 식탁 판, 의자 다리 등 아기가 머리를 부딪칠 가능성이 있는 장애물이 많다. 그래서 난생 처음 식탁 밑으로 기어 들어가다가 머리를 부딪치고 엉엉 소리 내어 울기도 한다.

그러다가도 이내 매일 식탁 밑으로 기어 들어가는 행동을 반복하는 동안, 어느새 매우 자연스러운 움직임을 할 수 있게 된다. 즉, 어떻게 움직이면 다치지 않는지를 몸소 체험을 통해 기억해 간다.

참고로 우리 집은 네 아이 모두 식탁 밑에 들어가는 것을 좋아해서 매번 부딪치곤 했다. 이런 아픈 경험을 하다 보니 나중에는 자연스럽게 식탁 밑을 자유로이 다닐 수 있게 되었다.

그러나 가정에 따라서 '현실을 가공'하는 정도는 다르기 때문에 내 친구 집에서는 식탁 밑에 높이가 낮은 아기 보호 울타리를 쳐서 아이가 들어가지 못하도록 막았다. 또 다른 가족의 경우는 의자나 식탁 다리 모서리를 전부 보호 쿠션으로 감쌌다.

이처럼 어떤 방법이 가장 적절한지는 가정에 따라 또 아이의 성격에 따라 다르다.

## 공복의 자유, 식욕의 자유

다음은 부모가 지나치게 현실을 가공한 나머지 아이의 식욕에 문제가 생긴 사례이다.

| CASE |

동갑인 남편과 딸 A양(5세)과 함께 살고 있는 30대의 전업주부가 딸의 비만 문제 때문에 상담하러 왔다. 이 무렵 A양은 신장 120cm에

체중 25kg으로 확실히 조금 통통한 편이었는데, 말을 걸 때마다 대답을 잘하는 아이였다.

마침 A양의 집에서 잠시 가족의 일상을 관찰해 볼 기회가 있었다. 그런데 그 짧은 시간동안 엄마는 수시로 A양이 배가 고픈 상태인지를 걱정했다. "A야, 배 안 고프니?"라고 자주 질문을 했고, 달라고 하지 않았는데도 과자를 주었다. 결국 A양은 스스로 배가 고픈 상태를 느낄 수 있는 기회 자체를 빼앗긴 셈이다. 공복을 느껴서 "엄마, 간식 없어요?"라고 물어본 결과, 즉 스스로 활동한 결과로서 음식을 받고 식욕을 해결하는 체험을 A양은 거의 한 적이 없는 것 같았다.

A양의 엄마는 왜 이토록 딸의 공복을 두려워할까? 그 이유는 다양하겠지만, 일단 공복을 느끼기도 전에 음식을 계속 주기 때문에 A양이 과식을 할 수밖에 없는 상태임은 분명하다.

게다가 A양은 매일 우유를 1리터씩 마신다고 한다. 모유를 뗀 한 살 반부터 쭉 그렇게 마셔 왔다고 한다.

엄마는 A양이 우유를 마시면 안심이 된다고 말했다. A양이 먼저 원해서가 아니라, 과자를 줄 때처럼 엄마가 하루에도 여러 번 "목 안 마르니?"라고 먼저 물어보고, 그때마다 수시로 우유를 마시게 했다는 것이다. 식사 시간에도 물 대신 우유를 컵에 따라 준다.

이처럼 자식에게 우유를 많이 마시게 하는 엄마를 진찰이나 상담할 때 자주 만나 왔다. 이런 행동은 어떤 의미로는 모유를 떼지 못하는 것과 똑같다. 아이와 떨어지기가 불안해서 우유를 마시게 하는, 이른바 '유사(擬似) 수유'로 보완하는 것이다.

A양이 비만이 된 것은 아무래도 엄마 때문인 것 같으니 무엇보다도 먼저 아이가 스스로 공복 상태를 느낄 수 있는 자유를 주어야 한다.

## 배설의 자유

초등학교 1학년 아들이 교실에서 오줌을 싼 일로 아빠가 상담하러 찾아왔다.

| CASE |

초등학교 1학년 B군은 2학기가 된 지 얼마 지나지 않아 학교에서 자주 바지에 오줌을 싸곤 했다.

아빠가 이유를 물어보니 B군은 "노느라고 화장실에 가는 걸 깜빡했어요. 그래서 오줌을 싸고 말았어요."라고 대답했다. 그때 아빠는 '혹시 아이 몸에 이상이 생겨서 요의를 잘 못 느끼는 건 아닐까?'하고 걱정했다고 한다.

집에서 아이를 관찰하다가 문득 오줌을 싸고 싶어 하는 표정을 보인 것 같아서 화장실에 가라고 말하자, B군은 "오줌 안 마려운데요." 라고 주장했다. 그래도 혹시나 해서 화장실에 데려가면 아니나 다를까 시원하게 오줌을 쌀 때가 한두 번이 아니었다.

결국, 아빠는 아이에게 "오줌을 당장 싸고 싶지 않아도 쉬는 시간마다 꼭 화장실에 가거라."라고 당부했지만 잘 지켜지지 않았다. B군은 집에 있을 때는 바지에 오줌을 싼 적이 없다고 한다. 아마도 가족이 자꾸 화장실에 가라고 재촉하기 때문인 것 같다고 아빠는 추측했다.

공복의 자유, 식욕의 자유와 마찬가지로 배설의 자유 역시 부모는 되도록 빨리 아이에게 자치권을 양보해야 한다.

아이에게 "쉬는 시간마다 화장실에 가라."라고 지시하면, 아이는 강박 장애에 걸릴 수도 있으므로 절대로 이 방법을 권유하고 싶지 않다. 오히려 집에서 B군은 항상 스스로 요의를 느끼기도 전에 화장실에 가라는 명령을 받기 때문에 직접 자신이 요의를 느낄 기회마저 빼앗기고 있는 셈이다.

이런 점을 지적한다고 해서 당장 문제가 개선되지는 않는다. 대개는 상황이 좀처럼 좋아지지 않는 것도 현실이다.

그러나 비록 아이가 배설하는 데 실패하더라도 부모는 '담담하게' 치워 주어야 한다. 야단을 치거나 실망한 표정을 아이에게 보이지 않아야 하며, 반대로 화장실을 잘 사용한 경우에도 너무 눈에 띄게 기뻐하지 않아야 한다. 또한 "너 이번에 화장실에 가서 오줌을 잘 싸면 ○○을 사 줄게."라는 식으로 포상하는 방법도 좋지 않다.

화장실을 잘 사용하는 것은 어디까지나 아이 자신을 위한 것이지 부모를 위한 일이 아님을 분명하게 전달하는 것이 중요하다. 화장실을 잘 사용하지 못하는 것은 아이가 곤란해 해야 할 문제이며, 실패하는 동안에만 부모가 대신 치워 주는 것뿐이다.

여기서 '담담하게'라는 말의 의미는 차갑게 대하는 것이나 무관심한 태도와는 다르다. 부모가 마음속에 새겨 두어야 할 것은 "바지에 오줌을 싸든 화장실을 잘 사용하든 엄마, 아빠는 널 정말 사랑한단다."라는 진심을 잊지 말아야 한다는 점이다.

만약 아이의 배설물을 치우는데 아이가 다가와서 "미안해요."라고 말을 건다면 "괜찮아. 얼마든지 실패해도 상관없어. 엄마, 아빠는 널 정말 사랑해."라고 전달하는 것도 좋다.

## 화장실 사용이 서툰 아이는 구조 신호를 보내는 것

지금까지 진찰과 상담을 하면서 화장실을 잘 사용하지 못하거나 학교에서 바지에 오줌을 싸는 등 배설 관련 문제를 일으키는 아이는 부모의 애정(관심이라고 말해도 좋다)을 확인하려고 그런 행동을 보이는 것은 아닐까 하는 의문이 들었던 적이 있다.

학원 여러 곳에 보내며 엄격한 훈육을 하느라 부모가 너무 지쳐서 아이에게 관심을 주지 못하면 결국 아이는 부모의 관심을 받고자 구조 신호를 보낸다. 따라서 화장실을 제때 가지 못해서 배설에 실패하는 행동은 부모의 관심을 끌기 위한 강력한 수단 중의 하나이다. 예를 들면 서너 살짜리 아이가 동생이 태어나자 다시 아기 상태로 퇴행해서 자꾸 옷에 오줌이나 대변을 보는 사례가 대표적이다.

화장실에 제때 가지 못하고 옷에 배설하는 행동은 모두의 주목과 관심을 집중시킨다. 이런 사태는 없애고 싶어도 잘 되지 않는다. 그래서 상담할 때 표면에 드러난 '배설의 실패'라는 사태에 당황해하지 말고, 담담하게 아무것도 아닌 일처럼 치워 주고, 결코 아이를 야단치지 말라고 조언한다.

즉, 아이가 배설에 실패하는 행동을 이용해 부모의 애정을 확인하는 게임에 맞대응해서는 안 된다. 그 대신 아이에게 "일부러 그런 행동을 하지 않아도 우리는 널 정말로 사랑한다."라는 메시지를 충분히 보내주면 된다.

## 공부하는 자유도 마찬가지

화장실을 사용하는 연습을 하는 단계에서 일어나는 부모와 아이의 문제는 나중에 아이가 조금 더 커서 공부를 시킬 때 발생하는 문제와 유사하다.

배설 문제처럼, 공부를 할지 안 할지의 선택도 사실은 아이의 문제이기 때문에 부모는 지켜보기만 하면 되는 것이다. 공부를 안 하면 야단치고, 공부를 하면 칭찬하는 태도로 아이를 대하면 결국 아이는 자기 자신을 위해서 공부하지 않고 야단맞지 않기 위해서 혹은 부모를 기쁘게 하려고 공부를 한다.

어디까지나 담담하게 대하면서, 아이가 공부를 잘하든 못 하든 너를 소중하게 생각한다는 메시지를 보내자. 그러면 아이의 자존감은 높아지고, 자기 자신을 위해서 공부를 할 것이다.

# 믿음직스럽지 못하기에 내버려 둘 수 없다

## 언제까지고 아이가 미숙한 채 있어 주길 바란다

아이와 거리를 잘 두지 못하는 부모는 다양한 방법으로 아이가 겪게 될 현실을 가공하려고 한다. 있는 그대로의 현실에 마주쳤을 때 미숙한 아이는 위험에 빠지기 쉽기 때문에 일부러 안전하게 가공한 후에 마주치도록 조치하는 것이다.

내 아이는 아직 미숙하고 믿음직스럽지 못하다는 생각은 여전히 아이와 분리되지 못하는 부모에게는 매우 안심되는 상황이다. 왜냐하면 아이가 미숙할수록 부모가 옆에서 지켜 줄 필요가 있기 때문이다.

그런데 반대로 아이가 전혀 미숙하지 않은데도 부모가 이런저런 일에 신경을 쓴다면 그것은 간섭이나 과잉보호가 된다. 이런 부모는 아이에게서 손을 떼야만 한다. 그러나 그렇게 되면 부모는 자식으로부터 버림을 받은 것 같은 불안감을 느낀다. 그래서 아이가 제법 성장한 후에도 여전히 미숙한 아이라고 믿고 간섭하려 드는 것이다.

| CASE |

엄마 A씨는 현재 대학교 3학년인 아들 문제로 상담을 하고 있다. A씨는 지인의 자식들이 열심히 구직 활동 중이라는 말을 들을 때마다 한숨을 쉰다. 왜냐하면 A씨의 아들은 그런 일에는 관심도 없고 귀찮아하기 때문이다. 이대로 있으면 안 될 것 같아서 아들을 대신해 취업에 관한 자료 수집만이라도 대신 해 줄까 고민하고 있다. 아들한테만 맡겼다가 나중에 뒤처지는 건 아닌지 불안하다.

졸업을 앞둔 대학생이 구직 활동을 하는데 부모가 더 열심히 애쓰는 것은 분명 이상한 일이지만 A씨는 진지하기만 하다. 게다가 요즘은 A씨 같은 부모가 적지 않다.

만약 아이가 자발적으로 부모에게 "요즘 제가 바빠서요. ㅇㅇ에 관한 자료를 찾아서 보내 주세요."라고 부탁했다면 그건 괜찮다. 아이 나름대로 자발적으로 움직이고 있기 때문이다.

하지만 취업한 후에도 신입 사원 입사식에 부모가 참석하거나 신입 사원 연수에서 발표할 리포트를 부모가 도와주는 등, 사회인이 되어서도 여전히 부모의 도움이 이어지는 사례가 실제로 존재한다.

## 언제까지고 부모 품에 두고 싶다

다음 사례도 부모가 아이를 품에 가두려고만 하는 사례이다.

| CASE |

중학교 3학년 여학생. 여름방학 중에 농구 연습을 해야 하는데도 밤 늦도록 게임에만 열중이다. 엄마는 아이가 푹 자 두지 않으면 다음 날 몸 상태가 좋지 못해서 농구 연습 중에 열중증* 에 걸릴지도 모른다고 걱정하고 있다. 부모가 일일이 말을 안 해 주면 아이는 이해를 못한다고도 말한다.

수면 부족 상태에서는 다음 날 체육관 안의 열기를 몸이 잘 견디지 못할 수도 있다. 물론 이 여학생이 반드시 열중증에 걸리는 것은 아니지만, 숙면을 취하지 못하면 연습할 때 몸 상태가 나빠질 것이라는 예상 정도는 중학생이라면 가능하다. 결국 자신이 초래한 수면 부족 상태에서 훈련을 받을 경우 생기는 문제점은 직접 체험을 통해 깨달아 가는 수밖에 없다.

그러나 부모는 언제까지고 아이를 품 안에 두고 싶어 한다. 아이를 관리하는 위치를 포기하고 싶지 않아서 "빨리 자거라."라는 조언을 부모로서 아이에게 꼭 해야 한다고 생각하는 것이다.

즉, '내 아이는 미숙하니까 잠을 푹 자지 않으면 다음 날 몸이 힘들다는 사실을 잘 모른다. 따라서 부모인 내가 충분히 아이에게 주의를 주지 않으면 안 된다. 아직 아이 혼자서는 무리이다.'라는 의식을 갖고 있기 때문에 아이의 자립을 부정하는 것이다.

이 사례를 보면 부모가 아이의 자립을 방해해서라도 수면 부족으로

* 비정상적인 고온 환경으로 인하여 체온 조절을 못 할 때 일어나는 병.

인한 문제를 미리 예방하는 게 좋은 건지, 아니면 아이가 자기 몸은 스스로 챙겨야 한다는 사실을 직접 체험하며 학습하도록 하는 것이 좋은 건지를 고민하게 된다.

상담에서 이런 식의 말을 하면 "그럼 아이한테 일찍 자라는 말을 안 했다가 다음 날 아이가 쓰러져 죽기라도 하면 어떻게 책임을 질 겁니까?"라고 화내는 부모도 분명히 있다.

여기서 지적하고 있는 문제는 발병을 어떻게 막느냐가 아니라, 자식과 분리되지 못하는 부모가 자신이 지나친 간섭을 하고 있다는 사실을 깨달아야 한다는 점이다. 그러나 아이를 품에서 놓고 싶지 않은 부모에게 그 사실을 깨닫게 하기란 매우 어렵다.

## 자식과 떨어질 때 걱정 대신 믿음을

아이가 성장하면 부모로부터 멀어져 간다는 사실에서 비롯되는 '버림받을 것만 같은 불안감'을 느끼지 않으려고 부모는 '내 아이는 아직 미숙하기 때문에 지켜 주지 않으면 안 돼.'라는 착각을 하면서 방어한다.

우리가 방어기제를 사용하는 이유는 불안으로부터 벗어나기 위해서이다. 불안에서 벗어나고자 무의식에 사용하던 보호를 제거하려고 하면 당연히 저항이 시작된다.

그 때문에 방어를 공격하는 말들, 예를 들어 "당신은 아이가 성장할수록 필요 없다고 버림받을 것만 같아서 불안한 겁니다. 그래서 실제와는 다르게 아이를 미숙하다고 믿고, 자신이 아이를 과잉보호하고 있다는 사실을 정당화시키고 있습니다."라는 설명을 들으면 부모는 더욱 강하게 수비할 것이다. "선생님 말씀대로 했다가 아이에게 무슨 일이 생기면 어떻게 할 거요?"라고 분노하는 태도가 바로 전형적인 반응이다.

아이는 부모와 떨어질 때, 처음엔 부모 쪽을 돌아보면서 천천히 한 발짝씩 떨어져 간다. 이는 부모가 자식과 떨어질 때도 마찬가지이다. 조금씩 걱정하면서도 아이를 믿고, 아이를 지켜보려는 용기를 갖고 노력한다면 원만하게 분리될 수 있을 것이다.

아이를 믿는다는 것은 부모의 사정을 앞세워 마음대로 생각하고 방임하는 것이 아니다. 아이를 보호하면 실패하지 않을 거라는 믿음도 아니다. 실패할 수도 있지만, 실패하더라도 또다시 일어서는 강인함을 갖고 있다고 믿는 것이다. 우리 아이는 믿을 만하며, 소중하게 여길 만한 가치가 있는 아이라고 믿는 것. 이런 부모의 믿음이야말로 아이에게는 결정적으로 중요한 용기의 원천이 된다.

# 음식은 독?

## 음식에 대한 지나친 집착

상담을 하다 보면 지나치게 '안전한 먹거리'에 대해 집착하는 부모를 종종 만난다. 문제는 집착하는 근거가 과학적이지 않고, 오히려 미신에 가깝다고 말할 수 있는 경우가 있다는 것이다. 그들에게 '유기농 재배'나 '무첨가물'과 같은 단어는 본래의 의미는 차치하고 왠지 모르게 주술의 힘이라도 갖고 있는 건 아닐까, 그런 느낌마저 받는다.

| CASE |

다섯 살 남자아이 A군에게는 얼굴을 찡그리거나 갑자기 입을 크게 벌리는 틱 증상이 있다.

엄마는 A군에게 시중에 판매되는 과자를 절대 사 주지 않는데, 위험한 첨가물이 많이 들어가 있기 때문이다. 이 집은 채소도 과일도 유기농으로만 사 먹고, 엄마가 직접 수제 쿠키를 만들어서 아이에게 먹인다. 이토록 안전한 음식에 큰 신경을 쓰고 있다는 사실을 상담하러 올 때마다 자세히 설명하곤 했다.

어느 날, 병원 근처 슈퍼마켓 계산대에서 다섯 살 된 막내아들과 함께 줄을 서 있는데 마침 옆줄에 A군과 엄마가 서 있는 것이 보였다. 서로 인사를 주고받고 있는데 A군이 갑자기 "으악! 그런 건 먹으면 안 돼!"라고 내 아들이 손에 들고 있던 화려한 색깔의 사탕을 손가락으로 가리키며 소리쳤다. 그 말에 우리 아이가 "괜찮아! 이거 맛있어!"라고 대꾸했더니 A군은 큰 소리로 말했다.

"그 사탕엔 독이 들어 있어! 이 가게에서 파는 건 다 독이 가득 들어 있대!"

주위에 있던 사람들에게도 다 들릴 만큼 큰 목소리였기 때문에 주위 분위기가 갑자기 어색해지고 말았다.

•

속에 무엇이 들어 있는지 알 수 없는 형형색색의 사탕을 아이에게 사 주고 싶지 않은 마음은 이해한다. 그러나 그 이유를 "독이 들어 있어서."라고 강하게 협박을 하는 것은 사실 꽤 위험한 일이다.

어른은 어느 정도 현실을 잘 알고 있어서 상관없지만, 어린아이는 자기만의 이미지로 세상을 만들어 간다. 시중에서 파는 먹거리 대부분에 독이 들어 있고 독이 든 과자를 친구들이 먹고 있다는, 이 불안하고 혼란스러운 상황을 부모가 아이에게 주입시킨다면 아이의 세계관은 어떻게 되겠는가?

안심과 안전에 너무 집착하게 되면 결국 아이가 앞으로 살아갈 환경에 대한 불안감만 갖게 된다는 사실을 깨닫고 있는 부모가 의외로 적은 것 같다.

| CASE (이어서) |

A군에게는 시중에 판매되는 주스도 절대 마시지 말라고 금지한 상태였다. 어느 날, 유치원에서 나눠 준 요구르트를 태어나서 처음으로 마셔 본 A군은 딱 한 모금 마시고는 도로 뚜껑을 닫아 고스란히 집에 들고 왔다. 선생님이 말려도 말을 듣지 않았다. 가져온 요구르트는 엄마에게 마시라고 주었다.

"엄마, 선물이야. 정말 믿을 수 없을 만큼 맛있어. 엄마한테 주려고 일부러 갖고 왔어."

아이는 엄마가 다 마실 때까지 작은 주먹을 불끈 쥐고 엄마의 얼굴을 응시했다. 다음 날도 그 다음 날도 아이는 요구르트를 마시지 않고 그대로 가지고 와서 아빠와 남동생에게 주었다.

이처럼 A군은 매우 다정한 아이이다. 어린 마음에 맛있는 음료를 맛본 순간, 엄마에게 나눠 주고 싶다고 생각한 것이다.

그렇지만 A군이 보는 세상을 생각하면 복잡한 기분이 든다. 몸에 유익한 먹거리에 대한 지나친 집착은 결국, 아이에게 '위험한 음식이 많다.', '이 세상은 무서운 곳이다.'라는 메시지를 줄 수도 있다는 점을 부모는 각별히 주의할 필요가 있다.

부모의 말은 아이에게 굉장한 큰 힘을 갖고 있고, 부모의 협박은 너무 잘 통한다. 아이에게 중요한 것은 먹거리를 신중하게 선택하는 것보다 우선 음식을 좋아하게 되는 것이다. '과자는 맛있다!', '먹는 일은 즐겁다!', '이번에는 어떤 과자를 먹을까?' 이런 마음이 먼저 아이 안에서 쑥쑥 자라는 편이 아이의 전체적인 발달을 생각했을 때 훨씬 더 중요하지 않을까?

## 부모의 협박은 효과가 크다

그럼 왜 부모의 협박은 이토록 잘 통하는 걸까? 그 이유는 아이가 보는 세상에서는 아빠와 엄마가 누구보다도 최고이기 때문이다. 어른들은 과거에 자신이 어릴 적에도 똑같은 생각을 했었다는 사실을 망각해 버린다.

육아를 하면서 그 사실을 똑똑히 깨닫게 된 사건이 있었다.

| CASE |

초등학교 3학년인 둘째 아들과 함께 동네에 있는 목욕탕에 갔을 때의 일이다. 한창 TV에서 축구 경기를 중계하고 있었는데, 그때 호나우지뉴가 화려하고 멋진 발 기술을 선보였다. 그 장면이 느리게 반복 재생될 때 아이가 갑자기 내게 이런 말을 꺼냈다.

"아빠도 저거 할 수 있지?"

그 말을 들은 다른 손님들까지 피식 웃고 말았다. 그러자 아들은 불만스럽다는 듯이 "아빠가 더 잘하잖아?"라고 다그쳤다.

혹시나 사람들이 나를 자식에게 늘 허풍 떠는 아버지로 볼까 봐 몸이 오그라드는 심정이 들었다. 그러다가 문득 30년도 더 전, 어렸을 때의 나 또한 똑같은 상황에서 아버지에게 똑같은 말을 했던 기억이 떠올랐다.

아마도 친척들이 모인 제삿날이었던 것 같다. TV에서 한창 프로레슬링 경기를 하고 있었는데, 어떤 선수가 날면서 무릎으로 상대를 멋지게 찼을 때 아버지에게 "아빠도 저거 할 수 있죠?"라고 물었다. 하지만 아버지는 곧바로 긍정하는 답을 하지 않았고, 나는 끝까지 단호하게 주장했다.

"아빠가 저 선수보다 훨씬 더 강하잖아요!"

그 순간 아버지가 뭐라고 대답하셨는지는 잘 기억이 나지 않지만, 아직 어렸던 나는 아버지의 머뭇거림이 꽤 불만스러웠던 기억이 있다. 그러고 보니 그날 아버지가 느꼈을 기분을 30여 년이 지나서 알게 된 셈이다.

세상만사를 잘 알고 있는 듯해도, 당연히 아이의 상식은 어른하고는 큰 차이가 있다. 아이들에게 부모의 말은 상당한 무게감을 가진다.

"시중에 파는 과자에는 독이 들어있으니까 먹으면 안 돼."라든지 "부지런히 공부해서 좋은 성적을 얻지 못하면 장차 살아가기가 힘들어." 이런 말을 아이에게 들려주면 아마도 이 말들은 어른의 의도를 훨씬 뛰어넘은 무거운 속박으로 변해 아이의 마음에 박힐 것이다. 즉, 이 세상은 악의와 위험으로 가득 차 있다는 메시지를 아이에게 주입하는 셈이다.

## 아이의 낙관성을 지켜 주어야 한다

등교 거부와 은둔형 외톨이에 관한 상담을 할수록 알게 된 것이 있다. 이런 상황에 처한 아이들 대부분이 어릴 때부터 유독 "필사적으로 노력하지 않으면 이 세상에서 살아가기가 굉장히 힘들다."라는 말을 부모에게 들었다는 것이다.

부모는 천진난만한 자식에게 세상살이가 얼마나 고달픈지 미리 가르쳐 주지 않으면 나중에 고생하게 될 것을 걱정한다. 부모의 눈에는 어린아이의 무방비한 낙관성과 세상을 대하는 태도가 매우 위험해 보일 수도 있다.

그러나 낙관적이기 때문에 아이는 처음 대하는 세상에 두근거리는 기쁨을 안고 나아갈 수 있는 것이다. 세상이 힘들다는 것 정도는 부모가 겁을 주지 않아도 충분히 깨닫는다. 유치원이나 어린이집에서도 또래와의 경쟁은 아이들의 일상이다. 아이가 가진 낙관성은 어린아이들 나름대로 힘들 수도 있는 세상을 살아가는 데 있어서 자신을 보호해 주는 매우 소중한 수호신인 셈이다.

그러므로 이 소중한 낙관성을 없애려고 하지 말고 지켜 주는 것이 부모가 해야 할 중요한 일이다. 때로 좌절의 위기에 놓인 아이에게 용기를 불어넣어 줄 수 있는 것도 부모이다. 그것이 바로 부모의 역할이다. 아이를 행복하게 해 주고 싶다면 아이가 낙관성을 잃지 않도록 하는 것이 무엇보다도 중요하다.

# 우등생이 왕따를 당하기 쉬운 이유

## 엄격하게 훈육할 때 생기는 문제점

엄격하게 훈육하면 아이는 겉으로는 매우 똑똑한 아이로 성장하는 것처럼 보일지 모른다. 어른이 볼 때 그런 아이는 믿음직스럽고 안심이 되며, 무엇보다도 어른의 기분을 좋게 만든다.

그러나 그런 아이일수록 부모의 눈에는 잘 보이지 않는 문제가 많은 법이다. 아이가 타인을 대하는 태도는 지금까지 아이 자신이 경험해 온 대인 관계로부터 큰 영향을 받는다.

| CASE |

반에서 인기가 없는 초등학교 3학년 A군. 어느 날 A군이 엄마에게 "모두가 날 싫어해."라고 말했다. 엄마가 학교를 찾아가 담임에게 이 문제를 상담하자, 담임 역시 그동안 느끼는 바가 있었다고 답했다. 담임은 원인을 이렇게 분석했다.

"A군은 다른 친구의 실수에 너무 엄격해요. 아이들이 장난치면 곧

바로 선생님한테 고자질하고, 친구가 제대로 사과를 안 하면 절대로 마음을 안 풀어요. 아마도 이런 게 이유가 아닐까요?"

그동안 A군의 엄마는 훈육을 잘해야 한다고 생각해서, 매우 엄격하게 아이를 대했다고 한다.

나는 일주일에 두 번, 인근 초등학교 체육관에서 저녁에 놀이 동아리를 운영하고 있다. 초등학교 2학년부터 6학년생까지의 남자아이가 대부분인데, 주로 풋살을 하면서 놀고 아이들 기분에 따라 술래잡기 같은 걸 할 때도 있다.

이 동아리를 시작한 지 10년이 훌쩍 넘었는데, 간혹 마음에 걸리는 아이는 대개 집에서 '훈육을 잘 받은 아이'일 때가 많다. 훈육을 잘 받은 아이일수록 경기 시작 전과 끝난 후에 마무리 인사를 잘한다. 게다가 내 기분도 잘 읽는다.

예를 들면, 여름철에는 밤에도 한낮의 열기가 남아 있어서 체육관 출입문을 열자마자 바로 창문을 활짝 열기 시작하는데, 그러면 굳이 부탁을 안 해도 자발적으로 나를 도우려고 창문을 여는 아이가 학년마다 두세 명쯤 있다. 이 아이들은 끝나고 정리할 때도 따로 부탁하지 않아도 알아서 잘 도와준다.

이렇게 눈치가 빠른 아이와 함께 있으면 당연히 기분이 좋다. 아무리 부탁을 해도 꼼짝도 않거나 신경을 안 쓰는 아이, 혹은 얼굴을 봐도 인사도 안 하고 시선을 피하는 아이들과 비교하면 당연히 확연한 차이가 있다.

그러나 어른이 볼 때 감탄스럽고 안심이 되는 아이가 부딪치기 쉬운 벽이 있다. 이들은 4학년 정도까지는 그럭저럭 무리를 이끄는 리더 같은 존재가 된다. 학급이나 운동부에서는 어른과 소통을 잘하는 우등생에게 반장이나 주장을 맡길 때도 많다. 그러나 5, 6학년이 되어 아이들이 사춘기에 들어서면 상황은 달라진다. 어른이 편애하는 아이를 대하는 또래들의 태도가 달라지는 것이다.

처음엔 사소한 놀림이나 가벼운 따돌림으로 시작한다. 이미 어른이 된 사람은 어릴 때의 기억이 잘 안 나겠지만 우리는 누구나 이 미묘한 시기를 통과한다.

자, 한번 어린 시절의 기억을 떠올려 보길 바란다. 예를 들어 코치가 신뢰하는 우등생 B군이 있다고 가정해 보자. B군이 또래들 사이에서 어떻게 소외되어 가는지를 설명해 보겠다.

| CASE |

코치가 편애하는 B군. 2인 1조 또는 그룹별 게임을 하기 전에 워밍업을 할 때 아무도 B군과 같은 팀이 되기를 싫어한다. 술래잡기 같은 놀이를 할 때도 아무도 B군을 잡으려고 하지 않는다. 어른은 잘 모르는 개그 유행어를 써 가며 아이들이 놀 때도 B군 혼자만 그 뜻을 몰라서 당혹스럽다. B군이 농담을 해도 그 내용이 너무 유치하거나 요점이 애매해서, 다들 반응을 못 할 때도 있다. 그래도 코치와 선생님의 전언을 B군이 책임자로서 또래에게 전달하는 경우가 많다. 그래서 아이들은 아무 의미도 없이 B군을 그냥 비웃거나, B군의 말투를 따라하면서 놀리고 무시한다. 연습 시간에 전력 질주나 오래달리기를 할 때도 B군은 평소대로 성실히 임하지만, 다른 아이들은 대충할 뿐이다.

이 사례는 어른들 눈에 집단 따돌림이나 왕따처럼 보일 수 있다. B군 역시 그렇게 느낄 때가 있을 것이다. 아마도 이보다 더 심해지면 물건을 숨기고 더럽히기도 하면서, 누가 봐도 확실한 괴롭힘과 왕따 문제로 발전해 갈 수도 있다.

그런데 아이러니하게도 이때 '공격'의 중심에 서는 아이 역시 B군과 비슷한 타입, 즉 우등생의 요소를 다른 아이보다 강하게 가진 아이일 경우가 많다.

이런 아이는 자신이 우등생이 아니라는 것을 강조하듯이 B군의 성실한 점을 공격한다. 이것은 심리학에서 말하면 방어기제 중에 투사에 해당하는 행위이다(205p 참고). 자기 안의 인정하고 싶지 않은 요소를 타인에게서 찾아내어 그걸 공격함으로써, '나는 저렇지 않아.' 하고 안심하는 것이다.

## 우등생이 왕따를 당하기 쉬운 이유(1) - 사춘기라는 문제

이미 '부모와 자식의 이별'(100p)에서도 설명했지만, 사춘기가 되면 아이는 자신의 사고와 가치관이 부모와는 다르다는 사실을 확인하고, 그것을 강조하는 언동을 시작한다. 그리고 자기 안에 잠재되어 있던, 부모를 원하고 순종하는 마음을 두려워하고 싫어한다.

마찬가지로 또래에게서 그런 요소를 찾아내면 놀린다. 자기는 그렇지 않다는 점을 확인하려는 행동인데, 그 바탕에는 결국 아직도 그런 요소가 남아 있다는 사실을 두려워하는 마음이 깔려 있다. 사춘기가 시작됨과 동시에 지금까지 우두머리 격이었던 아이가 친구들 사이에서 소외되는 배경에는 이런 속사정이 있다.

대개 B군과 비슷한 처지인 아이는 자기만의 독특한 감각으로 위기를 극복한다. 예를 들면 익살스러운 행동을 하거나 일부러 코치에게 반항하는 등 스스로 캐릭터를 바꿔서 일단 또래들과 멀어졌던 거리를 좁힌다. 혹은 그중에는 이미 이런 갈등을 잘 극복한 아이(먼저 어른이 된 아이)가 괴롭히거나 왕따를 시키는 우두머리 격인 아이(괴롭힘과 왕따를 당하는 아이와 마찬가지로 한창 갈등 중인 아이)와의 관계를 잘 수습하는 경우도 있다.

그러나 불행하게도 또래들과 융화하지 못하는 경우, 등교 거부를 선택하는 사례도 적지 않다. 등교 거부에 이르기까지 아이는 혼자서 계속 괴로워한다. 오랫동안 괴로워하다가 비로소 자신을 보호하기 위해서 등교 거부를 결심하지만, 부모에게는 마른하늘에 날벼락과도 같다.

이 경우, 표면적으로는 괴롭힘이나 왕따를 등교 거부의 원인으로 보지만 그 뿌리는 부모의 엄격한 훈육으로 인해서 아이에게 필요한 능력들을 스스로 키우지 못한 데 원인이 있는 경우도 많다.

## 우등생이 왕따를 당하기 쉬운 이유(2)
## - 부모가 하는 훈육의 문제

조금 전 사례에 등장한 A군, B군 같은 아이의 부모들은 아마도 열심히 훈육에 매달렸을 것이다. 이 장의 서두에서도 말했듯이, 이 아이들은 어른의 마음을 잘 읽을 줄 알기에 어른이 요구하기도 전에 알아서 척척 행동하는 경향이 있다.

하지만 이런 아이일수록 자기 마음에는 둔감할 때가 많다. 즉, 아무리 싫은 일도 남 앞에서는 싫다고 말하지 못하는 것이다. 마음을 억제하고 있어서라기보다는 자기 마음을 깨닫지 못하기 때문이라고 말하는 편이 맞을 것이다. 엄격한 훈육을 받은 아이는 상대의 마음과 그 자리의 분위기를 파악하는 건 잘하지만, 정작 중요한 자기 마음은 잘 모른다.

그래서 이런 특성이 또래 집단의 다른 아이들에게는 어딘가 이상하고 어색하게 느껴지는 것이다. 이 점에 관해서는 아이들의 감성이 매우 예민해서, 소외시켜야 할 대상을 잔혹할 정도로 적확하게 발견해낸다.

엄격하게 훈육하면서 아이의 우유부단함과 태만을 용서하지 않는 부모의 태도 때문에 아이는 스스로 반항심과 자신을 보호하는 힘(때로는 교활한 일이나 거짓말을 해서라도 위기를 벗어나려는 능력 등)을 키우지 못한다. 그 때문에 우등생인 아이는 자신이 어느 정도 또래들 사이에서 소외되고, 그로 인해 공격받거나 따돌림을 받고 있다는 사실을 좀처럼 눈치채지 못한다. 게다가 깨달은 후에도 자신을 보호하는 행동이 서툴다.

이처럼 아이를 엄격하게 훈육하거나 관리하는 데는 각각 장단점이 있다. 생활 습관이나 인사를 잘하는 태도 등 어른에게 칭찬받는 행동을 많이 습득하지만, 또래와 허물없이 지내는 능력이나 자신을 보호하는 능력을 미처 키우지 못할 위험이 있다. 이 점을 부모는 인식해야만 한다.

아이를 몰아세우지 말고, 여러 갈래의 선택을 할 수 있도록 길을 열어 주는 여유로운 육아 방식, 소위 '느슨한' 육아를 한다면 비록 어른이 칭찬하는 눈치 빠르고 인사 잘하는 아이로 크지 못하더라도 또래 집단 속에서 잘 지내는 능력은 순조롭게 클 것이다. 이것은 학교 성적이나 운동 실력처럼 한눈에 돋보이지는 않겠지만, 아이가 살아남는 데 매우 필요한 힘이다.

# 자신을 보호하는 마음의 구조
## - 방어기제에 대하여

### 포도를 따 먹지 못한 여우의 억지

지금부터는 여러 장에 걸쳐서 자아를 보호하기 위한 마음의 장치, 방어기제*에 대해서 설명한다.

대학교 1학년생을 대상으로 한 심리학 강의에서 "방어기제가 무엇인지 알고 있는 사람?" 하고 질문을 하자, 손을 든 학생의 비율은 10명 중 1명꼴이었다. 그리고 손을 든 학생 대부분은 이솝 우화에 나오는 '여우와 신포도'를 꼭 예로 들곤 한다. 이 우화의 내용은 다음과 같다.

한 여우가 가지가 휘어지게 열린 포도를 따 먹으려고 열심히 점프를 해 보지만 가지가 너무 높아서 결국 따는 데 실패한다. 여러 번 시도한 끝에 여우는 포기하고, "어차피 저 포도는 따 봤자 시큼할 텐데 뭐."라는 억지스러운 핑계만 남기고 그곳을 떠난다.

본인이 포도를 따는 데 실패하자, 그 결과가 '별로 중요한 일이 아니

* 자아가 위협받는 상황에서 무의식에 자신을 속이거나 상황을 다르게 해석하여, 감정적 상처로부터 자신을 보호하는 심리 의식이나 행위를 가리키는 정신분석 용어.

었다.'는 식으로 얼버무린 것인데, 사실은 먹고 싶었던 포도를 차마 따 먹지 못한 아쉬움과 억울함을 일부러 회피한 것이다. 즉, 채워지지 않은 자신의 욕구를 적당한 이유를 내세워 불만을 느낄 수 없도록 한 것인데, 이는 '합리화'라는 방어기제의 한 예이다.

## 방어기제는 나쁜 것이 아니라 필요한 것이다

이런 마음의 기능을 지그문트 프로이트는 '방어기제'라고 이름 지었다.

프로이트는 정신분석의 창시자로, '무의식'이라는 개념을 제창한 것으로 유명하다. 프로이트의 시대에는 방어기제는 본인에게 고통을 초래하는 문제의 근원을 숨겨 버리는 것이며, 이 방어기제를 해제해서 숨기고 있던 것을 의식할 수 있게 되면 문제가 해결된다고 생각했다. 즉, 방어기제는 이른바 나쁜 것이고, 이것을 없애는 것이야말로 치료하는 데 중요한 과제라고 여겼다.

그런데 그 후 인간 정신에 대한 해명이 진전되면서, 특히 아동 발달 연구가 발전하면서 어른이 문제를 해결하는 데 있어서 저해 요소라고 간주됐던 방어기제 대부분이 실은 건강하게 발달하는 아이에게서도 일반적으로 볼 수 있다는 사실이 알려졌다. 아이의 발달 과정에서는 방어기제가 아이의 마음을 지키는 중요한 기능임을 알게 되면서, 비로소 방어기제에 대한 오해와 편견을 떨쳐 낼 수 있게 되었다.

아이가 성장함에 따라 방어기제 또한 미숙한 상태에서 성숙한 것으로 변한다. 그러나 여러 가지 이유로 인해 어렸을 때의 방어기제에서 멈춰 버린 사람도 있기 때문에 그것이 문제를 일으킬 때가 있다. 이 경우는 문제의 원인을 숨기는 방어기제를 해소하고, 문제의 원인을 의식하면서 방어기제를 성장시키고 변화하게 만드는 일이 바로 치료의 목표가 된다.

## 방어기제는 일상에서 얼마든지 나타난다

방어기제는 본인도 알지 못하게 활동하는데, 일상에서 부모와 자식이 소통할 때도 빈번하게 나타나 문제를 일으키기도 하고 해결하기도 한다.

방어기제를 안다고 해서 당장에 많은 문제가 해결되는 것은 아니다. 그러나 부모가 방어기제의 기능과 활동에 대해서 잘 알면 부모와 아이에게 일어나는 여러 감정과 발언, 행동의 이유를 생각할 수 있는 기회도 늘기 때문에 방어기제는 진화한다.

다음 장부터는 다양한 방어기제에 대해서 사례를 통해 설명해 보려고 한다.

# 자기만의 세계에 고립하면서 스스로를 보호한다 - 고립

## 유아용 카시트에서 잠에 빠지는 아기

이 장에서 소개할 것은 고립에 의한 방어, 즉 외부의 자극을 차단하여 자기만의 세계에 고립하면서 스스로를 지키는 형태의 방어기제이다.

| CASE |

유아용 카시트에 고정된 아기. 처음엔 몸을 움직이지 못하는 것이 싫어서 소리 내어 울지만, 이윽고 스르르 잠에 빠지고 만다. 수면 상태에서 의식의 스위치를 끄고, 불쾌한 상황을 더 이상 체험하지 않으려고 하는 것이다. 일부러 잠들려고 노력한 것이 아니라(그렇게 하지는 못한다) 마음과 몸이 저절로 수면을 선택하는 것이다.

위와 같은 상황을 여러 번 체험하는 동안 아기는 자동적으로 유아용 카시트에 앉기만 하면(혹은 차에 타기만 하면) 차분하게 꾸벅꾸벅 존다.

이런 현상은 소위 '조건반사'(정확하게는 '고전적 조건 부여')라고 불리는 것이다. 이처럼 아기도 자기만의 세계에 고립하면서 스스로를 지키려고 한다. 이것은 방어기제의 하나인 '원시적 고립'이라고도 한다.

## 지루한 수업과 새빨간 백 엔짜리 동전

이번에 소개하는 것도 고립이라는 방어기제에 관한 예이다.

| CASE |

재미없는 수업 시간에 잠들어 버리는 학생.

최근 대학교에서 강의할 때는 PPT를 주로 사용하기 때문에 강의실 안의 조명을 어둡게 할 때가 많아서 졸음이 밀려오곤 하는데, 이 또한 고립이라는 방어기제의 한 예이다.

내용도 잘 모르고, 흥미도 느끼기 힘든 이야기를 계속 듣기란 누구에게나 고통스러운 일이다. 게다가 밖에 자유롭게 나갈 수도 없다. 그러면 아무리 본인은 절대로 잠들지 않겠다고 의식해도 결국은 수면을 통해 불쾌한 외부의 자극(예를 들면 교수의 강의)을 차단하여 자기 자신을 지키는 고립이라는 방어기제가 작용한다.

수면 상태가 아닌 백일몽에 빠지는 것도 고립이라는 방어기제이다. 혹은 단조로운 동작에 몰두하는 것도 비슷한 효과가 있다.

중학생 때의 일이다. 지루한 수학 시간이었는데, 백 엔짜리 동전을 빨간 볼펜으로 열심히 칠하는 데 몰두하고 있었다. 그러다가 문득 내 책상 바로 앞에 선생님이 서 있다는 것을 깨달았다. 사방을 둘러보니 반 아이들이 모두 나를 응시하고 있었다.

선생님은 아무 말 없이 그 동전을 손에 들고는 그대로 내 뺨에 대고 눌렀다. 그러자 내 뺨에는 멋지게 동전 속의 그림이, 선생님의 엄지손가락에는 동전 속의 숫자가 좌우 거꾸로 빨갛게 찍히고 말았다.

## 고립에 관한 다양한 사례

| CASE |

만원 지하철 속에서 한 젊은이가 헤드폰을 낀 채 시끄러운 음악 소리가 새어 나올 정도로 큰 소음의 음악에 빠져 있다.

만원 지하철 안은 몸을 제대로 잘 움직이지도 못하는 상황에서 타인에게 둘러싸여 있는 것만으로도 매우 불쾌한 환경이다. 그래서 이 젊은이는 음량을 크게 하여 다른 감각을 차단해, 음악에만 빠진 상태로 은둔하며 자신을 지키고 있는 것이다. 이런 때는 음악뿐만이 아니라 대화도 사용된다. 지하철 안에서 종종 큰 목소리로 수다를 떠는 광경을 볼 수 있는데, 수다에 몰입하는 것 역시 불안과 불쾌를 피하는 고립이라는 방어기제의 한 사례라고 말할 수 있다.

| CASE |

축구 시합을 마치고 집에 돌아온 후, 종일 축구 게임을 묵묵히 하는 아이들.

어린이 축구 대회는 토요일과 일요일 이틀간 연속으로 열릴 때가 많다. 연이틀 아침 일찍부터 저녁까지 하루에 서너 시합을 겨루기 때문에 아이들은 이미 지쳐 있다.

그런데도 "집에 와서도 또 축구 게임을 하지 뭐예요!"라고 어이없다는 듯이 말하는 엄마가 있었다.

이 또한 고립이라는 방어기제라고 할 수 있다. 부모가 볼 때는 그냥 아이들끼리 하는 시합일지라도 아이들에게는 연습하고는 다른, 긴장감이 매우 큰 특별한 기회이다. 즐겁기도 하지만 괴롭기도 한 것이다.

우리 아이도 시합이 끝난 후에 같은 팀 또래들과 집에 모여서 축구 게임을 한다. 시합 후에 이 게임을 할 때는 평소와 조금 느낌이 달라서, 모두 조용하고 담담하게 게임을 하는 것 같다.

이를 테면 마음을 진정시키는 시간이라고나 할까. 긴장하고 흥분해서 희로애락으로 가득 찼던 이틀간의 시합 내내 쌓인 마음의 피로를, 익숙한 게임을 담담하게 하면서 치유하는 것이다. 즉, 시합 후에 치유해야만 하는 것은 육체만이 아닌 것이다. 아이들은 마음의 피로를 어떻게 치유해야 하는지를 스스로 잘 알고 있다. 이런 때는 "이제 축구는 충분히 했잖니? 왜 또 축구 게임을 하는 거야? 차라리 숙제를 해!"라는 무신경한 말을 해서 아이의 '고립'을 방해해서는 안 된다. 시원한 음료수와 과자를 살짝 방에 넣어 주고 그냥 지켜보기만 하자.

## 어른도 때때로 고립한다

어른 역시 자기 마음을 치유하기 위해서 고립하곤 한다. 아무도 없는 노래방에서 혼자 음악에 도취되어 노래하거나 홀로 컴컴한 방에서 클래식이나 재즈 음반을 들으며 감상에 빠지는 일도 있다. 좋아하는 가수의 사진을 가만히 바라보거나 프라모델 만들기에 열중하거나 자수 또는 정원 가꾸기에 열중하는 사람도 있다.

이들은 모두 귀찮은 외부의 정보를 차단하고 자기만의 세계에 은둔함으로써 자기 자신을 지키고 에너지를 회복하고 있는 것이다.

자, 이제 다시 이야기를 정리해 보자. 아이가 무언가에 푹 빠져 있다면 그것은 어쩌면 어떤 불안감으로부터 자신을 지키려는 의도일 수도 있다는 생각으로 아이를 대할 필요가 있다.

오직 고립이라는 방어기제만을 오래 사용한다면 장차 타인과의 소통에서 문제를 일으킬지도 모른다. 그러나 아이가 고립과는 다른 방어의 수단을 획득한다고 해도 이 또한 아이가 자기만의 속도로 자발적으로 습득해 가야만 한다.

그러기 위해서는 우선 본인이 스스로 선택한 방어기제를 통해 자신을 지키려고 하는 행동을 되도록 옆에서 지켜봐 주는 것이 중요하다. 그것이 바로 아이를 믿는 일이다.

방어기제에 의한 행동을 간섭하는 것에 신중해야만 하는 이유 중 하나는, 원래 방어하는 목적으로 나타난 것인 만큼 이를 억지로 제거하려고 직접 공격을 가하면 한층 더 아이의 방어가 견고해지는 경우가 종종 일어나기 때문이다.

# 불쾌한 현실을 받아들이기 힘들다 - 부정

## 방어기제의 종류를 판별하기는 어렵다

지금까지 설명해 왔듯이, 방어기제란 자기 마음을 보호하고자 무의식 중에 작용하는 시스템이다. 방어기제는 매우 종류가 다양해서 하나의 행동도 견해에 따라서는 여러 타입의 방어기제로 보이기 때문에 그 종류를 판별하거나 확정하기가 어려울 때도 있다.

따라서 단호하게 "이런 장면에서 이런 행동이 나타나면 바로 ○○ 방어기제가 맞습니다."라고 적확하게 판별하는 것은 무리이며, 또 별로 의미 있는 일도 아니라고 생각한다. 그냥 '이런 행동은 ○○에 가까워 보이지만, 한편으로는 ××의 요소도 있을 수 있다.'고 생각하는 정도로 융통성 있게 이해하면 좋다.

이 장에서는 육아에서 중요한 역할을 하는 방어기제인 '부정'에 대해서 설명하고자 한다.

## 부정이라는 방어기제

'부정'이란, 인정하면 불안과 불쾌감을 초래하는 현실을 받아들이기가 어려운 방어기제이다. 덕분에 일시적으로는 불안과 불쾌감을 느끼지 않아도 되지만, 현실을 부정하기 때문에 적절하게 대응할 순간을 놓칠 위험도 있다. 그런 의미에서는 별로 바람직하지 않은 방어기제라고도 할 수 있다.

부정은 어릴 때 누구나 일반적으로 사용하는 방어기제이다. 그래서 어른이 된 후에도 믿기 힘든 이야기를 들었을 때 "무슨! 그건 거짓말이야!"라고 무심코 대꾸하는 것도 다 그 흔적이라고 한다.

그러면 지금부터 전형적인 사례를 몇 가지 보도록 하자.

| CASE |

작년보다 살이 쪘는데도 사이즈가 작은 옷을 산다. 즉, 살찌기 전 사이즈의 옷을 사서 걸치면 현실에서 자신이 뚱뚱해졌다는 사실을 부정할 수가 있다. 남들 눈에는 확실히 옷이 작아 보인다. 그러나 본인은 아무렇지 않은 얼굴이다(일부러 그렇게 보이려고 애쓰지 않는다는 것이 핵심이다. 의식적으로 한다면 그것은 연기하는 것이지 방어기제는 아니다. 다만 그 경계선이 애매할 때가 많다.).

| CASE |

예전에 자주 드라마에서 본 듯한 장면이 있다. 우등생 아들이 소매치기를 하다가 붙잡혔다는 연락을 급하게 받고 엄마가 찾아온다. 고

상한 분위기를 풍기는 엄마는 약간 흥분한 상태이다. 아들은 점포에 딸린 사무실에서 고개를 푹 숙인 채 책상 앞에 앉아 있다. 엄마는 아들 옆에 서 있는 경비원에게 미소를 지으면서 "뭔가 착각하신 것 같네요. 우리 아이가 그런 일을 하다니요, 절대로 있을 수 없는 일입니다!"라고 강한 어투로 반복해서 말한다. 그러고는 아들의 어깨를 두 손으로 꽉 잡고는 "이분이 착각하신 거지? ○○야. 엄마가 왔으니까 이젠 괜찮을 거야!"라고 말한다.

## 아이의 문제를 부정하는 부모

아이 문제와 관련하여 부정이라는 방어기제는 다양한 형태로 부모에게서 나타난다.

경험에 의하면, 등교 거부 상담에서 가장 많이 만나는 사례는 실제로 등교 거부를 하고 있는 아이가 아니라, 이제 막 등교 거부를 시작했거나 또는 아이가 등교 거부를 시작했다는 현실을 부모가 부정하고 있는 사례이다.

예를 들면 아침에 아무리 깨워도 일어나지 않는 아이를 억지로 잡아당겨서 일으킨 다음, 짐짝을 실어 나르듯이 현관 밖으로 밀어내어 학교에 보내는 부모가 '우리 아이는 이렇게 학교에 매일 가고 있으니 절대로 등교 거부가 아니야.'라고 믿는다면 그것은 현실 부정이다.

또한, 아이가 실제로 학교에 가는 걸 심적으로 힘들어하는데도 단지 몸이 아파서 결석하는 것뿐이라고 호소하는 경우도 자주 있다. '우리

얘는 복통 때문에 못 가는 것뿐이야. 학교에 가는 것 자체를 싫어하는 건 아닐 거야.'라고 부모가 고집하는 것 역시 현실 부정이다.

이런 현상은 아이가 등교 거부를 한다는 현실을 부모가 부정함으로써, 불안감으로부터 자신의 마음을 방어하려는 전형적인 예이다.

## 아이의 등교 거부를 인정하고 싶지 않다

아이가 등교 거부를 하는 사실을 무조건 부정하는 한 엄마의 사례가 있다.

| CASE |

등교 거부 중인 중학생 A군의 엄마. 상담하려고 찾아온 시점은 아이가 등교 거부를 한 지 이미 2개월이 지난 뒤였다. 아이는 낮과 밤이 바뀐 생활을 하고 있어서 거의 얼굴을 마주할 새가 없다. 매번 상담할 때면 난처한 미소를 지으며 "아무것도 변한 게 없네요."라고 말문을 연다. 하필이면 같은 직장에 A군과 같은 중학교에 다니는 자식을 둔 동료가 있어서 너무 괴롭다, 남편에게 의논하지만 말을 잘 들어 주지 않는다, 그래서 퇴근하고 돌아오는 길에 차 안에서 펑펑 운 적도 있다, 할 수 없이 집 근처에 차를 세우고 기분이 진정될 때까지 기다렸다가 집에 들어갔다……. 이외에도 항상 '본인이 지금 얼마나 힘든지'에 대한 말만 했다.

A군의 엄마는 언제나 "아무것도 변한 게 없네요."라고 말했다. 그래서 최근 A군의 언동에 어떤 변화가 나타나지 않았냐고 질문을 던져 보았다.

그러자 "아, 그러고 보니 전에는 집에 돌아가도 아무런 반응이 없었는데, 요즘은 A가 방 밖으로 나와서 '다녀오셨어요.'라고 말해 주는 것 같아요.", "저녁을 같이 먹거나 TV를 함께 보기도 해요."라고 말했다. 그 말을 듣고 아이에게 중요한 변화가 시작된 것 같다고 설명했지만, 전혀 감흥을 보이지 않았다.

왜 엄마는 항상 "아무것도 변한 게 없네요."라는 말만 할까? 결국 이 엄마는 '아이가 학교에 가는 것'만을 고대하고 있기에, 아이의 다른 행동 변화는 죄다 사소하고 보잘것없다고 느낀다는 사실을 깨달았다.

"제가 아는 분의 자녀도 학교에 가는 게 힘들다고 말했대요. 그래도 걔는 학교에 전혀 안 가는 건 아니고, 일주일에 한두 번은 등교를 한답니다. 학교에 가면 양호실에서만 지내나 봐요. 그래도 그 애는 우리 애에 비해 얼마나 훌륭합니까? 감동해서 눈물이 다 나네요." A군의 엄마는 이렇게 말하면서 눈물을 흘렸다.

앞서 설명한 '아이와의 거리감'으로 분석해 보면 이 엄마는 '아이와 너무 떨어진 엄마'에 해당한다. 오직 본인이 얼마나 힘든 상태인가에만 주의를 집중하는 것이다. 반면, 아이가 왜 학교에 가지 않는지, 집에 혼자 있으면서 무슨 생각을 하는지, 무엇 때문에 괴로워하는지와 같은 문제에는 거의 관심이 없다.

이런 경우 부모가 할 일은 우선 현실을 받아들이는 것(부정이라는 방어기제 제거하기)이다. 카운슬러는 먼저 그것을 위해 도움을 주어야 한다. 만약 그렇지 못하면 상담을 계속해 봤자 상황은 전혀 나아지지 않는다.

## 부모가 변하면 아이도 변한다

상담을 막 시작했던 초기에는 아이가 학교에 가지 않아서 자신이 지금 얼마나 힘든지에 대해서만 말하며 눈물을 글썽거리던 A군 엄마의 심정에 공감할 수 없었다. 오히려 불쾌감조차 느꼈을 정도이다. 아마도 A군의 마음에 더 공감하고 있었던 것 같다.

A군은 학교에 가지 못할 뿐만 아니라, 집 밖에 나가지도 못할 만큼 괴로워하는데 엄마는 오로지 자기 자신뿐이다. A군은 당연히 그런 엄마의 눈물이 귀찮고 화(짜증)가 났을 것이다.

그래서 A군의 엄마에게 '본인이 지금 얼마나 괴로운지'만 생각하지 말고, '아이가 무엇을 생각하고 있는지, 지금 어떤 심정일지'에 대해서 생각하지 않으면 상황은 좋아질 수 없다고 말해 주었다. 또한, 아이가 '무슨 일을 하고 있는지'보다 '현재 어떤 감정을 느끼는지'에 부모가 더 관심을 가질 때, 분명 A군도 스스로 학교에 갈 준비를 시작할 수 있을 거라고도 말했다.

| CASE (이어서) |

상담을 시작한 지 얼마 안 되었을 때의 일이다. A군이 애용하는 게임기가 고장이 났다. A군은 엄마에게 수리를 맡겨 달라고 부탁했다(A

군은 동네 사람들의 시선 때문에 집 밖으로 전혀 나가지 못했다.). 엄마는 차라리 쭉 고장이 난 채로 있는 편이 게임도 안 하고 좋다고 생각했지만 결국 수리를 하러 갔다. 얼마 후, 수리가 끝났다는 연락을 받았지만, 아직까지도 엄마는 받아 오지 않은 상태였다. 엄마는 "게임기를 찾아오면 아이는 또다시 매일 밤새면서 게임만 할 테니까요."라고 이유를 설명했다.

A군의 엄마처럼 생각하는 부모는 흔하다. '아이가 지금 무슨 생각을 하고 있을까?'보다는 '아이는 지금 무슨 일을 하고 있을까(A군은 밤새 자지도 않고 게임만 한다)?'에만 관심을 둔다.

A군의 엄마에게 위와 같은 설명을 덧붙인 다음, 당장 게임기를 돌려줘야만 하는 필요성과 중요성을 설명했다. 그러자 며칠 후, 아이에게 게임기를 돌려주니 고맙다는 인사를 다 하더라면서 놀라워했다.

그러고 나서 반년쯤 지난 4월 무렵에 A군은 다시 학교에 가기 시작했다. 전부터 그런 예감이 들었기 때문에 3월 무렵에 "아마도 아드님이 4월부터 학교에 가겠다는 말을 할 것 같습니다." 라고 A군의 엄마에게 말한 적이 있다. 하지만 A군의 엄마는 내 말을 믿으려고 하지 않았다. 그러나 진짜로 일주일 후에 A군은 부모에게 다시 학교에 가겠다는 결심을 전했다.

그 무렵에는 A군의 부모도 아들을 대하는 태도가 처음보다 훨씬 더 부드러워졌고, 아이를 신뢰할 수 있어서 A군 역시 부모에게 이런저런 말을 털어놓곤 했다.

즉, 단계가 오면 아이는 스스로 움직이기 시작한다. A군에게 뭔가 큰 변화가 있을 거라는 예상은 충분히 할 수 있었다. A군이 다시 등교할 것을 확신하고, 평소에는 잘 하지 않는 '예고'까지 한 이유는 2월에 상담하던 중 엄마가 이런 말을 했기 때문이다.

"얼마 전에 아이의 게임기가 또 고장이 났어요. 이번은 제가 곧바로 수리도 맡겼답니다. 수리가 끝나는 즉시 받아 올 생각이에요. 계속 집에만 있는 아이한테는 이 게임기가 굉장히 소중한 물건이니까요."

그때 A군의 엄마는 정말 다정한 표정으로 이 말을 했고, 나는 말로는 설명하기 힘든 행복한 기분이 들었다. 아이를 품에 꼭 안아 주고 있는 듯한 기분이 들어서, 내 눈가에는 눈물이 고였다. 아들을 사랑하는 엄마의 애정을 충분히 느낄 수가 있었다.

부모로부터 이런 사랑을 받고 있는데 힘이 안 생길 리가 없다. 용기도 마찬가지이다. 그래서 조만간 A군이 학교로 다시 돌아가리라는 확신을 가질 수 있었던 것이다.

마지막으로, A군이 다시 학교에 가겠다는 결심을 하고 나서 일주일이 지난 후에 나눈 상담 내용을 조금 더 상세하게 소개해 보겠다.

A군이 다시 학교로 가겠다는 말을 한 순간 어떤 생각이 들었는지 A군의 엄마에게 물었다. 상담을 처음 시작했을 때는 늘 "아들 녀석이 집 밖으로 나가만 준다면, 그리고 산책이라도 하면 얼마나 좋을까요?"라고 말하면서 울곤 했던 엄마였다.

그런데 A군이 다시 학교로 돌아가는 상황을 그토록 애타게 기다리던 엄마가 이렇게 대답했다.

"글쎄요, 과연 아이가 괜찮을지 정말 걱정이 됩니다." 기쁨보다도 걱정이 훨씬 더 크다는 것이다. 오랫동안 쉬었던 학교로 돌아가는 불안삼은 아마도 굉장히 클 텐데, 엄마는 아들의 불안한 심정을 충분히 공감할 수 있게 된 것이다.

아이의 마음을 느낄 수 있게 되고, 아이를 믿을 수 있게 되는 것. 상담을 하면서 부모에게 전하고 싶은 말은 결국 그것이 전부이다. 아이가 과연 학교에 갈 수 있을지 없을지, 그런 문제는 솔직히 아무래도 상관이 없다.

# 육아에 대한 불안,
# 부모의 불안
## - 전치

### '전치'라는 방어기제

이 장에서는 '전치'라는 방어기제에 대해서 소개하려고 한다. 전치는 눈앞에 있는 곤란한 현실이 아니라 일단 대처하기가 쉬운 다른 고민거리에 일부러 몰입함으로써 본래 주력해야 할 문제로부터 일시적으로나마 벗어나려는 반응이다.

그러나 문제를 근본적으로 해결한 것이 아니기 때문에, 잠시 편해질 수는 있지만 언젠가는 현실과 마주해야 할 때가 찾아온다.

### 입시에 대한 불안과 손 씻는 의식

| CASE |

고등학교 3학년인 한 남학생에게는 하루에 족히 두세 시간이나 비

누가 몇 개쯤 사라질 정도로 심하게 손을 씻는 버릇이 있다. 손을 너무 자주 씻어서 피부도 푸석푸석하다. 미닫이문을 열고 닫을 때도 사람들의 손길이 잘 안 닿는 맨 윗부분을 손수건으로 감싸서 여닫는다. '혹시 무심코 더러운 걸 만졌을지도 몰라.' 이런 생각이 좀처럼 머리에서 사라지지 않아서 손 씻기를 그만둘 수가 없다. 자신도 이런 행동이 이상하다는 걸 잘 알지만, 씻지 않으면 마음이 풀리지 않는다.

이런 증상이 나타난 것은 이번이 두 번째인데, 처음은 중학교 3학년 때였다. 그때도 고교 입시 공부를 해야 하는 중요한 시기였음에도 하루에도 여러 번 손 씻는 데 시간을 많이 빼앗겨 고생했다고 한다.

참고로 본인이 지적을 받고 나서야 신기하다고 생각했던 점이 있는데, 원래 이 학생은 신경질적이고 이런저런 일을 신경 많이 쓰는 성격인데도 불구하고 입시에 관해서는 "떨어지면 어떡하지?"라는 불안이나 고민을 느껴 본 기억이 없다고 한다. 사실 요즘도 대입 일정이 슬슬 다가오고 있지만 그럼에도 '뭐, 걱정한다고 다 되겠어?'라는 생각으로 편안하게 있다.

이 남학생의 경우, 점점 가까이 다가오는 입시에 대한 불안이 좀 더 대하기 쉬운 더러워진 손에 대한 불안으로 뒤바뀐 상태였다고 볼 수 있다. 아니나 다를까 입시가 끝나자 손 씻는 행동도 사라졌다.

이 상황에서 중요한 것은 "그런 무의미한 행동은 하지 마."라고 억압하지 않는 것이다. 타인의 눈에는 무의미한 행동일지 모르지만, 자신을 무너뜨릴 정도의 강렬한 불안감에 맞서기 위해 마음에서 필사적으로 고안한 방법이다. 비록 본인이 그 방법 때문에 힘들어할지라도 말이다.

이럴 때는 주위(특히 부모와 가족)에서 손 씻는 행동을 강제적으로 그만두게 할수록 더욱더 집착하는 경우가 많다. 방어는 말 그대로 수비하는 자세라서 공격을 당하면 한층 더 견고해진다.

## 방어기제임을 인식하는 것이 기본이다

아이가 '전치'를 통해서 불안을 해소하려는 경우, 부모는 어떻게 대처하면 좋을까?

상당히 어려운 일이지만, 우선 그것이 방어기제로 인해서 나타나는 행동임을 인식하는 것이 기본이다. 이런 행동은 방어기제에 의한 것이며, 아이의 마음이 스스로를 보호하고자 만들어 낸 중요한 것이라고 생각하자. 그러면 아이를 대하는 태도가 무의식적으로 서서히 변해 간다.

그리고 그 변화는 아이의 불안과 그에 따른 증상에 대해서 반드시 좋은 쪽으로 작용한다.

예를 들어, 이런 상황을 똑바로 인지한다면 아이의 방어기제에 휘말려서 부모도 똑같이 혼란에 빠지는 사태를 피할 수 있다. 그러면 부모의 차분한 태도가 아이한테도 전해져, 아이의 불안과 그로 인해 나타난 행동도 진정된다.

## 삭정하고 호소하기 위해 카운슬러를 찾는 부모

| CASE |

등교 거부를 하는 중학생 아들 때문에 엄마가 상담하러 찾아왔다. 아들은 종일 자기 방에서 게임만 한다. 엄마는 아이의 낮과 밤이 바뀌는 바람에 아침에 일어나지 못해서 학교에 못 가고 있다고 생각하고 있다. 어떻게든 게임하는 시간을 줄이려고 끈질기게 아이에게 잔소리하는 엄마. 현재 절박한 상황에 내몰린 아이는 폭력을 쓰려고 하는 상황까지 와 있었다. 한밤중에 크게 소리를 지르거나 벽을 주먹으로 내리쳐서 구멍을 내고, 전화번호부를 가위로 마구 자르는 등의 행동을 보이고 있다.

폭력적인 행동을 하는 아이의 부모에게서는 두 가지 공통점이 주로 보인다.

첫째, 아이의 요구를 완고하게 받아 주지 않고 둘째, 종교나 권위 있는 자의 생각 등을 부모가 굳게 믿고 있어서 그 가치관을 아이에게 강요한다. 즉, 아이의 의견이나 주장을 인정하지 않는 것이다. 게다가 등교 거부를 선택한 아이의 표현도 무시(부인)하려고 한다.

이런 상황에서는 아이가 발신하는 메시지가 부모에게 전달되지 않거나, 전해졌다고 해도 무성의하게 듣기 때문에 대꾸도 하지 않는다.

이렇게 되면 아이는 무언가 가치가 있는 사물을 훼손시켜서 어떻게 해서든 부모의 관심을 끌어내려고 한다.

'학교에 가지 않는' 것은 자기 인생(시간과 가능성)에 상처를 입히는 일이다. 거식과 과식, 자해는 자기 몸을 해치는 일이다. 집안의 물건을 부수는 행위는 부모의 재산을 해치는 일이다.

그러므로 아이가 더욱 궁지에 몰리면 부모에게 상처를 주는 행동까지도 할 수 있다.

이 학생의 엄마에게는 아이에게 지시하는 투의 말을 하지 말고, 아이의 마음과 생각을 알기 위해서 대화를 시도해 보라고 조언했다.

| CASE (이어서) |

엄마가 아이에게 지시하는 말을 그만하자, 소리를 지르고 물건을 부수던 아이의 행동도 멈추었다. 그런데 이번엔 아이의 아빠가 물어보고 싶은 것이 있다면서 찾아왔다. 아빠는 강한 어투로 이런 질문을 던졌다.

"집사람 말이 선생님께서 아이가 게임을 해도 잔소리를 하지 말라고 하셨다던데, 전 그 말이 도무지 믿기가 힘들어서요. 직접 선생님께 확인해 보고 싶어서 찾아왔습니다. 그 말씀이 정말이십니까? 제 아들놈은 게임 중독에 빠져 있어서 우리가 주의를 주지 않으면 종일 게임만 합니다. 게임 중독 때문에 죽는 사람도 있다지 않습니까? 죽음에 이르지 않아도 결국 인격 장애나 범죄자가 될지도 모르죠. 게임이 유해한 것은 사실인데, 선생님은 해도 된다고 말씀하시네요. 만약에 아들놈이 게임 중독으로 죽기라도 하면 선생님이 책임이라도 지시겠단 말입니까?"

이 아빠처럼 찾아와서 말하는 경우는, 극단적이기는 하지만 결코 드물지는 않다. 아이 문제 때문에 부모와 상담을 하다 보면 유사한 경험을 가끔 한다. 엄마가 먼저 상담하러 오는 경우가 대부분이고, 아빠는 나중에 찾아올 때가 많다. 그중에는 험악하게 달려들 것만 같은 무서운 기세로 찾아오는 부모도 있다.

하지만 어떤 상황도 기본은 같다. 먼저 내담자의 이야기를 듣는 데 치중하다 보면, 부모 자신도 현재 아이를 대하는 태도에 뭔가 문제가 있고 이대로는 나아지지 않을 거라는 사실을 알고 있는 경우가 대부분이다. 상담 따위는 도움이 안 되니 그만두라고 아내에게 명령해서 더 이상 상담을 못 받게 하던 아빠도 있다. 그런 만큼 일부러 나를 찾아온다는 것은 결국, 부모만의 힘으로는 현 상황을 해결할 수 없는 상태임을 마음속으로 인정하고 있는 것이다.

| CASE (이어서) |

아빠는 곧 자신이 느끼는 불안을 털어놓기 시작했다.

"저는 이제까지 아이에게 좋다고 생각해서 엄격하게 훈육해 왔습니다. 그런데 아이가 점점 학교에 가지 않으려고 하더군요. 처음엔 그냥 몸 상태가 나쁘다고만 생각했는데, 병원에서 몸에 아무 문제가 없다고 말하지 뭡니까? 인터넷으로 열심히 찾아본 결과, 아무래도 학교는 억지로 보내지 않는 편이 좋다고 나와 있기에 일단 그렇게 하고는 있습니다. 그런데도 상태가 더 악화될 뿐이에요. 지금은 자기 방에서 한 발짝도 나오지 않습니다."

이런 경우, 상담에서는 우선 아빠가 이렇게 카운슬러를 찾아온 행동을 인정해 주고 위로를 해 준다. 상담의 최대 목적은 아이가 괴로운 상황을 벗어나게 하는 것이다. 부모가 상담하러 오지 않으면 카운슬러와 아이의 연결 고리는 끊어져 버린다. 이 아빠는 불만을 터뜨렸지만, 그래도 부모로서 자식을 위해서 시간과 돈을 투자해 이곳까지 찾아온 것은 틀림없는 사실이다.

또한, 이 아빠는 자식을 '언제까지고 미숙한 아이'라고 믿고, 가혹한 현실로부터 지키고자 필사적으로 현실을 가공하기 위해 애쓰고 있었다. 사고를 당할지도 모른다는 불안감에 아이가 자전거를 타는 범위도 엄격하게 제한했다. 이런 부모의 불안감은 아이의 자유를 제한하는, 즉 아이의 자립을 억제하기 위한 변명이 되고 있었다.

## 아이를 대하는 태도의 문제점을 인정하지 못하는 부모

만약에 부모가 어느 정도 안정되어 있다면 아이를 대하는 태도에 대한 조언이 가능하다. 현재까지 부모가 유지해 온 태도로는 개선되기 힘들다는 점을 인식하고 있기 때문에, 조언을 받아들인 부모는 현재의 문제에 어떻게 대처해 갈지 생각하면서 차분하게 아이에 대한 대응을 바꾸어 갈 수가 있다.

그러나 정작 부모 자신이 혼란의 소용돌이 속에 있는 경우라면 쉽게 해결되지 않는다. 부모 자신이 불안정한 상태라서 아이의 문제를 방패막이로 삼고 있는 경우, 부모는 아이를 대하는 자신의 태도가 아니라 아이 자체가 문제라고 주장하면서 카운슬러와 대결하려고 한다.

이것은 앞서 설명한 '부정'이라는 방어기제이다. 자신에게 어떤 문제가 있을지도 모른다는 생각은 굳게 봉인한 상태이다. 아이에게 문제가 생겼다는 사실조차 부정하는 부모도 있다. 요즘 몸 상태가 조금 나쁜 것뿐이다, 나쁜 운이 겹치면서 아이가 조금 지친 것뿐이라고 말한다.

이처럼 부모가 현실을 직시하기를 회피하는 경우에는 일단 부모의 불안을 상담 주제로 해야만 한다.

## 너무 간섭하지 말고 지켜보는 용기를 갖는다

| CASE |

섭식 장애를 앓고 있는 한 여대생은 부모의 지나친 간섭을 받고 있다. 저녁 7시까지는 꼭 귀가해야 하며 아르바이트는 금지, 사고의 우려 때문에 운전면허 취득도 허락하지 않았다. 딸은 거식과 과식을 반복하고 있었고 집 밖으로 한 발도 나가지 않게 되었다. 이윽고 가족하고는 일체 대화를 하지 않았고, 방에서도 거의 나오지 않았다. 그래서 결국 엄마가 상담을 받으러 오게 되었다. 우선 "아이에게 지시나 금지하는 단어를 사용하지 말라."고 조언한 결과, 딸은 방 밖으로 차츰 나오기 시작했다. 그리고 밤에는 동네도 산책할 수 있었다. 엄마는 밤에 외출하는 것은 너무 걱정이 되기 때문에 금지하고 싶다고 말했다.

모처럼 자발성이 나오고 있으니 되도록 딸이 하고 싶은 대로 하게 놔두라고 조언하자, 다음에는 아빠가 찾아왔다. 화가 난 아빠는 벌겋게 달아오른 얼굴로 강하게 따졌다.

"한밤중에 밖을 돌아다니다가 교통사고나 범죄에 휘말리면 선생께선 어떻게 책임을 지실 겁니까?"

이 사례는 부모의 지나친 간섭이 아이의 능력을 빼앗은 것은 분명했다. 그러나 부모가 아이에게 제한한 일이 모조리 이상한 것은 아니다. 확실히 부모의 걱정대로 늦은 밤에 산책하는 것은 사고나 범죄에 휘말릴 가능성이 있다.

이 아빠는 자기 말이 틀리지 않다는 점에 매우 강하게 집착하고 있었다. 상담한 경과를 상세하게 소개할 수는 없지만, '부모는 어디까지 간섭해야 하는가?'에 대해 생각해 보라고 아빠에게 시간을 들여서 말했다.

밤을 새기보다 일찍 일어나는 편이 좋다는 것은 아이도 잘 안다. 다만, 그것이 "올바른가?"와 "올바르기 때문에 꼭 그렇게 하지 않으면 안 된다."는 것은 별개이다. 우리는 올바르지 않은 일(다른 사람이 보기에)을 할 권리가 있다. 본인이 불행해질 수도 있는 선택을 할 권리조차 갖고 있다.

그러나 아이들은 누구나 스스로 행복해질 방법을 열심히 찾으려고 한다. 여러 번 실패를 경험하면서 감각을 키워 갈 수밖에 없다. '실패할 수도 있는 선택을 아이가 하는 것을 지켜볼 용기'가 '아이가 성공할 수 있는 선택을 하도록 조언하는(명령하는) 것'보다 훨씬 중요하다.

## 전치의 예
## - 예방 접종을 둘러싼 불안

최근에는 아이의 예방 접종 주사도 점점 종류가 늘어나 복잡해지고 있다. 무관심하거나 귀찮아하는 부모가 있는 반면, 의사에게 지지 않을 정도로 정보를 수집해 직접 접종 일정을 짜서 아이를 데려오는 열성적인 부모도 있다.

예방 접종을 하는 장면에서는 부모와 아이 모두 다양한 심리 문제가 나타난다. 부모가 여러 가지 의미에서 시험받는 때이기도 하다.

| CASE |

10개월 된 유아의 엄마. 폴리오 생백신을 접종하려고 인터넷으로 검색해 보니 생백신은 400만 명당 1명꼴로 마비 증상이 나타난다는 사실을 알았다. 그래서 마비 증상이 생기지 않는다는 불활성화 사백신을 접종하고 싶었다. 그러나 현 시점에서 불활성화 사백신은 정부에서 승인받지 못한 상태였고, 수입산 백신을 접종하려면 꽤 먼 곳에 있는 병원까지 가서 자비로 해야만 했다. 게다가 접종은 총 4번이나 맞아야 해서 비용도 상당하다. 그래도 아이의 생명과 관련된 일인 만큼 어떻게든 불활성화 사백신을 선택하고 싶었다. 그런데 폴리오의 불활성화 사백신은 승인받지 못했기 때문에 부작용이 생겨도 법률에 의해 구제받을 수 없다는 사실을 알았다. 그래서 어떻게 해야 할지 몰라서 내게 진찰을 받으러 왔다.

당연히 부모로서 아이 일을 진지하게 걱정하니까 이토록 고민하는 것이리라. 국가에서 예방 접종을 하라는 통지를 보내지만, 간혹 부모 중에는 BCG접종*조차 신경 안 쓰는 사람도 있다. 그런 사람과 비교하면 하늘과 땅만큼의 차이가 있다.

그러나 이 엄마의 불안이 합리적인가 하면, 유감스럽게도 의학적으로는 긍정하기가 힘들다.

원래 해마다 약 100만 명 정도의 신생아가 일본에서 태어나는데, 그 중 3천 명 전후는 만으로 한 살이 되기도 전에 사망한다. 천 명당 3명의 비율인데, 그래도 일본은 신생아 사망률이 전 세계에서 매우 낮은 나라 중의 하나이다. 그 후로도 만 네 살이 되기 전에 또다시 100만 명 중 천 명정도가 생명을 잃는다.

이렇듯 다른 이유로 목숨을 잃게 될 가능성이 생백신 때문에 마비가 일어날 가능성보다 만 배는 더 큰 셈이다. 어쩌면 상당히 거리가 먼 지역까지 차를 운전하면서 네 번이나 왕복 통원하는 과정에서 교통사고 때문에 목숨을 잃을 확률이 훨씬 더 높다고도 말할 수 있을 것이다.

그러나 이렇게 합리적으로 설명해도 이 엄마처럼 외곬으로 생각하는 부모는 좀처럼 받아들이려고 하지 않는다. "그래도 생백신보다 불활성화 사백신이 안전한 건 틀림없는 사실이잖아요?"라거나 "만약에 생백신을 접종했다가 만일 마비가 되면 견딜 수 없을 만큼 후회가 남을 거예요."라고 말한다.

이 엄마의 경우, '육아를 하면서 느끼는 불안'과 '아이의 미래에 대한 불안', 혹은 '다른 문제로 인한 엄마 자신의 불안' 등이 구체적이면서



* 결핵을 예방하기 위한 백신으로, 살아 있는 결핵균을 약화시켜 얻은 백신을 주사하는 접종.

다루기가 쉬운 '예방 접종에 대한 불안'으로 뒤바뀐 것이다. 바로 눈앞에 닥친 문제에만 몰두해서 고민함으로써, 그보다 더 큰 불안감은 상대하지 않아도 되기 때문이다.

이처럼 의사가 아무리 데이터를 제시하면서 설명해도 그것을 받아들이지 못할 만큼 전치라는 방어기제가 완고한 경우가 있다. 조금 더 강하게 표현하면 '고민을 함으로써 이익을 얻고 있다.'거나 '고민을 하고 싶어서 고민하고 있는' 셈이다.

이런 사례는 의외로 많다. 이런 환자를 만나면 예방 접종에 관해서는 '결정된 사항을 잘 받아들이는' 태도가 얼마나 행복한 일인가를 느끼게 된다.

# 자기 마음을 상대에게 비추다 - 투사

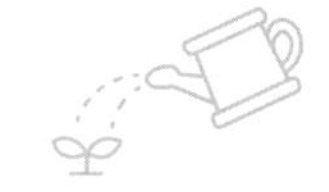

## 자기 안의 인정하고 싶지 않은 부분을 타인에게 투사하다

사람은 종종 자기 안에 있는 '스스로 인정하기 힘든 감정'이나 '무심코 불안해지는 마음' 등을 자기 밖에 있는 존재, 즉 타인(상대방) 안에 있다고 가정하고 스크린에 비추듯이 상대에게 비춘다. 그런 행동을 통해 불안을 회피하는데, 이것이 바로 '투사'라고 불리는 방어기제이다.

'투사'는 자신의 생각이 타인의 내면 안에 있다고 인정함으로써, 자신과 타인(상대)의 경계선이 모호해지는 타입의 방어기제이다. 자타 구별이 분화되지 않았다는 의미에서, 미숙한 부류의 방어기제에 속한다. 이것은 부모 자식 간의 관계에서도 특히 아이와의 거리감을 잘 잡지 못하는 부모에게 빈발하는 방어기제이다.

## '투사'와 '억압'의 차이

투사에 대해서 설명할 때에 자주 인용되는 것이 바로 다음과 같은 사례이다.

| CASE |

한 남학생이 친구에게 상담한다. "A가 날 좋아하는 게 아닐까? 수업 시간에 보면 항상 날 보고 있는 것 같아."

그 말을 들은 친구는 웃으면서 이렇게 대꾸한다.

"A가 널 어떻게 생각하는지는 모르겠지만, 넌 A를 좋아하는 것 같아. 언제나 A쪽을 보고 있더라."

이 사례의 남학생은 A라는 여학생을 좋아하고 있다. 그러나 그 사실을 깨닫는 일은 스스로를 불안하게 만든다. 그래서 본인의 감정을 상대방에게 투사함으로써, 자신이 동요하는 것을 막아 내고 있다.

만약에 방어기제 중 '투사'가 아닌 '억압'이 작용한다면 이 남학생은 친구에게 이렇게 상담할 것이다.

"이상하게 A 앞에만 가면 왜 그런지 자연스럽게 말을 못 하겠어. 나도 모르게 그냥 무뚝뚝하게 대하게 돼."

혹은 친구가 이렇게 지적할지도 모른다.

"넌 A 앞에서는 다른 여자애들한테처럼 농담을 하지 않더라."

이 경우, 남학생은 자기 안의 감정을 깨닫지 못하고 있지만, 그것을 '투사'의 경우처럼 상대의 내면 안에 있다고는 보고 있지 않다. 그 대신 본인의 행동이나 태도에 그 영향이 나타나고 있다.

미숙한 방어기제에서는 나와 상대, 혹은 나와 바깥 세계와의 구별이 모호해진다. 조금 전 투사의 사례는 남학생이 자신의 감정을 상대방의 감정처럼 느끼고 있다. 즉, 나와 상대의 경계선이 모호해지고 있다.

반면, 성숙한 방어기제에서는 자신의 내부(예를 들면 행동이나 태도, 느끼는 방식 등)에 영향을 미친다. 조금 전 억압의 사례에서 남학생은 발생한 문제를 일방적으로 상대에게 강요하지 않고, 본인과 상대 사이에 있는 것으로서 인식하고 있다. 그런 의미에서 '억압'은 '투사'보다는 성숙한 방어기제라고 생각할 수 있다.

다만 이런 '억압'과 '투사'를 나누는 방식은 흑과 백을 가리듯이 명확하지 않고, 현실에서는 백에서 흑으로 그러데이션을 하듯이 복잡한 경우가 대부분이다.

## 부모와 자식의 관계에 나타나는 투사의 사례

| CASE |

네 살 아이를 둔 엄마는 고교 입시 때문에 고생하고 싶지 않다는 아이의 말에 나중에 고등학교 진학이 수월한 사립 유치원 입학시험을 준비하기 시작했다. 이 시험은 어디까지나 아이의 의지라고 엄마는 말한다.

| CASE |

다섯 살 아이의 엄마는 사립 초등학교 입학시험을 치르는 이유에 대해서 "중학교에 가서 안심하고 학교 동아리 활동에 집중하고 싶어요. 그래서 고등학교 입학시험을 직접 보지 않아도 되는 길을 선택하고 싶어요."라고 아이가 말했기 때문에 그 바람을 들어주고 싶다고 말한다.

과연 네 살, 다섯 살짜리 아이가 고등학교 입시의 의미를 알까? 고등학교나 중학교는커녕 아직 초등학교도 다니지 않은 상태인데, 학교라는 곳도 직접 가 보지 않으면 모를 것이다.

'입학시험은 어디까지나 아이의 의지'라는 발언과 '부모로서 아이의 미래를 생각해서 무슨 무슨 학교에 넣고 싶다.'는 발언과의 큰 차이점을 잘 생각해 보자.

어린 나이에 벌써부터 입시 공부를 시키는 것은 분명 유해한 일이라고 말하고 싶다. 적어도 부모 자신이 '아이가 입시를 치르는 건 우리 부모 뜻에 따른 것이다.'라고 이해하고 있는 사례와 부모가 자기 바람을 아이에게 투사해 밀어붙인 사례를 비교하면, 후자 쪽이 더 큰 문제를 안고 있는 것은 명백하다.

그런데 왜 부모는 '투사'라는 방어를 하지 않으면 안 되는 걸까? 좋게 해석한다면 아마도 어린아이를 장시간 공부시키는 일의 문제점을 직감적으로 느끼고 있기 때문일 것이다.

| CASE |

고등학교 3학년 여학생의 엄마가 아이의 진로 문제 때문에 상담하러 왔다. "제 딸은 대인 관계가 서툴기 때문에 나중에 사람을 많이 대하지 않아도 되는 직업의 자격증이라도 따 두는 편이 미래를 위해서 좋다고 생각해요."

이 사례에서 엄마가 말한 자격증은 약사이다. 엄마가 생각한 약사라는 직업은 그냥 약국 안에서 약만 조제하는 일이라고 상상했을 것이다. 하지만 요즘은 그렇지만도 않다. 약사는 의료팀의 중요한 멤버로서 스태프들 간에 커뮤니케이션이 꼭 필요한 직종이다. 또한 환자에게 투약 지도도 해야 하므로 환자와 커뮤니케이션하는 것도 중요한 업무이다. 이런 내용을 엄마는 모르는 것 같았다.

엄마가 말한 '대인 관계가 서툰' 성격의 특성은 당사자인 엄마가 더 해당된다고 할 수 있다.

실제로 딸은 오히려 타인과 커뮤니케이션을 잘하는 편이었고 주변에 친구도 많았다. 그리고 아직 막연하지만 마케팅 관련 직종을 선택하고 싶다고 말할 정도였다.

본인의 생각을 아이에게 투사하는 부모의 경우, 아이에게 어떤 문제가 발생했을 때 간단한 조언으로 해결하기는 어려울 것이다. 그럴 때는 일단 부모가 본인의 생각과 아이의 생각을 혼동하고 있었다는 걸 자각하고, 그 사실을 받아들인다면 해결의 실마리는 풀릴 것이다.

# 아이는 부모의 거울
## - 부모의 과거를 비추다

### 아이의 결점을 용서하지 못하는 부모

육아를 하다 보면 대부분의 부모가 아이의 결점을 용서하기 힘들어서 고민을 한다. 그러나 그런 고민은 아이의 결점을 탓하거나 놀리기만 하는 것보다 훨씬 낫다.

아이의 결점을 수용하지 못해서 고민하는 부모는 그 결점을 탓하는 일이 바람직하지 못하다는 것을 인식하고 있는 경우가 많다. 인식을 하느냐 못하느냐의 차이는 크다.

이 장에서 설명할 내용은 아이의 결점을 탓하는 것이 문제라는 점과 그것에 어떻게 대응해야 하는지 고민하고 생각한 적이 있는 부모가 특히 읽어 주길 바란다.

## 자식은 부모의 거울

'자식은 부모의 거울'이라는 말을 자주 듣는다. 때로 그 거울은 부모의 과거를 비추기도 한다.

| CASE |

자주 깜빡하고 물건을 잘 잊어버리는 아들을 혼내는 아빠가 어느 날 자신의 아버지에게 "대체 왜 아버지 손자는 이토록 산만한 걸까요?"라고 한탄했다. 그러자 아버지가 "너도 어릴 때는 심했단다."라며 "심지어 책가방도 잊어 먹고 학교에 간 적도 여러 번 있었지."라고 말해 깜짝 놀랐다고 한다.

부끄럼을 잘 타는 아이, 낯을 잘 가리는 아이, 까불대는 아이, 잘 토라지는 아이 등 아이의 기질은 다분히 타고나는 것 같다. 부모는 자식 모두를 똑같이 키우겠지만, 형제든 자매든 성격은 제각각이다.

바람직한 것이든 그렇지 않은 것이든 아이가 가진 성질의 대부분은 어느 한쪽 부모로부터 물려받는다. 목소리나 표정, 걸음걸이나 몸짓 등을 유전적으로 물려받는 것이다.

여기서 흥미로운 점은 조금 전 사례처럼 부모 자신이 어린 시절에 자주 혼나거나 잔소리를 들었을 정도로 바람직하지 못했던 성질을 어른이 되면 종종 잊어버린다는 것이다.

아마도 부모나 교사에게 주의를 받거나 친구에게 놀림을 받다 보니, 어린 시절에 노력해서 그 결점을 극복했을 것이다. 그렇게 이미 해결된 문제이자 고통이었던 괴로운 과거를 언제까지고 기억하는 것은 한편으로는 건강하지 못한 일이다. 차라리 잊어버리는 편이 살아가는 데에 더 나을 수 있다.

## 숨겨 놓은 자신의 과거를 아이가 파헤친 기분

아이는 부모의 특성을 물려받아서 태어난다. 하지만 부모가 노력해서 달성한 일은 아이에게 유전으로 전달되지 않는다. 예를 들면 부모가 유명한 의사여도 자식이 의사로서의 능력까지 선천적으로 물려받는 일은 불가능하다.

그 때문에 기껏 자신이 힘들게 노력해서 극복한 결점을 그대로 물려받은 자식이 보란듯이 부모에게 과시하는 것처럼 느끼는 경우도 발생한다. 그리고 자신의 괴로웠던 과거를 강하게 억누르고 있는 부모일수록 그것을 아이가 폭로할까 봐 두려워하고 싫어하며 공격하게 되는 것이다.

| CASE |

등교 거부를 하는 중학생의 엄마 A씨는 상담 중에 도무지 아이의 마음을 모르겠다고 강조한다.

"전 어릴 때 학교생활이 너무 즐거웠거든요. 전혀 괴로운 일도 없었고요. 정말 즐거운데 왜 우리 애는 학교에 가지 않는 걸까요? 전혀 이해를 못 하겠네요."

상담을 시작한 지 한 달이 지날 때까지도 이런 말만 반복하던 A씨가 1년쯤 지나자 본인의 어린 시절 이야기를 들려주기 시작했다.

A씨의 아빠는 어릴 때 돌아가셨고, 엄마는 교사 일을 하면서 시댁에 의지하지 않고 딸을 키웠다. A씨는 학부모 수업 참관이나 운동회가 열리는 날이 고통스러웠다고 말했다. "초등학교 때도 중학교 때도, 한 번도 엄마는 참관하러 오신 적이 없어요. 운동회 때는 친구네 가족이랑 같이 도시락을 먹었죠. 엄마는 항상 열심히 일하셨는데, 그에 대한 불만을 말한 적은 없어요. 솔직히 그 무렵의 저는 아마 힘들었을 거예요. 하지만 고생하며 절 키우신 엄마에게 말할 수는 없었죠."

이처럼 과거에 봉인해 버린 자신의 결점이나 고민이 몇 십 년의 세월을 지나 자식을 통해 다시 되살아난다. 내 편이자 분신이라고 생각한 자식이, 오래 전 숨겨 놓은 자신의 과거를 파헤쳐서 눈앞에 내미는 불쾌한 기분을 맛보게 되는 셈이다.

그리고 부모는 결코 의식해서 하는 것은 아니지만, 분명 과거의 자신에게도 있던 결점을 자식에게서 발견하면 심하게 공격하게 될 것이다. 이것은 아이에게 매우 괴로운 일이다.

## 부모가 해 줘야 할 일은 선배로서의 친절한 지지

과거에 부모는 자신의 약점이나 결점을 노력한 끝에 극복하거나 해결했을 것이다. 그래서 본인이 얼마나 괴로웠는지, 그때의 기분을 잊어버린 상태이다.

하지만 아이는 과거의 부모가 그랬던 것처럼 괴로워하고 있다. 한 카운슬러는 이런 경우를 두고 이렇게 비유한 적이 있다(그다지 좋은 비유는 아니지만 이 문제의 핵심을 잘 지적하고 있다.).

"코 성형 수술을 한 엄마가 딸의 코가 낮은 걸 보고 놀리는 거나 마찬가지이다."

똑같은 괴로움을 잘 아는 사람으로서 부모는 자식을 지지해 주어야만 한다. 과거 자신의 경험을 아이와 공유한다면 아이는 부모보다 더 편하게 문제를 이겨 낼 수 있을지도 모른다.

시간을 초월한 동지로서, 혹은 인생의 선배로서 아이를 격려하는 태도야말로 가장 절실하게 필요한 것이라고 생각한다.

# 잘 해낸 줄 알고 기뻐했지만 바로 제자리 - 취소

## 자립의 기쁨은 부모와 멀어지는 외로움과 한 쌍이다

아이가 자립하려고 부모와 떨어질수록 부모는 기쁨과 동시에 외로움도 느낀다. 그것은 아이도 마찬가지이다. 지금까지 못 했던 일을 비로소 할 수 있게 됐을 때, 아이는 득의양양함과 동시에 부모와 멀어지는 외로움을 느낀다.

그러면 실제로 그 현상은 어떤 식으로 나타날까? 바로 전형적인 사례가 있다.

| CASE |

세 살짜리 남자아이가 어느 날 밤, 처음으로 화장실에서 대변을 보았다. 가족 모두에게 칭찬을 받았지만 바로 그 직후, 거실에서 오줌을 싸 버리고 말았다. 다들 놀라고 있는데 이번엔 바닥에 고인 오줌 위를 걸어 다니며 여기저기 오줌을 튀게 했다.

응석받이 아이를 키울 때, 부모는 이처럼 이해하기 힘든 아이의 행동 때문에 자주 고민을 한다. 아이가 잘한 일을 부모가 칭찬해 주자마자 왜 바로 다음 순간에 부모를 곤란하게 하는 행동을 하는 걸까?

만약에 아이의 본심을 말로 표현할 수만 있다면 "이유는 모르지만 그냥 하게 됐어요."라고 말할지도 모르겠다. 그렇다면 무의식적으로 이런 행동을 하는 이유는 뭘까? 다음과 같은 설명이 가능할 것이다.

아이가 드디어 화장실 변기에서 대변을 볼 수 있게 되자 엄마는 기저귀를 뗐다. 그러자 크게 기뻐하는 엄마의 모습을 본 아이는 득의양양한 기분이 들면서도, 동시에 "이제 더 이상 엄마가 날 챙겨 주지 않을지도 몰라."라고 '버림받는 불안감'도 생긴다.

그리고 그 불안감을 떨치려는 행동이 나타난다. "난 아직도 이렇게 손이 많이 가는 아이예요. 그러니까 잘 지켜보지 않으면 안 돼요."라고 행동으로 보이는 것이다.

'엄마는 자식을 떠나보내기 위해 존재한다'(144p)에서도 설명한 내용이지만, 아이가 자립하기 시작하면 부모와 멀어지는 외로움도 강하게 들기 때문에 아이는 자주 부모의 애정을 확인하려고 한다. 이런 때야말로 부모가 아이에게 애정을 표현할 수 있는 기회이다. 아이가 부모의 애정을 확인하는 행동(뒤를 돌아보면 항상 나를 지켜보고 있다, 언제라도 부모 곁으로 돌아갈 수 있다.)을 부모가 다정하게 받아 준다면 아이는 자립에 대한 불안감을 떨쳐 낼 수 있다. 바로 이 방법이 아이를 빨리 자립시킬 수 있는 길로 이어질 것이다.

## 아이가 성장하면 부모도 외롭다

아이가 자립을 나타내는 어떤 일을 달성하면 부모는 왠지 외로운 마음에 그것을 취소하는 행동을 할 때가 종종 있다.

| CASE |

아들이 마라톤 대회에서 상위권에 입상했다. 그 소식을 들은 아빠는 이렇게 말했다. "그래, 잘했구나. 이제 공부만 좀 더 잘하면 바랄 게 없겠어."

| CASE |

엄마가 볼일 때문에 귀가가 늦어진 날 저녁, 딸이 직접 저녁밥을 차렸다. "의외로 맛있더라.", "누나 요리 잘하네!" 아빠와 남동생은 칭찬해 주었지만 엄마는 미소를 지으며 이렇게 말했다. "네가 요리를 하다니, 이 엄마는 모르고 있었구나. 근데 요리에 썼던 냄비랑 요리 도구도 잘 치웠다면 더 완벽했을 텐데 말이다."

모처럼 좋은 성적을 받았고, 가사 일을 열심히 도왔더니 부모로부터 불필요한 말까지 듣게 된 아이는 분명 기분이 상했을 것이다.

그러나 부모는 결코 아이를 실망시키려고 일부러 그런 말을 한 것이 아니다. 자립으로 연결되는 어떤 일을 아이가 잘 해냈을 때, 부모는 아이가 멀어져 가는 것만 같아서 그 외로움을 지우기 위해 "네게는 아직 부족한 점이 있어."라고 말해 버리는 것이다.

| CASE |

남자 고등학생의 엄마가 친척 결혼식 때문에 멀리 사는 친척들을 오랜만에 보게 됐다. 친척들은 "○○가 벌써 이렇게 컸네요! 요전에 만났을 때만 해도 아직 꼬맹이였는데 이젠 뭐 어른이 다 됐네요."라며 아들을 칭찬했다. 그러자 엄마는 "키만 자랐지 아직도 애라니까요. 얼마 전엔 글쎄……."하며 아들이 최근에 실수했던 일화를 털어놓기 시작했다.

이것도 자주 보게 되는 장면이다. 표면적으로 이 엄마는 아이가 칭찬을 받자 겸손해하는 것처럼 보인다. 그러나 아마 어느 정도는 엄마의 마음속에 떠오른 불안감(머지않아 아이가 스스로 자립해 나갈 때 느낄 외로움)을 지우기 위해서, 아이가 여전히 어리다는 점을 확인할 작정으로 저런 표현을 했을 수도 있다.

아이가 타인에게 칭찬을 받았을 때, 왜 아이가 과거에 저질렀던 실수나 부족한 점을 굳이 언급하고 싶어질까? 혹시 그 이유가 아이의 성장을 인정하고 싶지 않아서는 아닌지 자문해 보라. 아이도 자립하면서 무조건 득의양양해하는 것만은 아니다. 외로운 것은 아이도 마찬가지이다.

## 성장하는 아이도 갈등한다

| CASE |

초등학생 축구 대회에서 시합이 끝난 후 우수 선수로 표창을 받은 A군은 시상식 후에 받은 메달을 코치에게 보여 주면서 이런 말을 했다. "이걸 받고 나니까 왠지 모르게 바로 땅바닥에 내동댕이치고 싶더라고요. 왜 그런 생각이 떠올랐을까요?"

아이는 언제라도 부모를 기쁘게 하고 싶어 한다. 그러나 성장할수록 점점 그런 자신을 증오하는 마음도 생긴다. 이것은 '부모와 자식의 이별'(100p)에 나오는 2차 반항기(네 번째 이별 – '2차 반항기')에서도 설명하였지만, 아이가 부모로부터 자립해 갈 때 본인의 가치관은 부모와는 다르다는 점을 확인하려는 태도와 관계가 있다.

부모와 선생님에게 칭찬을 들을 만한 일을 했을 때 그리고 실제로 칭찬을 받았을 때 아이의 내면에는 자랑하고 싶은 마음도 생기지만 그와 동시에 그것을 자랑스럽게 느꼈던 자신을 증오하는 마음도 생긴다. 아마 메달을 땅바닥에 내동댕이치고 싶은 A군의 충동은 자기 내면에서 그런 식으로 억제됐던 불쾌감과 관련이 있을 것이다.

그러므로 아이가 그것을 표현했을 때는 지금 이 아이는 부모로부터 자립하는 과정에 있어서 싸우고 있는 중이라고 생각하며 다정하게 지켜보아야만 한다.

참고로 아이들 사이에서는 이와 비슷한 이유 때문에 괴롭힘과 왕따 문제가 종종 일어난다. 초등학교 고학년이 되면 부모와 선생님의 말을 잘 듣는 아이, 소위 우등생은 또래 집단에게 놀림을 받는다. 이 무렵의 아이는 자기 내면의 착한 부분을 혐오하기 시작한다. 그래서 인정하고 싶지 않은 그 특성을 우등생 아이에게 투사해, 노골적으로 그 점을 공격하는 것이다.

이런 행동이나 감정도 어떤 의미로는 아이가 순조롭게 성장하고 있음을 나타내는 현상이다. 내용이 뻔한 설교를 하기보다는 아이의 갈등을 의식하면서 다정하게 대하길 바란다.

## 어린이집에서는 잘하는데, 집에만 오면 정반대

우리 집 막내가 막 다섯 살이 되었을 때의 일이다. 어린이집 행사로 반나절 동안 부모가 아이들과 함께 지내면서 일상을 관찰해 볼 수 있는 기회가 생겼다.

아이들 무리에 섞여 같이 급식을 먹는 모습을 보니 막내는 다른 아이들처럼 식기도 잘 나르고 "잘 먹겠습니다."와 "잘 먹었습니다."라는 인사말도 잘하고, 다 먹은 그릇을 치운 후 알아서 양치질까지 했다.

그 모습에 솔직히 깜짝 놀랐다. 집에서 막내가 그릇을 나르거나 치우는 모습을 본 적이 한 번도 없기 때문이다.

더욱 놀랐던 것은 급식에 나온 샐러드를 태연하게 먹었다는 것이다. 딱 봐도 맛이 없어 보이는 양배추와 오이를 맛있게 먹었다. 선생님에게 물어보니 그날만 특별했던 것이 아니라 항상 채소를 남기지 않고 잘 먹는다는 것이다. 집에서는 채소에 입도 대지 않는 아이였으니 놀랄 수 밖에 없었다. 나중에 아이에게 그 말을 꺼내자 "어린이집에 가면 채소도 먹을 수 있어요."라고 대답했다.

솔직하게 말하면 집에서는 채소만 안 먹는 게 아니다. 행동도 제멋대로여서 형들이랑 게임을 할 때는 꼭 자기가 이겨야만 직성이 풀리는 아이이다. 속임수를 써서라도 꼭 이기려 든다. 혹여나 놀이에서 지면 울고불고 화를 내고, 한바탕 소동이 일어난다. 게임을 하던 중에 자기가 밀리면 젠가를 쓰러뜨리거나 카드도 밟아 뭉갠다. 하지만 어린이집에서는 평온하게 또래 애들과 아무렇지 않게 잘 놀고 있었다.

왜 어린이집에서는 잘만 하면서 집에만 오면 정반대가 될까? 어쩌면 어린이집에 있을 때의 아이는 꽤 힘을 내서 본인이 서툰 일도 잘하기 위해서 노력하고 있는지도 모르겠다.

채소도 싫어하지만, 다른 친구들과 선생님이 보고 있으니 노력해서 먹고 있는 것이다. 정확히 말하면 그런 상황에서는 몸이 잘 받아 주는 것이리라. 사실은 하고 싶지 않은 일이나 잘 못하는 일까지 꽤 무리해서 하고 있는 셈이다. 그래서 양쪽의 균형을 위해서라도 집에 있을 때는 먹기 싫은 것은 절대로 안 먹고, 형들과의 관계에서도 양보하려 들지 않는 것이다.

'취소'라는 방어기제는 일반적으로 '어떤 행위를 한 후에 죄악감이나 치욕을 느꼈을 경우, 그와 반대되는 행위를 나중에 다시 함으로써 불쾌한 감정을 제거하는 일'이라고 설명한다.

어린이집에서는 규칙을 지키면서 놀고, 채소도 안 남기고 먹는 아이가, 치욕이라고까지 말할 정도는 아니더라도 '자기 뜻과는 반대로 무리해서 노력했기 때문에 힘들었다.'라는 괴로움을 취소하고자 집에서는 자기 뜻대로 행동하는 것인지도 모른다. 최고의 방법은 아니지만 나름대로 마음의 균형을 잡고 있는 셈이다. "어린이집에서는 먹을 수 있었잖아? 그러니까 집에서도 먹어야지." 이렇게 아이를 대하면 힘을 내어 애쓰는 아이의 노력을 망칠지도 모른다.

아이를 믿는다는 것은 조만간 다른 방법으로 마음의 균형을 잡을 수 있게 되리라고 믿는 일이다. 아이가 자기만의 속도로 세상과 마주할 수 있도록, 부모는 가능한 한 방해해서는 안 된다.

당장 채소를 억지로 먹여서 영양의 균형을 얻기보다는 아이 스스로 식욕을 조절하는 자주성을 소중히 여기는 편이 장기적인 시야로 볼 때 훨씬 더 중요하다.

본인이 싫어하는 음식을 당장 먹을 수 있게 되기보다는 싫은 것은 싫다고 말할 수 있고, 그 바람을 부모가 받아 주는 체험을 축적해 나가는 편이 아이에게는 중요하다.

# 무엇이든 마음대로 된다는 감각 - 전능감

## 전능감 - 어릴 때 누구나 느끼고 있던 것

'전능감'이라는 방어기제가 있다. 무엇이든 전부 자기 뜻대로 된다는 이 감각은 곤란한 상황에서 일어나는 불안감을 느끼지 않게 해 준다.

발달 초기에는 누구나 이 방어기제를 사용한다. 아기는 생후 수개월 정도까지는 배가 고프면 당장 젖을 먹을 수 있다. 기저귀가 젖어서 불쾌하면 당장 기저귀를 교체할 수 있다. 의식해서 전능감을 쟁취하고 있는 것은 아니지만, 모든 욕구가 충족되고 있는 상태이다.

맥윌리엄스는 저서 《인격 장애의 진단과 치료》에서 이런 시기를 제대로 잘 보내는 것이 사람이 살아가는 데 기본적인 안전감('나는 살아도 된다'는 감각)의 원천이 된다고 했다.

이 전능감에 의한 방어는 나이를 더 먹을수록 본인도 인식할 수 있게 된다. 어른이 어떤 곤란한 일에 직면하면 비록 합리적인 근거가 없다 해도 스스로 잘만 하면 이 곤란을 극복할 수 있다고 느낀다. 예를 들면, 소원을 비는 경우이다. 다음은 예전에 내 연구실에 있었던 A군의 이야기이다.

| CASE |

대학생 A군은 공부도 잘하고 성실한 학생이지만 아침에 일찍 일어나는 것을 너무 힘들어해서 아침 1교시 강의나 연구실 모임에 늘 지각하는 게 다반사였다. 그런데 언제부터인가 갑자기 지각이 완전히 사라졌다. 이유를 물어보니 다음과 같이 진지하게 대답했다.

"지금 사귀고 있는 여자 친구가 병에 걸려서 수술을 받으려고 입원했어요. 한 달 후에 수술을 받는데, 순조롭게 진행되면 한 달 정도 만에 퇴원할 수가 있답니다. 여자 친구한테 해 줄 수 있는 게 아무것도 없어서 너무 안타까워요. 제가 아침에 일찍 일어나는 걸 정말 못 하는데, 만약 아침에 일찍 일어나려는 노력을 계속 한다면 수술이 잘 될 것만 같은 기분이 들었어요. 그래서 요즘 매일 아침 일찍 일어나려고 애쓰고 있습니다."

A군처럼 어떤 곤란한 상황에 빠졌을 때, 본인이 정말로 못 하는 어떤 일에 일부러 노력함으로써 대신 소원을 비는 사람을 자주 본다. 이런 태도나 행위 역시 전능감의 일종이다. 자신이 조절할 수 있는 어떤 일을 함으로써 사태를 좋은 방향으로 끌고 갈 수 있다는 생각(제어 가능하다는 감각을 느끼는 것)은 '내가 할 수 있는 건 아무 것도 없어.', '하늘에 맡기는 수밖에 없어.'라고 느끼는 것보다는 훨씬 마음이 편해진다.

예를 들어 학을 천 마리 접을 때의 마음가짐도 비슷하다. 종이로 학을 접는다고 해서 합리적으로 뭔가가 변하는 것은 아니다. 그러나 시간을 쓰고, 직접 수작업을 통해 정성스럽게 학을 접다 보면 왠지 모르게 안심이 된다.

또한, 맥윌리엄스의 설명에 따르면 아이가 뭐든지 자기 탓이라고 믿는 경향도 이 전능감에 의한 방어기제와 관계가 있다. 예를 들면 사고로 엄마를 잃은 아이가 '내가 착한 아이가 아니었기 때문에 엄마가 죽은 것이다.'라고 믿는 경우가 그렇다.

자기 탓이라고 믿는, 즉 나에게는 상황을 바꿀 수 있는 힘이 있다고 생각하는 것은 대체 어떤 도움이 되는 걸까?

비록 본인이 뭔가를 하든 하지 않든 어떤 일이 일어난다고 생각하는 것보다는 자기 때문에 그 일이 일어난다(자신에게 제어권이 있다)고 생각하는 편이 어떤 의미로는 기분이 편해지기 때문이라고 맥윌리엄스는 설명한다.

## 아이의 전능감을 어떻게 대해야 할까?

'나는 뭐든지 할 수 있어.'라고 생각하는 것은 어린아이에게 매우 중요하다. 이것을 느끼려면 약간의 상상력이 필요하다.

예를 들면 어른인 당신이 갑자기 네 살짜리가 되어 버렸다고 가정하자. 혼자서는 어디에도 갈 수 없고, 아무것도 만들지 못하고, 하고 싶은 일은 모두 타인이 해 주어야 하는 상태이다. 유약하고 믿음직스럽지 못한 존재가 되어 버린 것이다. 몸은 어른인데 속은 유아라면 아마 당신은 절망에 빠지고 말 것이다.

그러나 실제로 네 살 유아는 대단히 긍정적이고 놀라울 만큼 낙관적이다. 원하는 것은 뭐든지 손에 들어온다고 생각하며, 자기에게 반드시 좋은 일이 일어난다고 항상 느끼는 것처럼 보인다. 무력한 아이를 지탱하는 것은 바로 이런 근거 없는 낙관성이라고도 말할 수 있을 것이다.

이 낙관성의 중요한 공급원이 바로 전능감이다. 그러나 부모의 입장에서는 아이의 전능감을 대하기란 그리 녹록치 않다. 우리 집에서도 이런 사건이 있었다.

마침 여름방학 중인 어느 날, 당시 열두 살과 네 살이었던 셋째와 넷째를 데리고 동네 쇼핑몰로 쇼핑하러 갔다. 마침 여름 축제 기간이라서 물건을 사면 보너스 선물로 금붕어 건지기 놀이를 할 수 있는 표를 여러 장 주었다.

막내 테루는 금붕어 건지기가 이번이 처음이었다. 형이나 다른 아이들이 능숙하게 금붕어를 건져 올리는 반면, 막내만 연달아서 금붕어를 건져 올리는 도구(동그란 원에 종이가 발라진 막대기)가 젖어서 쉽게 찢어질 뿐이었다. 마지막 남은 두세 개마저 처음부터 울면서 난폭하게 물속에 집어넣더니 결국 "테루는 건질 수가 없잖아!!"라고 외치고는 멀리 뛰어가 버렸다. 보다 못한 형이 자기가 잡은 금붕어를 주겠다고 했지만 막내는 싫다고 했다. 금붕어 수영장에서 처음 금붕어를 건져 올리는 막대기를 건네받았을 때 느낀 기쁨의 절정에서 슬픔의 나락으로 떨어져서 그저 울기만 할 뿐이었다.

심리학에서는 네 살 무렵의 전능감 축소는 하나의 중요한 테마로 본다. 성장 과정에서 중요한 역할을 하는 전능감이지만, 현실을 경험할수록 또 다른 성숙한 방어기제로 전환시킬 필요가 있다.

그러기 위해서는 아이가 주체적으로 행동하고 실패하면서 체험을 쌓는 것이 중요하다. 이때 부모는 아이의 도전을 방해하지 말아야 하며, 아이가 아쉬워할 실패를 일부러 맛보게 해야 한다. 또한, 상처 입은 아이를 격려해 주고 지지해 주어야 한다. 그러다 보면 차츰 아이 내면에서 더욱더 좋은 것이 태어날 거라고 믿는 것이다.

뒤에 나올 '아이는 '기쁘다'와 '슬프다'를 어떻게 배우는가?'(311p)에서도 설명하겠지만, 이처럼 아이가 분하고 억울한 체험을 했을 때야말로 "억울하지?", "아쉽게 됐네."라고 부모가 아이에게 말을 걸면서 가까이 다가갈 기회이다.

최종적으로는 구실이나 핑계를 뛰어넘어서 아이는 현실을 받아들인다. 그러기 위해서 울기도 하고 발을 동동 구르며 분해할지도 모르지만, 아이들은 그렇게 함으로써 자신은 무엇이든 할 수 있다는 지금까지의 전능감이 무너지는 아픔을 받아들이려고 한다.

그런데 여기서 저지르기 쉬운 실패는, 부모가 현실을 왜곡해 버림으로써 아이의 전능감이 올바르게 작아지는 과정 자체를 막아 버리는 일이다.

예를 들면 조금 전에 금붕어를 건져 올릴 때 물에 젖어도 잘 안 찢어지는 도구를 일부러 아이에게 준다거나 아니면 생생하지 못한, 힘이 없는 금붕어를 몰래 준비해서 아이에게 '가짜' 성공을 맛보게 하는 방식으로 현실을 가공하는 것이다. 이 상황에서 부모는 아이의 마음에 공감한 나머지 아이가 실패해서 실망할 것을 마치 자기 일처럼 두려워한다.

## 성공보다 더 중요한 것

'성공하는 일'보다도 '실패해도 또 살아가려고(다시 도전할지 아니면 길을 바꾸든지 하려는) 생각하는 일' 쪽이 아이에게는 훨씬 중요하다.

도전했다가 실패해서 슬퍼하는 손자를 그냥 보고만 있기 힘든 조부모는 조금 전 금붕어를 건져 올리는 장면과 비슷한 상황에서 "그냥 놀려고 그런 건데 마음만 아프게 됐구나. 아이고, 불쌍해라."라고 매우 감상적이 된다(우리 집의 경우는 그랬다.).

그러나 절대로 그렇지 않다. 정말로 이런 체험, 즉 하고 싶어서 적극적으로 행동했지만 결과가 기대한 대로 나오지 않는 경험을 하기 위해서 아이는 놀고 있다고 생각해도 괜찮다. 아이가 슬퍼하는 모습에 우왕좌왕하지 말고 아이의 도전하는 마음을 다정하게 지켜보자.

# 혼나는 것보다 혼내는 편이 편하다 - 공격자와의 동일화

## 공격하는 쪽에 서면 마음이 편해진다

'공격자와의 동일화'라는 방어기제도 부모 자식 간에는 자주 문제가 된다. '동일화'는 '받아들임, 거두어들임'과 같은 의미이다. 공격받는 쪽의 처지와 동일화하면 힘들기 때문에 차라리 공격하는 쪽과 동일화하는 것이다.

그 예로 TV 오락 프로그램에서 한 연예인이 벌칙으로 번지점프를 해야만 하는 상황을 보자.

번지점프 때문에 벌벌 떨고 야단법석을 떠는 그 연예인을 보면서 크게 웃을 수 있는 것은 공격하는 쪽, 즉 점프를 강요하는 사람에게 공감하기 때문이다. 공격받는 쪽, 즉 번지점프를 해야 하는 입장에 공감하면 편하게 웃고 있기가 힘들다. 이것도 '공격자와의 동일화'의 예라고 할 수 있다.

다음은 아이를 데리고 외출을 나가면 종종 볼 수 있는 광경이다.

| CASE |

네댓 살 정도의 남자아이가 엄마와 함께 빵집으로 들어왔다. 엄마가 빵을 고르고 있는 동안, 아이는 어정버정 돌아다니다가 손을 뻗어 도넛을 하나 집으려고 했다. 그러다 수북했던 도넛이 와르르 무너지면서 여러 개가 바닥으로 떨어지고 말았다. 마침 계산대에 있던 엄마와 가게 주인이 동시에 그것을 보았다. 그 순간 엄마는 "만지지 말라고 했잖아! 대체 너 뭘 하는 거야?"라고 크게 소리를 질렀고, 아이는 굳어 버렸다. 가게 주인은 "아, 괜찮습니다. 얘야, 괜찮니?"라고 말하면서 아이를 달랬다. 하지만 엄마는 화를 내며 바닥에 떨어진 도넛을 변상도 하지 않고 가게를 그냥 나가 버렸다.

부모는 당연히 아이를 책임져야 하므로 도넛을 떨어뜨렸다면 부모로서 가게 주인에게 아이가 저지른 실수를 사과해야 한다. 아이를 야단치는 건 그 다음에 해도 된다. 우선 발생한 사태의 피해자(가게 주인)에게 가해자(아이와 부모)가 사과하지 않으면 안 된다.

그럼에도 불구하고 이 엄마는 피해를 입은 것이 마치 자기인 것처럼 아이를 공격하여 가해자의 괴로운 입장(사과도 해야 하고, 도넛 값도 변상해야 하는 처지)에서 벗어나는 데 성공했다.

그러나 대부분의 방어기제가 그렇지만, 방어라는 반응은 적절한 행동을 취하지 못할 경우에 무의식에 나타나 본인의 마음을 보호하는 것이기 때문에 최고의 방법이 아닐 때가 많다. 이 사례도 순간적인 대응이지만, 이 엄마에 대한 주위 평판은 나빠질 것이다.

| CASE |

오랫동안 타던 자전거를 도둑맞은 중학생이 새 자전거를 사기로 했다. 엄마는 저렴한 자전거를 살 작정이었지만, 아이가 비교적 고가의 자전거를 원했기 때문에 마지못해 살 수 밖에 없었다. 자전거 도난 보험은 비싸서 가입을 하지 않고, 그 대신 자전거 열쇠를 두 개씩 잠그기로 했다. 아이는 한동안은 잊지 않고 두 개의 열쇠를 잘 잠갔다. 그러나 며칠이 지나자 귀찮아져서 하나만 잠그게 되었고, 결국 자전거를 도난당했다. 집까지 걸어서 온 아이가 그 사실을 엄마에게 털어놓자 엄마는 "왜 똑바로 열쇠를 안 잠근 거야?"라고 격양된 상태에서 아이를 야단쳤다.

물론 이런 사례는 흔하다. 그러나 열쇠를 전부 잠그지 않은 것은 분명 아이의 실수이지만 어디까지나 훔친 범인이 나쁜 것이고 아이도 결국은 피해자이다. 그리고 아이의 실수를 공격한다고 해서 가족이 받은 정신적, 경제적인 타격은 전혀 회복되지 않는다.

그럼에도 불구하고 엄마는 도난당한 현실을 인정하고 슬퍼하기보다는 아이의 잘못을 탓하면서 일시적으로나마 자신이 느껴야 할 슬픔을 회피하고 있다.

이것이 바로 공격자와의 동일화, 즉 공격자의 입장이 됨으로써 얻을 수 있는 이익이다. 하지만 이것은 현실적으로는 도움도 안 될뿐더러 허물을 들춰 낼 수도 있는 행위이다.

## 학대받는 아이에게서 많이 볼 수 있는 방어기제

'공격자와의 동일화'라는 방어기제는 현대 사회의 이슈이기도 해서 조금 더 언급하기로 한다.

요즘 훈육이라는 이유로 심각한 체벌을 반복하면서 아이에게 상처를 주고, 심지어 사망에 이르게 한 부모의 소행이 심심찮게 뉴스에 보도되고 있다. 이때 일시적으로 아동 상담소 등에서 보호한 아이들 대부분은 체벌받은 사실을 부정하거나 종종 "내가 나쁜 짓을 해서, 엄마(아빠)가 날 위해서 때린 거예요."라고 학대한 부모를 감싸기도 한다. 이 역시 공격자와의 동일화이다.

일반적으로 어린아이는 온전히 부모에게 신세를 질 수밖에 없다. 따라서 부모에게 학대를 당해도 반발하거나 도망치는 일은 대체로 불가능하다. 그런 의미에서 학대는 정말로 아이에게 생명의 위협으로 느껴질 수도 있을 것이다.

이럴 때, 아이의 마음은 공포와 절망에서 도망치기 위해서 부모의 입장을 받아들여서(공격자와의 동일화) 스스로를 보호하려고 한다. '폭력을 휘두른 부모가 나쁜 게 아냐.', '나쁜 짓을 한 내 잘못이야.', '엄마(아빠)는 날 위해서 야단을 치고 계신 거야.' 이렇게 생각하면 절대적인 공포와 절망에 처한 상황을 약간은 편안하게 만들어 줄 것이기 때문이다.

절대 묵과할 수 없는 문제인데, 오늘날 이런 불행한 상황에 처한 아이의 수는 우리의 상상을 훨씬 뛰어넘는 속도로 늘고 있다.

# 부모가 자식을 지킨다는 것

## 부모는 자식을 위해서 앞서 나간다

이 장에서 말하고 싶은 것은 이미 여러 번 설명한 내용이다. 즉, "아이는 한 사람 한 사람 누구나 자기만의 강인함과 훌륭함을 갖고 있다. 그것들이 무럭무럭 잘 자라서 개성으로 발휘되기 위해서라도 부모는 불필요한 간섭을 되도록 참고, 아이의 힘을 믿고 지지하도록 하자."이다.

아이를 위한다는 생각에 부모는 미리 앞서 나가서 자기도 모르게 손을 내민다. 그러나 대개는 그것이 결과적으로 아이가 성장할 기회를 빼앗아 버릴 수도 있다.

그래서 부모는 고민하기보다는 아이를 믿고 철저하게 지켜보는 입장에 서는 편이 부모와 아이 모두 기분도 편해지고 관계도 좋아진다.

주의력 결핍 과잉 행동 장애(ADHD)의 경향을 보이던 우리 집 큰아이는 꽤 응석꾸러기였다. 집에서도 유치원에서도 항상 문제아였다. 우리 부부는 아이가 집 근처의 공립 초등학교에 들어간 후에도 적응하지 못하는 건 아닐까, 너무 불안했다. 그래서 타 지역에 있는, 특별 교육을 하는 초등학교에 아이를 보내기로 마음먹었다.

온 가족이 이사 갈 계획까지 세우고 열심히 준비하고 있는데, 큰아이가 유치원 친구와 같이 집 근처의 초등학교에 다니고 싶어 했다. 결국 아이의 바람대로 가까운 공립 초등학교에 입학을 시키게 되었는데, 우리의 예상은 적중했다. 아이는 새 학년으로 올라갈 때마다 담임에게 야단도 많이 맞고, 주의도 계속 받았다. 그래도 아이는 매일 건강하고 즐겁게 학교생활을 보냈다. 중학교에 진학해서도 선생님에게 야단맞는 생활이 반복되었다. 그래도 아이는 여전히 즐거워 보였다. 우리가 걱정했던 것보다 아이는 훨씬 더 강했다.

## 괴롭힘이나 왕따를 대비해 준비하는 부모들

아이가 괴롭힘이나 왕따를 당할 것 같다는 이유로 일부러 아이를 동네 공립 초등학교에 보내지 않겠다는 부모도 많다고 한다. 물론 이것도 아이를 지키는 방법 중의 하나라고 말할 수 있을 것이다.

| CASE |

고등학생 하나, 중학생 둘, 총 세 아들을 둔 아빠가 있다. 아들 셋 모두 어릴 때부터 가라테를 배우고 있다. 다들 성실하게 배워서 대회에 나가 우승도 하고, 나름 실력이 향상되고 있다. 현재 세 아이는 집에

서 전철로 1시간 이상 걸리는 사립 학교에 다니고 있다. 가라테를 배운 것도, 사립 학교에 들어간 것도 다 아빠의 방침이었다. 아빠는 고등학교에 올라간 후에는 키가 자랐지만, 중학교 때까지는 대단히 몸집이 작았다. 공부도 잘하고 운동도 잘했지만, 중학생 때 집요하게 괴롭힘과 왕따를 당했다. 다른 지역에 있는 명문 사립 고등학교에 합격을 하고 고향을 떠나고 나서야 비로소 괴롭힘과 왕따에서 벗어날 수 있었다. 자식들만큼은 자기처럼 부조리한 폭력을 당하는 일이 없도록 최대한 부모로서 해 줄 수 있는 일을 다 해 주고 싶다는 것이 아빠의 교육 방침이었다.

이 아빠가 말한 이유처럼 아이에게 호신술의 수단으로 격투기를 가르치고 싶어 하는 부모가 많다. 방어기제의 시점에서 보면 이런 육아 자세는 '준비'라는 방어라고 할 수 있다. 향후 발생할 것 같은 문제를 미리 예측하고, 그것에 대비하는 태도와 행동은 방어기제의 한 현상이다.

조금 전 사례에서, 자신이 공립 중학교에서 경험했던 괴롭힘이나 왕따 문제가 잘 발생하지 않는(다고 아빠가 예상하는) 교육 수준이 높은 사립 중학교로 아이를 진학시키려는 아빠의 생각도 역시 '준비'의 방어라고 볼 수 있다.

이런 빈틈없는 준비는 아이를 지키는 행동이자 진지하게 아이를 생각하기에 선택했다는 점에서 의심할 여지가 없을 것이다. 그러나 여기에 전혀 문제가 없는 것은 아니다.

## 준비하는 일의 문제점

과거에 자신이 괴롭힘이나 왕따를 당한 것 때문에 내 자식만큼은 그런 일을 당하지 않도록 부모가 사전에 여러 가지를 준비하는 일의 문제점은 대체 무엇일까?

조금 전 사례를 보면 아빠는 아이와 일체화해서 내 자식이 현실과 마주하면 고통을 당하게 되리라고 생각한다. 그래서 현실의 공격에 대항할 수 있도록 사전에 방어를 배우게 한다. 그리고 공격 받기 어려운 환경을 일부러 심어 주기 위해서 학교를 선택했다.

이런 배려와 선택은 현실을 가공한 것이다. 아직 곤란한 현실을 겪지도 않았는데 사전에 아이가 혹시 맞는 상황이 발생해도 반격할 수 있는 힘을 키워서 스스로를 보호하는 일이 중요하다는 점과 학교라는 곳은 장소에 따라서는 부조리한 괴롭힘이 존재한다는 점을 인식시킨 것이다. 이것은 매우 현실적인 대처일지는 모르나, 이 세상과 사회를 부정적인 시선으로 보게 할 가능성이 있다.

이미 설명했지만, 아이는 부모의 유전자를 물려받았기에 성장하는 방식도 비슷한 유형이 될 가능성이 충분하다. 그러나 어떤 사람을 만나고, 아이가 어떻게 체험할지까지 부모와 완전히 똑같을 수는 없다. 조금 전 사례에서는 아빠와 아이들은 시대도 지역도 다를뿐더러 아이들에게는 자식을 걱정하는 다정하고 믿음직스러운 아빠가 곁에 있다.

미리 방어하는 힘을 키우는 대응은 현실적인 선택이기는 하지만, 아이 스스로 곤란한 현실에 대응해 가는 방법을 생각하는 자체를 방해할지도 모른다.

부모가 아이를 위해서 준비하는 일이 문제라며, 단순히 그 옳고 그름을 따지고 싶은 것이 아니다. 내가 큰아들을 걱정해서 이직도 하고 이사까지 고민한 것도 내 아이의 살아가고자 하는 힘을 믿지 못했기 때문이다. 아이가 힘든 일을 겪는 것을 부모로서 지켜보고 지지할 자신과 각오가 없었던 것이다.

다시 말하지만 아이를 믿으면 부모의 자세와 아이를 키우는 육아 방식도 크게 달라질 것이다. 즉, 아이를 믿는 일이야말로 그 어떤 방어보다 낫지 않을까?

# 3부

# 아이와의
# 커뮤니케이션

# 아이보다 앞서가지 않는다

## 아이와 대화하는 법

아이와 대화를 효과적이고 즐겁게 하려면 부모는 '앞서 나가지 말아야' 한다. 이는 상담을 할 때 중요한 기본 중의 하나이기도 하다. 앞에서도 말했지만 나는 놀이 동아리 활동에 관여하고 있는데, 연습이 끝날 즈음해서 자녀를 데리러 온 엄마들이 나누는 수다와 부모 자식 간의 대화를 무심코 엿듣게 될 기회가 많다.

이때 모처럼 아이가 말을 하는데도 부모가 말을 가로채거나, 부모의 관심사 또는 주장만 우선시하며 대화의 주도권을 가져가 버리는 모습을 보면 꽤 신경이 쓰인다. 구체적인 예를 들어 설명해 보겠다.

## 듣는 사람이 대화를 주도할 경우

다음은 초등학교 2학년 아이와 엄마의 대화이다.

| CASE |

아이 : 엄마, 학교에서 A가 짓궂게 굴어요.

엄마 : 짓궂다고? 어떻게 짓궂게 구는데?

아이 : 가방을 잡아서 던지기도 하고 공책에다 낙서를 해요.

엄마 : 그래서 네 가방이 가끔 더러울 때가 있었던 거구나…….
왜 그 애한테 하지 말라고 말을 안 하니?

아이 : 말은 하는데요, 그래도 그만두지 않을 때가 있어요.

엄마 : 선생님껜 말씀드렸어? 선생님이 혼내 주실 거야.

아이 : 선생님이 혼내도 별로 효과가 없어요. 그때뿐이거든요.

엄마 : 엄마가 선생님께 대신 말해 줄까?

아이 : 음……, 그건 됐어요…….

어떻게 보면 부모와 자식이 나누는 흔한 내용의 대화일 수도 있는데, 이 엄마는 아이의 이야기를 꽤 진지한 태도로 듣고 있다. 그러나 아이 일에 관심이 크기 때문에 아이보다 한 발 앞서가고 있다.

대화의 서두에서 "학교에서 A가 짓궂게 굴어요."라는 말을 들은 엄마는 '짓궂다'라는 단어에 반응을 하고 말았다. 엄마가 "어떻게 짓궂게 구는데?"라고 물었기 때문에 아이는 짓궂은 행동을 구체적으로 설명해야 했다. 아이의 이야기는 결국 엄마의 관심사에 휘말리며 진행되고 있는 셈인데, 듣는 사람이 주도하는 대화가 바로 이렇다.

누군가가 내 자식에게 짓궂게 행동했다면 부모로서 당연히 그냥 듣고 흘릴 수는 없다. 그러나 괴롭힘을 당한 사실이나 구체적으로 어떤 괴롭힘을 당했는지를 진심으로 털어놓고 싶다면 아이는 자발적으로 말할 것이다.

이럴 때는 부모로서 불안한 마음을 참고, 아이가 무슨 말을 하려고 하는지 조금만 더 인내하면서 기다릴 필요가 있다.

## 대화할 때 5W1H를 사용하지 않는다

듣는 쪽이 주도하지 말고 아이의 이야기를 잘 듣기 위해서 실천하기 쉬운 비결을 소개하자면 '언제? 어디서? 누가? 무엇을? 어떻게 했나? 어떤 식으로?' 등, 이른바 5W1H를 의식적으로 사용하지 않는 것이다.

이것은 일반적인 대화와는 상당히 다른 자세가 요구되기 때문에 처음엔 꽤 어려울 수 있다. 상대의 말을 잘 들으려고 할수록 "언제?"라든지 "어떤?" 등의 단어가 자연스레 나온다. 하지만 게임을 즐기듯이 상대와의 대화에서 내가 하려고 한 말에 대해서 잠시 의식하다 보면, 점차 대화가 수월해질 것이다.

예를 들어 "오늘 축구를 했어요."라는 말을 들으면 듣는 사람이 "그래? 어디서?"라든지 "누구랑 축구했니?" 이렇게 대꾸하는 것은 매우 일반적이다. 그러나 화자가 아직 꺼내지도 않은 내용을 청자가 일부러 물어보지 않아도 대화는 진행되어 가는 법이다.

미처 듣지 못한 사항이나 의미가 잘 이해가 되지 않는 사항을 재확인하는 것은 괜찮다. "오늘 축구를 했어요."라는 말에, "축구"라는 단어를 미처 듣지 못해 "뭐? 오늘 뭘 했다고?"라고 묻는 것은 괜찮다. 이것은 미리 앞서 나가서 진행하는 것은 아니다. 이런 경우는 아이에게 '네 이야기를 잘 들으려고 하고 있단다.'라는 메시지로 보일 것이다.

## 사실 여부보다 마음을 주고받는다

예전에 지도했던 어느 연수생은 "구체적으로 어떤 일이 있었습니까?"라고 질문하는 버릇이 있었다. 예를 들면 내담자가 "일에서 자꾸 실패만 해서 이번 주는 기분이 우울해요."라고 말하면 그 연수생은 "어떤 실패를 했습니까? 구체적으로 말해 주실 수 있을까요?" 바로 이런 식으로 대꾸하는 것이다.

비즈니스나 뉴스 보도에서는 '사실이 어땠는가?'를 주고받는 일이 중요하다. 그러나 상담에서는 청자에게 '화자는 어떻게 느끼고 있는가?'에 초점을 맞추는 일이 요구된다. '어떤 실패를 했는가?'보다 그 결과로서 화자가 '낙담한 상태'인 것에 관심을 가져야만 한다.

부모 자식 간의 대화에서도 아이가 말할 때에 '무슨 일이 있었는지'보다 아이가 '어떻게 느끼고 있는지'에 관심을 갖는 연습을 하면 대화의 분위기는 달라진다.

## 말하는 사람이 대화를 주도할 경우

그렇다면 조금 전 부모와 아이의 대화문에서 만약

엄마가 앞서 나가지도 않고, 자기 관심사로만 아이의 이야기를 끌어내지 않으면서 화자 주도로 대화를 진행하면 어떻게 전개될까?

| CASE |

아이 : 엄마, 학교에서 A가 짓궂게 굴어요.

엄마 : 응?

아이 : A라고 알죠? 위로 형이 있는…….

엄마 : 응, 알지.

아이 : 항상 나쁜 짓을 해서, 선생님께 혼나고 있어요.

엄마 : ('어떤 나쁜 행동을 했니?'라고 묻지 말고) 그래? (관심을 보이며)

아이 : 근데요, A는 참 대단한 것 같아요. 야단을 맞은 후에도 어느새 선생님께 농담을 한다니까요.

엄마 : ('어떤 농담?'이라고 묻지 말고) 그러니? (아이의 미소를 따라서 같이 미소를 지으면서)

아이 : 오늘도요, 국어 시간에 A가 손을 들더니 완전 빗맞은 대답을 했거든요. 다들 웃고 난리가 났는데 A는 아무렇지도 않더라고요. 만약 내가 A였으면 한동안 교실에도 못 들어올 정도로 창피했을 텐데.

엄마 : A는 참 재미있는 아이구나.

아이 : 그러니까요. 재미있는 애예요. 얼마 전에도…….

한눈에도 서두에 제시한 예하고는 대화의 전개가 완전히 달라진 것이 보일 것이다.

마지막으로 엄마는 "A는 재미있는 아이구나."라고 자신이 느낀 소감을 아이에게 전달했다. 이는 '눈에 보이는 것에만 집착하지 않는다'(36p)에서도 설명한 '지시나 명령 투가 아닌, 마음과 생각을 전하는 단어를 사용하자.'는 자세의 한 예이기도 하다.

어쩌면 아이는 A가 오늘 학교에서 수업 시간에 재미있는 말을 한 '순간'을 문득 떠올렸을지도 모른다. 그래서 그것을 엄마에게 말하려고 했는데, 무심코 처음 나온 말이 "A가 짓궂은 행동을 해요."였던 것이다. 신기하게 생각할지도 모르겠지만, 아이는 자신이 무슨 말을 할 작정이었는지 정작 입 밖으로 말이 나올 때까지도 전혀 깨닫지 못할 때가 많다.

## 듣는 데에만 집중하면, 아이는 '하고 싶은 말'을 꺼낸다

사실 이것은 어른한테도 해당된다. 카운슬러에게 말을 하는 과정에서 정작 자신은 깨닫지 못했던 본심을 알게 되는 것도 이 때문이다.

사람은 떠올리고 싶지 않은 일이나 생각하고 싶지 않은 일을 타인에게만이 아니라 자기 자신한테도 숨기려고 한다. 그러나 완전히 숨기는 것은 불가능하므로 마음속 깊은 곳에 가둬 놓는다. 그러다 보니 마음이 불안해진다.

이런 때는 누가 옆에서 너무 서두르지 않고 가만히 이야기를 들어 주기만 해도 마치 함께 어둠을 헤치고 앞으로 나아가듯이 무서워서 피하기만 했던 대상에 가까이 접근할 수 있을 것이다.

### '내 이야기를 들어 주는 사람'의 소중함

조금 전 사례처럼 아이가 먼저 말을 해 준다는 자체가 실은 대단히 귀중한 기회임을 부모는 알아야만 한다. 부모가 말을 들어 주니까 아이도 말을 걸어 오는 것이다. '우리 애가 부모를 신뢰하니까 이렇게 말을 해 주는구나.'하고 아이와의 대화를 즐기는 마음으로, 느긋하게 아이가 말해 주기를 기다리자.

'부모님이 내 이야기를 진지하게 들어 주셨어.' 이런 경험은 아이에게 큰 만족을 줄 것이다. 부모가 귀를 기울여 주고, 아이가 말을 이어 나가는 중에 정말로 본인이 하고 싶었던 말(아이 자신도 미처 깨닫지 못한 내용)을 꺼내게 되는 귀중한 체험을 쌓아 갈 수도 있다.

강연회에서 이런 이야기를 하면 "바쁠 때는 천천히 이야기를 들어 주기가 힘들어요."라는 의견을 남기는 부모도 많다. 그러나 대체로 어린아이도 부모의 상황을 잘 보고 있는 법이다. 그래서 '아, 지금이라면 말을 걸어도 괜찮을 것 같네?' 하고 말을 걸 타이밍을 나름대로 열심히 찾는다.

"○○을 해 주세요.", "××를 해도 될까요?" 이런 요구를 한다거나 허가를 바라는 말이 아니라, 아이가 자기 생각이나 마음을 전하는 경우는 특히 그렇다. 아이가 말을 걸어 올 때는 그 점을 꼭 의식하기 바란다. 이렇게 아이가 말을 걸어 오는 것은 육아에서 보석과도 같은 순간이다.

## 귀를 기울이는
## 행동이 가진 커다란 힘

그런데 아이를 학교나 유치원에 막 보내기 시작한 부모는 여러 종류의 불안을 느낀다. 옛날에는 조부모나 양친, 친척, 동네 이웃 주민에게 상담을 하면서 물어볼 수 있었지만, 요즘은 솔직히 이야기할 상대도 찾기 힘들다는 사람이 많다.

| CASE |

유치원생의 엄마가 상담하러 왔다. "저는 원래 걱정이 많은 사람이에요. 유치원을 막 다니기 시작한 큰 아들은 유치원에서 있었던 일을 많이 들려줍니다. '△△가 나쁜 말 했어.', 'ㅁㅁ가 날 때려.' 아이가 괴로웠던 일을 말해 주면 제 마음도 불안해져서 가만히 있기가 힘들어요. 그때마다 유치원 선생님께 상담을 드렸다가는 절 이상한 부모라고 생각하실 것 같아서 그것도 불안해지고요. 아이의 문제를 어떻게 해결하면 좋을까요?"

이 엄마가 하는 고민은 아마도 많은 부모의 공통 사항일 것이다.

"친구가 나쁜 말을 해요."라고 아이가 말했는데 "그럼 너도 똑같이 말해 주렴."이라든지 "그런 애랑은 놀지 마." 이렇게 즉각 지시하는 말로 대꾸하면 부모는 고민을 덜해도 되겠지만, 아이의 괴로움은 그대로 방치된 채로 남아 있다.

슬프거나 괴로운 일을 부모에게 솔직하게 말하는 아이는, 나이는 어려도 '대화가 가진' 힘을 잘 알고 있다. 힘든 일이나 안 좋은 일을 겪었던 경험을 떠올리고 그것을 신뢰하는 사람에게 이야기했을 때, 상대가 그 이야기를 들어 주기만 해도 상처가 많이 치유된다는 사실을 잘 알고 있는 것이다.

이야기를 듣는 부모는 아이가 느낀 괴로움을 받아들였기 때문에 아이와 마찬가지로 불안해질지도 모른다. 그러나 괴로움을 받아들이는 것만으로는 문제 자체가 해결되지 않더라도 아이의 마음은 훨씬 더 편해진다. 그렇게 믿고 아이의 말을 듣다 보면 부모의 불안도 사라질 것이다.

정말로 그게 가능할지 믿기 힘든 사람도 있을 것이다. 우선 아이를 믿고 이야기를 잘 들어 주자. 그랬을 때 아이의 분위기가 어떻게 바뀌는지, 또 부모인 당신의 기분이 어땠는지를 꼭 느껴 보기 바란다.

## 조언보다는 자기 말을 들어 주기를 바랄 뿐

그렇다면 부모의 이야기는 누가 충분히 들어 줄까? 이 또한 큰 문제이다. 한 동료가, 걱정거리가 생겨도 남편한테는 잘 말하지 않는다고 했다. 그 이유는 남편 앞에서 말을 꺼내면 곧바로 뻔한 조언이 돌아오기 때문이란다. 예를 들면 "오늘 학부모 임원회의에 갔었는데 이상한 건의를 하는 사람이 있어서 정말 난처했지 뭐예요…….”라고 남편에게 투덜대면 곧바로 “그럼 그 사람한텐 다른 일을 맡기면 되잖아?”라고 쉽게 조언해 버린다는 것이다. 동료는 딱히 조언을 원한 것이 아니라 자기 푸념을 남편이 들어 주길 바란 것뿐이다.

물론 같은 남자로서 남편의 심정이 이해는 간다. 푸념을 오랜 시간 쭉 듣기만 하기보다는 차라리 재빨리 해결해서 일단락 짓고 싶은 마음이 더 컸을 것이다.

## 아이의 말을 듣는 기쁨

자원봉사로 주재하는 놀이 동아리 활동을 통해 아이들에게 배우는 바가 매우 크다.

풋살 경기는 세 팀으로 나누어 순서대로 대전하기 때문에 한 팀은 항상 쉬게 된다. 나는 가장자리에 앉아 심판을 보는데, 마침 경기를 쉬는 아이가 있으면 옆에 앉아 도란도란 말을 걸어 온다. 매주 4시간씩, 약 10년 동안 이렇게 아이들의 이야기를 들어 온 셈이다.

이 장에서 소개한 ‘아이보다 앞서 나가지 말라.’뿐만이 아니라, 비밀을 지키는 일(다른 아이들이나 그 부모에게 내용을 누설하지 말라), 평가를 하지 않는 일(‘그건 좋았어.’, ‘좀 더 노력해야 해.’ 이런 말은 하지 말라)의 소중함도 놀이 현장에서 배웠다. 이것은 상담의 기본과 완전히 똑같다.

또한, 어떤 아이라도 어른과 조금도 다름없는 자존심을 갖고 있으며, 아이 나름대로 열심히 살고 있다는 생각을 항상 하게 된다. 또한,

내 아이들 역시 부모의 눈에는 아직 믿음직스럽지 못하지만, 마찬가지로 높은 자존심을 갖고 열심히 살고 있다고 깨닫게 해 준다. 즉, 부모로서의 원점으로 되돌아가게 해 준다.

졸업 후에 중학교와 고등학교에 들어가고, 대학생이 되어도 불쑥 찾아와서 이야기하다 가는 아이도 가끔 있다. 그들이 들려준 몇 천 가지의 스토리는 내 소중한 보물이다.

# 잔소리를 삼간다

## 당신의 어린 시절을 떠올려 보라!

이 책을 읽고 지금부터 아이를 대하는 태도를 바꾸어 보겠다고 생각한 부모가 있다면 우선 "○○해라.", "××해선 안 돼." 이런 지시나 금지하는 말을 참는 것부터 실천해 보라.

그렇다고 해서 '오늘부터 절대로 잔소리를 하지 말아야지.'하고 무작정 시작하는 것이 아니라, 아이에게 말을 걸거나 아이가 말을 걸어왔을 때 부모로서 말하려는 내용을 의식해 보는 일부터 찬찬히 시작하는 것이 좋다. 만약에 그 말의 대부분이 지시나 금지하는 내용이라면, 아이는 부모와의 대화가 즐겁지 않다고 느낄 가능성이 높다.

즐겁든 즐겁지 않든 아이를 조금이라도 좋은 쪽으로 이끄는 게 부모의 역할이라고 생각하는 사람은 본인이 어렸을 때를 떠올려 보길 바란다. 당신의 부모가 늘 반복하던 말이 '잘못을 바로잡는 고마운 말'이었는지 아니면 '언제나 뻔하고 지긋지긋한 잔소리'였는지를 말이다.

## 잔소리는 버릇이 된다

잔소리는 버릇이 된다. 잔소리하는 버릇을 가진 부모는 아이의 일거수일투족을 일일이 감시하며 마치 방류하듯이 잔소리를 쏟아 낸다. 혹시 다음과 같은 사례를 본 적이 있는가?

| CASE |

남편, 다섯 살짜리 딸과 같이 시댁에서 살고 있는 엄마는 식사하는 자리에서 늘 잔소리다.

"얘 좀 봐, 한눈팔지 말고 밥을 먹으라니까.", "왼손은 어디에 둔 거야?", "옷소매가 국그릇에 들어갔잖아.", "음식을 씹을 때는 입을 벌려서 말하지 마.", "넌 왜 이렇게 잘 흘리니?", "샐러드도 남기지 말고 다 먹어.", "주스는 안 돼. 배가 금방 부른다니까." …….

이 엄마는 건너편에 앉은 아이를 계속 감시하면서 아이의 동작과 행동에 사사건건 잔소리를 늘어놓는다. 아마도 시댁에서 살면서 매순간 긴장하는 생활을 하다 보니 시부모에게 책망을 듣기보다는 반대로 자신이 아이를 먼저 야단치는 쪽이 마음이 편했을 것이다. 그래서 이런 태도를 취하게 됐는지도 모른다. 이런 태도는 '혼나는 것보다 혼내는 것이 편하다'(229p)에서 설명한 '공격자와의 동일화'의 한 예이다. 틀림없이 아이에게는 숨 막히는 시간이었을 것이다.

또 다른 사례를 보도록 하자.

| CASE |

초등학교 축구팀 코치가 시합 중에 벤치에 앉아서 목청껏 소리를 크게 질러 대며 지시를 계속 내린다.

"히로토! 지금은 패스가 아니라 제대로 슛을 했어야지.", "야, 리쿠! 물러서지 말라니까! 네가 무서워하니까 바로 제쳐 버리잖아!", "료타! 대체 지금 너 뭐하려고 한 거냐?", "이봐! 리사! 지금은 네가 직접 해결했어야지!", "하야토! 머리로 생각 좀 하라고! 어떻게 해야 돼? 어? 어떻게 하는 게 좋았냐고?"…….

이 코치는 공이 가는 곳마다 플레이에 관여하는 아이에게 차례로 지시(사실 푸념으로밖에 들리지 않지만)를 쉬지 않고 내리고 있다. 흐름상 내용이 밀리는 시합이었기 때문에 대부분 아이에게 던지는 잔소리였다. 깊이 생각도 하지 않고 머릿속에 떠오른 말을 그대로 입 밖으로 줄줄 내놓는 것 같았다.

원래 "스스로 생각해 봐! 어떻게 해야겠니?"라는 말은 불필요하다. 왜냐하면 스스로 생각하라고 말하면서도 결국은 어른이 명령을 하고 있기 때문이다. 아이 스스로 생각하려면 코치는 가만히 아이를 내버려 두는 수밖에 없다. "스스로 생각해 봐!"라는 지시를 받고 생각을 한다면 그것은 이미 자발적인 행동이 아니다. 결국 어른의 명령을 받고 생각한 것이 되기 때문이다. 굳이 말하지 않아도 아이는 자기 나름대로 생각하고 있다. 어른이 생각하는 이상으로 아이는 이 시합을 훨씬 더 중요하게 생각하고 있었을 것이다.

좋은 코치란 불필요한 말은 하지 않는 법이다. 코치가 말을 아끼면 아이는 스스로 생각하게 된다. 이것도 아이를 믿는 태도 중 하나이다. 말을 소중하게 사용하는 코치가 하는 말은 아이들도 진지하게 잘 듣는 법이다.

## 지시가 아닌 것처럼 보이는 지시

그런데 지시하는 말에는 "숙제 해.", "채소도 먹어."와 같이 어떤 행위를 촉구하는 명시적인 것만 있는 건 아니다. 부모는 자기도 모르게 무심코 아이에게 지시나 명령을 할 때도 있다. 대표적인 것이 "○○해도 좋고, ○○하지 않아도 좋아."라는 말투이다.

| CASE |

등교 거부를 하는 여고생의 엄마가 딸에게 "피곤하면 쉬어도 되고, 가고 싶으면 가도 돼.", "가도 좋고 안 가도 좋고, 너 좋을 대로 하면 돼."라고 말했다.

부모의 입장에서는 딱히 지시하고 있다는 느낌이 없겠지만, 아이는 지시받고 있다고 느낀다. 만약에 정말로 아이가 원하는 대로 해도 좋다고 생각한다면 아무 말도 안 하면 된다.

지금까지 잔소리를 계속 들으면서 부모의 안색을 살피는 버릇이 생긴 아이는 "좋을 대로 해."라는 말에도 부모가 원하는 바가 무엇인지 필사적으로 읽어 내려고 할 것이다. 그리고 "○○해도 돼.", "○○하지 않아도 돼." 이 두 가지 표현 중에 부모가 더 원하는 쪽이 무엇인지 추측하고 그쪽을 따르려고 한다.

특히 이런 표현을 자주 하는 부모의 문제점은 '아이를 믿고 기다리지 못하는' 데 있다. "○○해도 되고, ○○하지 않아도 돼."라는 말은 결국, "어느 쪽으로 할 건지 결정해라!"라는 명령이다.

## 아이에게 일어나는 변화를 예고하는 이유

부모가 아이를 대하는 태도를 의식하고, 지시나 금지하는 말을 사용하지 않는다면 아이에게 여러 변화가 나타난다. 어른과 달리 아이는 유연하기 때문에 환경이 변할 때도 즉각 변화가 나타나기 때문이다.

그런데 아이의 이런 변화를 많은 부모가 눈치채지 못한다. 문제가 되고 있는 아이의 행동 자체가 변하는 데만 관심을 두기 때문이다. 등교 거부 때문에 상담하러 온 부모는 아이가 다시 학교에 가지 않는 한은 '우리 아이는 전혀 좋아지지 않아. 변한 게 없어.'라고만 생각하며 그 밖의 다른 일은 전혀 눈에 들어오지도 않는다.

그래서 이런 경우에는 상담할 때 미리 "앞으로 이런 변화가 있을 겁니다."라고 예고를 해 둔다. 즉, 힌트를 주는 것이다(268p '아이에게 일어나는 변화' 참고). 그렇게 하지 않으면 아이의 변화를 눈치채지 못할 뿐만 아니라, 그 변화가 좋은 방향이어도 악화된 것은 아닐까 불안해하기 때문이다.

# 지시하지 않는다

## 지나친 지시는 자발성의 성장을 방해

이 장에서는 잔소리, 즉 지시나 명령하는 말을 지나치게 하면 왜 안 좋은지, 그리고 그것을 그만둘 때 아이에게 어떤 변화가 일어나는지를 구체적인 예를 들면서 상세하게 설명하고자 한다.

| CASE |

초등학교 6학년 남자아이가 여름철이 되자 학교에서 수영을 하기로 했다. 수영을 하는 날에는 아침에 꼭 체온을 재서 몸 상태에 문제가 없다는 확인 도장을 카드에 받아 선생님에게 제출해야만 한다. 이 카드를 내지 않으면 그날 수영은 견학만 해야 한다. 그래서 엄마는 매일 아침 항상 아이에게 "오늘은 수영을 하니?"라고 묻는다. 그렇게 하지 않으면 아이가 카드를 꺼내지 않기 때문이다.

이것도 자주 볼 수 있는 이야기이다. '아이가 즐거운 기분으로 수영을 하려는데 견학만 하게 되면 불쌍해.'라는 부모의 마음에서 저렇게 하는 것은 이해는 간다. 그러나 매일 아침 부모가 확인해 주는 한, 아이는 스스로 '수영 카드를 준비해야 된다.'는 의식에 소홀해진다.

언제까지고 아이를 품에서 놓고 싶지 않기에 아이의 성장과 자립을 두려워하는 부모는 무의식적으로 아이에게 이러쿵저러쿵 지시도 하고 보살핀다. 부모의 지시가 없어도 아이가 잘해 나갈 수 있다는 사실은 마치 자식으로부터 버림받은 기분이 들게 한다.

대학교에 입학한 후에도 어떤 과목을 수강하고 어떻게 학점 관리를 해야 하는지 잘 몰라서 부모가 일일이 대학교에 전화를 걸어 문의하는 경우도 있다고 한다. 아이에게만 맡기면 중요한 학점을 놓칠 것만 같아서 부모가 대신 해 준다는 것이다.

이런 부모는 당연히 리포트나 발표 준비 등도 돕는다. 구직 활동 정보 수집도 돕고, 면접 대비도 관여한다. 심지어 입사식에도 따라가고, 업무 내용까지도 도우려 한다. 자식의 인생에서 결혼과 출산, 육아에 이르기까지, 부모는 자신이 나설 차례를 찾고 있다. 하지만 어느 단계에 이르렀을 때 아이를 신뢰하고 부모가 손을 떼지 않으면 평생 아이의 인생에 참견만 하게 될 것이다. 끝이 없다.

아이를 믿는다는 것은 아이가 결코 실패를 하지 않으리라고 믿는 것이 아니다. 실패를 겪어도 아이의 힘으로 우뚝 다시 일어설 거라고 믿는 것이다.

## 집에서는 편안하게 쉬는 것이 중요하다

| CASE |

초등학교 4학년 아이의 엄마는 학원에서 개별 면담을 하며 "아침 몇 시에 깨우고 무슨 공부를 시키고 집에 돌아와서 잠들기 전까지 어떤 시간대에 무엇을 시키면 좋은지 한 주간 요일별로 일정표를 만들어 주세요. 제가 책임지고 시키겠습니다."라고 강사에게 진지하게 부탁했다.

아이가 목표하는 중학교에 합격할 수 있도록 엄마도 열심히 돕는 것은 이해할 수 있다. 다만, 이래서는 아이의 마음은 쉴 틈이 없다.

이건 좀 극단적인 예이지만, 집에서도 시간표를 짜고 관리를 받는 아이가 많다. 우리 집에 놀러 오는 아들 친구 중에도 "아저씨, 지금 몇 시예요?"라고 몇 번이나 묻는 아이가 있다. 이 아이는 휴일에도 일정표가 정확하게 짜여 있었다. 집은 편안하게 쉬는 곳, 밖에서 쌓인 피로를 치유하는 곳이라는 중요한 역할을 잃어버린 셈이다.

집에서는 편안하게 쉬는 일이 매우 중요하다. 그래야만 아이는 학교와 학원에서 분발해야 할 때 충분히 능력을 발휘할 수 있다는 사실을 부모는 잊어서는 안 된다.

## 아이를 칭찬할 때 주의할 점

| CASE |

네 살짜리 남자아이가 직접 셔츠를 입으려고 애를 쓰고 있다. "엄마, 보세요!" 자랑스럽게 말하지만, 아이는 옷을 거꾸로 입은 상태이다.

이 순간, 아이의 모습을 본 엄마가 어떤 말을 하면 좋을지, 세 가지 유형으로 구분해서 생각해 보자.

① "혼자서도 해냈구나. 대단해. 근데 그림이 있는 쪽이 앞이란다. 다음엔 그림이 어디에 있는지 잘 확인해 보렴."이라고 말한다.

② "해냈구나, 대단해."라고 말한다.

③ 미소 띤 얼굴로 "해냈구나."라고만 말한다.

우선, ①은 아이를 보고 말을 건 후에 곧바로 개선할 점을 지시하고 있다. 부모로서 아이가 더욱 발전하도록 아이를 위해서 한 말이다. 그러나 아이 입장에서는 지금 자신이 해낸 일 자체를 부모가 따뜻하게 지켜봐 주었다는 느낌은 잘 받지 못할 것이다. 게다가 "넌 아직은 멀었어."라는 메시지로 받아들일지도 모른다.

②번은 직접적으로 지시하고 있지는 않지만 칭찬하는 형태로 평가하고 있다. 칭찬을 해 주면 좋은 거 아니냐고 생각하는 사람이 많다. 분명히 칭찬하면 아이는 더욱더 칭찬을 받으려고 열심히 노력하기 때

문에 '부모가 칭찬해 주는 행동'과 '부모가 볼 때 바람직한 행동'은 늘어날 것이다.

그러나 문제는, 이 경우에 아이가 '본인이 하고 싶은 일'보다 '부모가 바라는 일'에 더 민감해질 위험이 있다는 것이다. 이는 아이의 자발성이 성장하는 데에 큰 폐해가 된다. 왜냐하면 이런 아이는 부모에게 칭찬받지 못할 행동은 하지 않으려고 하기 때문이다. 착한 아이로 키우는 것을 육아의 가장 큰 목표로 삼는 사람은 '칭찬받지 못하는 행동은 하지 말라.'라는 말이 왜 잘못되었는지를 좀처럼 이해하지 못한다.

①, ②번과 비교해 ③번의 엄마는 아이를 그냥 보고만 있다. 부모의 미소는 부모 자신의 감정을 드러냄과 동시에 아이의 기쁨을 비추는 요소가 크다. 평가가 아니고 아이 일을 그대로 받아들이는 반응이다.

칭찬하지 않고 "네가 한 일을 잘 지켜보았단다."라는 메시지를 전달하는 것만으로도 충분하다. 부모의 가치관이나 판단으로 지도하려 들지 않아도, 아니 오히려 지도하지 않는 편이 아이 스스로 정말 습득해야 할 일을 자기만의 속도로 습득할 수 있기 때문이다.

칭찬 하면 항상 떠오르는 영화의 한 장면이 있다. 애니메이션 〈이웃집 토토로〉에서 칸타가 우산을 빌려주는 장면이다. 쏟아지는 비를 피하는 중에 메이(4세)가 언니 사츠키에게 "메이는 울지 않아, 대단해?"라고 말한다. 메이는 사실 울고 싶다. 엄마가 입원한 상황이지만, 메이는 "대단해."라고 주위 어른들에게 칭찬을 받으면서 눈물을 꾹 참고 있다. 부모로서 이 장면을 보면 울컥해진다.

아이가 울면 부모가 곤란해지는 상황에서는 아이가 울음을 참는 것이 부모에게 도움이 된다. 그래서 "대단하구나."라는 말이 나오는 것도 이해는 간다. 물론 여기서 "대단해."라는 표현을 써서는 안 된다고 말하려는 것은 아니다.

아이를 칭찬하는 순간, 어쩌면 부모가 자신에게 유리한 쪽으로 아이를 유도하고 있을지도 모른다고 의식하는 일이 중요하다고 말하고 싶다. 이런 의식을 갖고 있는 상태라면, 부모는 "울지 않아서 고마워.", "도움이 되었단다."라는 감사의 말을 할 수도 있을 것이다.

### 좋다고 생각해서 한 말이 아이를 괴롭게 만드는 경우도 있다

| CASE |

어떤 엄마가 남편과 함께 딸 부부의 신혼집을 방문했을 때의 일이다. 딸은 현관 신발장 위에 꽃병을 두었다. 엄마는 "예쁘게 꽃을 꽂았구나. 꽃병도 훌륭해. 하지만 꽃병 밑에 뭐라도 깔아 두지 않으면 신발장 선반 위에 자국이 남게 될 거다."라고 말했다. 딸은 기분이 상했지만 엄마는 그 사실을 알아차리지 못했다.

엄마의 발언은 앞에서 언급한 ①번 타입의 전형적인 예이다. 엄마는 이렇게 해야 더 좋아진다고 아이에게 조언하는 데 아무런 망설임도 없다. 언제라도 아이가 모르는 것을 가르쳐 주는 일은 아이를 위한 것이며 부모의 의무라고 생각하고 있다.

그러나 이런 발언의 뿌리에는 자립하려는 아이에게 미숙함을 확인

시키고 지적해야겠다는 속마음도 내재되어 있어서, 그 사실이 계속 딸을 괴롭혀 왔는지도 모른다.

특히 딸의 신혼집을 방문하는 것은 자식이 인생의 파트너와 함께 새롭게 만들어 가는 중요한 보금자리인 공간, 즉 어떤 의미에서는 신성한 영역에 들어가는 셈이기 때문에 부모로서는 부모와 자식의 거리를 강하게 의식하는 상황일 것이다. 그럼에도 불구하고 이 엄마는, 우리 관계는 옛날 그대로라는 걸 마치 확인하려는 듯이(딸의 독립을 마치 개의치 않다는 듯이) 딸에게 조언하고 있다. 딸이 불쾌해진 가장 큰 이유는 바로 여기에 있다.

실제로 이 상황 다음에 엄마는 당연하다는 듯이 딸네 집 열쇠를 달라고 요구했고, 그것을 거부한 딸과 한바탕 말싸움을 벌였다. 엄마는 왜 딸이 거부하는지 정말로 이유를 모르겠다고 했다.

한창 사춘기를 겪고 있는 자식의 방을 부모 마음대로 청소하거나, 아이의 일기와 편지를 함부로 읽는 부모한테서도 이 사례와 비슷한 문제의식을 느낀다. 부모가 자식에 대해 한 사람의 인간으로서 개인적인 영역을 존중하는 마음이 부족하다는 점에서 우려스럽다.

부모가 아이한테 조언하는 언뜻 간단한 말에도 부모가 아이와의 거리를 제대로 의식하고 있는지가 중요하다.

| CASE |

등교 거부를 하는 고등학생 A군의 성적은 학년 초기에는 1, 2등을 다툴 정도로 매우 좋았다. 그러나 점차 성적이 떨어지더니 지금은 학년에서 10등 안에 들어가는 수준이다. 사실 A군은 원래 들어가고 싶

었던 1순위 학교를 간소한 차로 떨어졌다. 지금도 그때 한 실수를 억울해한다고 한다. 2학년이 돼서도 시험에서 기대한 만큼의 성적이 나오지 않자 아이는 엄마에게 "난 살아갈 가치도 없어요."라고 중얼거렸다고 한다. 그 말에 놀란 엄마는 "무슨 말 하는 거니? 아직 넌 미래도 창창하고 시간도 충분하니까 열심히 공부만 하면 어디든 좋은 대학에 갈 수 있단다."라고 격려했다. 하지만 그 말을 들은 A군의 표정은 더욱더 굳어졌고 아무 대꾸도 하지 않았다.

이 사례에서 엄마가 한 말은 언뜻 보면 지시가 아닌 것처럼 보인다. 시험을 뜻대로 잘 보지 못한 아이를 격려하려고 다정하게 말한 것처럼도 보인다.

하지만 "열심히 공부하면 어디든 좋은 대학에 갈 수 있어."라는 말은 아마도 A군한테는 "열심히 공부해서 꼭 좋은 대학에 가거라."라고 들렸을 것이다. 그렇게 하지 않으면 자식으로서 엄마에게 인정받지 못할 거라고 느꼈을지도 모른다.

이 사례의 A군과 엄마의 관계는 그다지 나쁘지 않아 보인다. A군의 마음은 엄마와 어느 정도 유대감을 유지하고 있다. 그 사실은 "난 살아갈 가치도 없어요."라는 속내를 엄마에게 털어놓은 것을 보더라도 잘 알 수 있다.

어쩌면 1순위 학교에 합격하지 못한 걸 지금도 억울해하는 이유는 '그 학교에 합격해서 부모님을 기쁘게 해 드리지 못한 데에 대한 사죄'의 의미가 있는지도 모른다. A군의 엄마가 직접 자기 입으로 1순위 학교에 "꼭 합격해라."라고 말한 적은 없을지 모르지만, A군은 반드시 합격해야만 부모를 기쁘게 할 수 있다고 믿었던 게 아닐까?

많은 아이가 종종 입시에서 성공한 기쁨을 표현하면서 "부모님께 기쁨을 드린 것 같아서 저도 기쁩니다."라고 말한다. 이 말을 살펴보면 '이 학교에 합격을 못 하면 부모님께 인정을 받지 못한다.'라는 강박적인 믿음을 가질 위험이 있다.

"살아갈 가치도 없어."라고 한탄하는 A군은 열심히 공부해서 부모에게 기쁨을 주는 일이 더는 불가능하다고 고백하고 있는 것이다. 이때 부모로서 "아니, 아직 넌 더 열심히 할 수 있어."라는 격려보다는 "얘야, 너무 무리하지 않아도 된단다. 합격 못 하면 어때. 우리 곁에 네가 있어 주는 것만으로도 엄마 아빠 아무것도 필요 없단다."라고 확실하게 부모의 진심을 전달한다면 아이에게 힘이 될 것이다.

## 아이가 먼저 말을 걸어 줄 때

| CASE |

학교에 등교하면 쭉 양호실에만 있는 여고생의 엄마 B씨. 처음 상담을 할 때, B씨에게 아이에게 지시하는 말을 참아 보라고 제안했다. 아이에게 하고 싶은 말은 일단 입 밖으로 꺼내지 말고, 공책에 전부 메모해 두라고 했다.

두 번째 상담하러 왔을 때, B씨는 아이에게 하고 싶었던 말을 전부 공책에 적어 왔다. 아침에도 늦은 밤에도 노트는 메모로 꽉 차 있었다. 내용은 아이의 행동을 확인하거나 재촉하는 말뿐이었다. 그 후로도 한동안 B씨는 이런 말들을 참으려고 노력했다. B씨의 표현에 따르면 '금단 증상이 생길 정도로' 매우 힘든 시간이었다고 한다. 처음에는 B씨가 너무 잔소리를 안 하니까 오히려 그것을 어색하게 느낀 아이가 먼저 "평소처럼 나한테 잔소리하라고요! 억지로 엄마가 참고 있는 걸 보는 게 더 힘들어요."라고 말하기도 했다.

이 사례에서 중요한 점은 B씨가 상담을 하기 위해서 자발적으로 내원했다는 점이다. 그리고 카운슬러의 조언을 순수하게 받아들이고, 공책에 하고 싶은 말을 잘 적어 왔다는 점이다.

B씨처럼 순수한 태도를 취할 수 있는 경우는 일이 잘 풀릴 때가 많다. 상황을 개선하기 위해 자식을 대하는 태도를 고칠 각오가 되어 있기 때문이다. 아이의 문제를 해결하고 싶다고 마음속 깊이 바라고 있는 것이다.

자식의 문제를 상담하러 온 부모니까 상황을 해결하고 싶어 하는 건 당연하고 치료자의 조언을 그대로 실천하는 것도 당연하다고 생각할 것이다. B씨는 현재 자신의 방식으로는 문제가 해결되지 않는다는 걸 잘 알기에 상담하러 찾아온 것인데, B씨 같은 부모는 소수이다. 지금까지 생각지도 못한 제안을 아무 저항 없이 잘 받아들이는 부모는 솔직히 많지 않다.

왜냐하면, 지금까지의 태도를 바꾸라는 말은 기존에 자신이 기울인 노력이 잘못됐다고 지적을 받는 것처럼 느껴지기 때문이다. '아이에게 문제가 발생한 것이 학교나 친구 탓이 아니라, 부모의 책임이었단 말인가?' 이런 생각도 들 것이다. 그래서 기존의 태도를 바꾸는 데 아무래도 저항감이 따르는 모양이다.

| CASE (이어서) |

1주일 만에 B씨는 아이에게 지시를 하지 않고도 자연스럽게 있을 수 있게 되었다. 그러자 아이가 TV를 보면서 소리 내어 웃기 시작했다. 남편이 B씨에게 "재가 예전부터 저렇게 TV를 보면서 깔깔 웃었던가?"라고 물었을 때 B씨도 그 사실을 깨달았다고 한다. 그리고 아이가 말을 걸어 오는 일도 많아졌다. 그래도 조금이라도 방심하면 B씨는 바로 구체적인 행동을 재촉하는 말로 대꾸해 버렸다. 예를 들면 어느 날 아이가 "나도 같이 쇼핑하러 갈 친구가 있으면 좋겠네."라고 B씨에게 중얼거렸다. 그때까지는 아이가 말을 걸어 오는 경우가 늘었다고 해도 대체로 뭔가를 사 달라는 요구뿐이었다. 처음으로 아이가 속내를 들려주었기 때문에 B씨는 굉장히 기뻤다. 그러나 마음은 기뻐하면서도 정작 입 밖으로 나온 말은 "그럼 중학교 때 친구한테 전화 걸어 봐."였다. B씨는 이 점이 유감스러웠다.

부모와 가까이 있어도 아무 명령도 하지 않는다는 걸 알면 아이는 안심한다. 마음이 편안해지면 TV를 보면서 깔깔 웃음소리도 내고, 그러는 사이 이윽고 자기 속내를 털어놓기 시작한다.

아이가 속내를 말해 주어서 기뻤다는 B씨의 말은 대단히 의미가 깊은 것이다. 명령을 받거나 주의를 받지 않는다는 생각이 들었기에(신뢰하고 있다/신뢰받고 있다는 것이다) 아이는 부모에게 자기 속마음을 말하게 된 것이다.

심지어 B씨에게 일어난 큰 변화는 아이가 속마음을 털어놓았을 때, 자기가 순간적으로 대꾸해 버린 말을 유감스럽게 생각했다는 점이다. B씨는 본인이 어떻게 말을 하는지를 의식하기 시작했다. 예전처럼 무의식적으로 명령조로 대꾸하던 때하고는 명백히 달라졌다.

이것은 신기하면서도 어떻게 보면 당연한 일인데, 아이는 이런 부모의 내면의 변화를 제대로 느낀다. 그리고 아이에게 큰 변화를 가져온다.

# 아이에게 일어나는 변화

## 부모가 지시하지 않으면 아이는 달라진다

얼굴을 마주할 때마다 지시 또는 확인하는 투의 말을 하던 부모가 지금은 그런 말을 삼가는 대신에 자신과 아이의 마음 또는 생각에 관해서 대화를 나누기 시작하면 아이에게는 여러 가지 변화가 나타난다.

## 욕구와 충동성이 높아진다

| CASE |

주의력 결핍 장애(ADD)* 인 초등학생 A군. 부모는 항상 A군에게

* 주의력 결핍 장애(ADD, Attention Deficit Disorder)는 주로 유아기, 아동기, 청소년기에 발생하는 장애로 충동적인 행동, 부주의, 지나친 활동이 특징이다.

> 주의를 기울이고 있었는데 상담을 하면서 내 조언에 따라 그런 행동을 대부분 그만두었다. 주의를 주든 그렇지 않든 A군이 할 수 있는 일과 못 하는 일은 똑같다는 사실을 부모는 즉시 깨달았다. 한편, A군을 대하는 태도를 바꾸자 이번에는 아이가 충동성을 드러냈다. 예를 들면 자기 뜻대로 일이 풀리지 않으면 갑자기 목소리가 커지고, 상점에서 만지면 안 되는 물건도 자꾸 만지려고 한다. 게임을 할 때도 승부에 지나치게 집착해서 지면 울고, 또 질 것 같으면 속임수도 쓴다. 이런 행동을 지적해도 자신이 속임수를 썼다는 사실을 인정하려고 하지 않는다.

A군의 아빠는 예전에 아이가 이런 적이 없었는데, 부모의 잔소리가 줄면서 상태가 악화된 것은 아닌지 불안해졌다. 하지만 이런 변화는 부모가 더 이상 잔소리를 안 하게 되자 A군의 내면에서 지금까지 억압받던 충동과 관심이 비로소 모습을 드러내기 시작한 때문이다.

A군은 아마도 지금까지 외부를 향한 관심과 행동의 욕구 스위치를 꺼 버린 상태였을 것이다. 전문적인 용어로 말하면 '해리'라는 방어기제에 가깝다.

주의력 결핍 과잉 행동 장애(ADHD)라고 진단받은 아이는 어릴 때부터 자기가 하고 싶은 일을 하려고 들 때마다 주의를 받거나 야단을 맞는다. 쭉 그런 상황만 이어진다면 아이는 곧 자신의 욕구와 관심을 억눌러 버린다. 그러면 과잉 행동 증상이 진정되기 때문에 겉으로는 얌전해진 것처럼 보이겠지만, 주위에 대한 주의나 관심의 스위치를 꺼 버린 상태인 것이다.

처음부터 적절하게 행동할 줄 아는 아이는 없다. 자신의 욕구와 대인 관계 등을 신경 쓰면서 잘 행동하기 위해서는 어떻게 하는 것이 좋은지, 이런저런 실패를 경험해 가면서 성장해 가는 법이다. 어릴 때 너무 엄격한 관리를 받으면, 되도록 야단을 맞지 않기 위해서 아이는 스스로 자신의 욕구를 소위 위험한 것이라고, 혹은 꺼내면 안 되는 것이라고 간주해 버린다. 그러면 모든 일에 무관심한 아이, 즉 언제나 멍한 상태로 보일 수 있다.

A군에게 충동성이 나타나기 시작한 것은 주의력 결핍 과잉 행동 장애의 상태에서 회복할 기회이다. 모처럼 나타난 욕구나 행동이 또다시 억제되지 않도록 부모는 주의해야 한다.

이 경우, 예를 들어 실제 나이가 여덟 살인 아이라도 유년기부터 욕구를 억압당하고 있었다면 실제 나이보다 더 어린 모습이 나타나는 건 어쩔 수 없다. 지금 이 아이는 미처 배우지 못한 걸 다시 배우고 있다고 다정한 시선으로 지켜보는 것이 중요하다. 또한, 부모도 상담을 통해 지원을 받으면서 아이를 지켜보는 것이 바람직하다.

## 부모를 피하기만 하던 아이가 변하다

부모가 지시나 확인하는 말을 삼가면 아무리 불러도 방 밖으로 나오지 않던 아이가 귀가한 부모를 맞아 주거나 밥상 앞에 자발적으로 와서 앉기도 한다. 그때까지는 얼굴만 보면 꼭 뭔가 지시하는 말을 했기 때문에 아이도 부모를 피하고 있었던 것이다.

이렇게 부모를 피하다 보면 결국 대인 기피증으로 이어진다. 따라서 부모와 마주하는 것을 더이상 싫어하지 않게 되면 등교 거부 중인 아이는 '사람과 만나는 일은 즐겁다.'라는 감각을 되찾게 되면서 다시 학교에 갈 수 있는 첫걸음이 될 수도 있다.

등교 거부 중인 한 중학생의 아빠는 상담하러 와서 "우리 애가 사람을 만나는 게 서툰 것 같습니다. 그래서 아는 사람이 하나도 없는 낯선 동네 번화가로 일단 데려가서 사람에게 익숙해지게 만드는 일부터 시작하려고 합니다."라고 말했다. 이 말은 언뜻 합리적인 방법으로 들리겠지만, 완전히 아이의 마음을 무시한 처사이다.

아이가 '어떻게 느끼고 있을까?'보다 아이에게 '무엇을 시킬까?'만 오로지 신경쓰고 있다. 물론 이런 방법이 효과가 없음은 굳이 언급할 필요도 없을 것이다.

## 깔깔 웃으면서 TV를 보다

"너 대체 언제까지 TV만 볼 거니?"라고 잔소리를 하는 부모가 근처에 있으면 아이는 자신의 존재감을 지워 버리고자 아무 말도 하지 않고 TV만 묵묵히 본다. 혹 재미있는 장면이 나와서 무심코 웃기라도 하면 당장에 부모는 "너 숙제는 다 했어?", "이제 그 정도 봤으면 됐어. 내일 아침 일찍 일어나야 되잖아."라고 잔소리를 하기 때문에 자신의 존재를 최대한 들키지 않도록 숨죽인다. 이래서는 TV도 제대로 즐기지 못한다.

그런데 느긋하게 TV를 보는데도 부모가 잔소리를 하지 않으면 자연스레 아이는 웃음소리를 내기 시작한다. 이미 그때는 부모의 태도도 달라져 있는 상태일 것이다. 지금까지는 아이의 상태에 의식을 집중해 '이제 몇 분 후에 야단을 칠까?', 'TV는 하루에 두 시간만 보라고 당부했는데 언제 어떤 말로 혼낼까?' 하고 매 순간 신경 쓰던 버릇이 사라지면서 초조했던 기분이 차분해진다.

잔소리하는 버릇을 버리면 부모도 아이와 함께 있는 시간을 편안한 마음으로 보낼 수 있다. 부모가 편한 마음으로 즐거워하면 그것은 아이에게도 기쁜 일이다.

## 원하는 바를 요구하기 시작한다

아이가 부모를 피하지 않게 되면 조만간 부모에게 요구하기 시작한다.

처음에는 "새로 나온 게임 소프트웨어를 사 주세요."라든지 "새 운동화를 갖고 싶어요."처럼 요구 사항이 많다. 일반적으로 남자아이는 게임기나 휴대폰 같은 요구가 많고, 여자아이는 패션 잡지나 화장품이 많은 모양이다. 이럴 때 되도록 아이의 요구 사항을 들어주라고 조언한다.

이런 요구는 아이가 밖으로 나가 사회와 마주할 때 도움이 되며(어른의 시선에서 보는 것이 아니라 아이에게), 아이의 마음이 바깥 세계로 향하기 시작했다는 사인과도 같다. 밖으로 나가면 지금까지 부모의 보호와 감시 속에 있던 아이는 부모와 떨어져서 자기 힘으로 사람들이나 세상을 상대해야 한다. 보통 그때 '아이가 원하는 것'은 중요한 역할을 하는 법이다.

'내 아이는 다른 아이들과는 다르다.'라는 마음으로 육아를 하는 부모 중에는 자기 아이가 다른 많은 보통 아이들과 똑같은 것에 흥미를 느끼고 원한다는 사실에 낙담하는 사람도 있다. 그럴 때면 데즈카 오사무(手塚治虫)*의 만화 《블랙잭》에 나오는 '하얀 사자'가 떠오른다.

동물원의 인기 스타인 하얀 털의 아기 사자. 어느 날부터 아기 사자가 시름시름 기운을 잃은 모습을 보이자 치료책을 강구해 보지만 아무 소용이 없다. 결국 블랙잭에게 치료를 해 달라고 의뢰하게 되고, 블랙잭은 아기 사자에게 노란 색소를 주사한다. 희귀한 '하얀 털의 사자'로 주목받던 아기 사자는 갑자기 노란 털을 가진 평범한 사자로 변신한다. 동물원의 인기 스타로 매일 스트레스를 받던 상태에서 비로소 벗어나게 되자 아기 사자는 건강을 되찾는다. 그러나 동물원의 원장은 평범한 털을 갖게 된 사자에게 실망하여 한탄하고 슬퍼한다. "이래서는 그냥 평범한 사자가 아닌가!"

아이가 평범하다는 것 그리고 또래 아이 대부분이 흥미를 느끼는 대상에 똑같이 흥미를 느끼는 일의 가치를 부모는 이해해야만 한다. 그것은 평범한 아이는 못 하는 일을 할 줄 알거나, 혹은 평범한 아이는 잘 모르는 지식을 알고 있는 것보다도 아이가 행복하게 살아가는 데 있어서 훨씬 더 가치있는 일이다.

* 일본 애니메이션 산업의 기틀을 마련했으며, 일본 만화와 애니메이션의 아버지로 불릴 정도로 오늘날에도 일본에서 사랑받는 만화가이다. 대표작으로 《철완 아톰》, 《밀림의 왕자 레오》, 《블랙잭》 등이 있다.

## 과거에 느꼈던 불만을 부모에게 털어놓다

잔소리가 사라진 부모에게 아이는 이윽고 이런저런 자기 생각을 전달하기 시작한다. 자기가 생각했거나 마음속에 숨겨 두었던 말을 꺼내도 부모가 혼내거나 벌하지 않는 상황이 오면, 부모가 자신의 속마음을 들어 준다는 걸 실감하게 된 아이는 지금까지 부모에게 말하고 싶었지만 차마 하지 못했던 말을 꺼낼 수 있겠다는 기분이 든다. 반대로 말하면 부모 쪽이 아이의 진심을 들을 준비가 되었다는 말이기도 하다.

첫째와 둘째 아이가 어렸을 때 나도 꽤 엄격하게 아이들을 대했다. TV는 일부러 사지 않았고, 당시 굉장한 인기몰이였던 게임기도 사 주지 않았다. 나중에 할아버지와 할머니가 사 준 게임기로 몰래 숨어서 게임하는 현장을 목격하고는 버럭 화를 내며(꾸중이 아니라) 아이들이 보는 앞에서 게임기를 부셔 버린 적도 있었다.

어떻게 하는 것이 아이에게 가장 좋은지를 항상 고민하였고, 매 순간 필사적이었다. 부모가 제대로 아이를 이끌어 주지 못하면 결국 제대로 훈육을 못 받은 아이는 행복해질 수 없다고, 내 마음은 육아에 대한 불안으로 가득했다.

그 후 일을 하면서 나와 비슷한 고민을 가진 부모를 많이 보았다. 그리고 이 책에서 소개한 몇가지 장면은 육아를 하면서 직접 체험하기도 했다.

그러면서 점점 아이를 믿을 수 있게 되었다. 그렇게 아이를 믿는 교육 방침으로 바꾸고 나서부터는 나 자신도 훨씬 더 편해졌고, 아이와 함께하는 시간이 진심으로 즐거웠다. 그런 변화가 찾아왔을 즈음, 우리 집에 이런 일도 있었다.

| CASE |

집에서 아이들에게 지시나 명령 투의 말을 안 하게 된 지 한참이 지났을 때였다. 아직 초등학생이었던 셋째 아들 바쿠와 한창 이야기를 나누고 있는데, 중학생이 된 첫째와 둘째가 옆에서 오래전 일을 회상하듯이 속닥거리기 시작했다.

"우리가 어릴 땐 아빠가 정말로 엄격하셨는데. 심지어 게임기도 부셔 버리고. 근데 아까 봤어? 바쿠가 아빠한테 건방지게 말했잖아. 만약 옛날에 우리가 저랬으면 분명 맞았을걸."

둘이 주고받는 대화를 엿듣고는 왠지 마음이 불편해지고 부끄럽다는 생각마저 들었다. 한참을 엿듣다가 문득 아이들이 이제는 날 용서해 줄 것만 같은 기분이 들었다. 그래서 사과하기로 했다.

"얘들아, 미안하구나. 그땐 이 아빠도 그렇게 하는 게 너희를 위한 일이라고 생각했어. 마음이 많이 아팠지? 미안해."

이렇게 아이들에게 사과를 하고 나니, 마음이 한순간에 편해졌다. 혹시 이렇게 될 걸 미리 알고 아이들이 일부러 기회를 준 건 아닐까?

아이가 과거에 느꼈던 불만을 부모에게 솔직하게 털어놓는 것은 부모가 저지른 실수를 바로잡을 기회를 부모에게 주는 것이다.

이렇게 아이가 부모에게 호소하는 내용을 다룬 책 중에 오노 오사무(小野修)가 쓴 《트라우마 돌려주기 – 아이가 부모에게 마음의 상처를

돌려주러 올 때(トラウマ返し—子どもが親に心の傷を返しに来るとき)》라는 정말 좋은 책이 있다. '트라우마 돌려주기'라는 책 제목이 정말로 기가 막히다. 오랫동안 부모 자식 간의 문제를 분석한 저자의 해석은 의사이자 아빠인 내게 큰 힘이 되어 주었다.

이 책에서는 아이가 과거의 불만을 부모에게 호소할 때 부모가 해야 할 대응에 대해서 이렇게 말한다. '부모는 스스로를 감싸려고 하지 말고, 아이가 그렇게 느꼈다는 사실을 이해하고 받아들여야 한다.' 아이가 불만을 호소하는 것에 대해서도 '정말 잘 말해 주었구나.'라고 생각해야만 한다고도 했다. 육아를 하면서 수많은 실패를 겪어 온 한 아버지로서 그 말이 참으로 맞다고 생각한다.

그리고 부모가 더 이상 명령을 안 하면 집안의 공기도 가벼워진다. 좋은 의미에서 부모와 자식이 대등해지고 아이는 자연스레 자기 의견을 말한다. 자기 의견을 말하려면 우선 머릿속의 생각을 입 밖으로 꺼내야 한다. 그것만으로도 꽤 에너지가 필요하다. 특히 상대가 자기 의견에 동조하지 않을 때도 있는데, 그런 상황을 극복하는 방법과 교섭하는 능력은 언젠가 아이가 자기 자신을 지키는 중요한 힘이 될 것이다.

# 강요하지 않을 때 비로소 성장한다

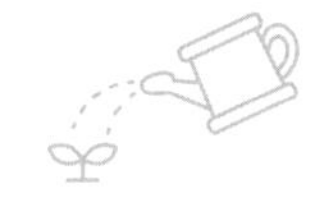

## "공부해!"라는 말을 들어 본 적이 없는 A군

이번에는 '부모가 강요하지 않을 때 비로소 아이는 성장한다.'는 말의 대표적인 사례를 살펴보고자 한다.

일주일에 두 번 주재하고 있는 놀이 동아리의 멤버 A군은 열두 살이다. 초등학교에 들어가기 전부터 축구를 시작했고, 생활의 중심은 대부분 축구이다. 나머지 시간은 만화책을 읽거나 TV를 보고 게임을 한다. A군의 엄마로부터 이런 이야기를 들었다.

| CASE |

A군에게는 나이 차가 많이 나는 남동생이 있다. 밤에 자기 전에 엄마가 남동생에게 공룡 도감을 읽어 주고 있을 때였다. A군은 옆에서 만화책을 읽으면서 무심하게 책 내용을 엿듣고 있었다. 그때 엄마가 "티타노사우루스 화석은 아르헨티나와 인도에서 발굴되었다."라는 대목을 소리 내며 읽었다. 그러자 A군이 "그건 좀 이상하네."라고 반

응했다. 아르헨티나와 인도는 대륙 자체가 상당히 떨어져 있는데 어떻게 똑같은 화석이 나올 수가 있는지 이상하다는 것이었다.

| CASE (이어서) |

또 다른 날이었다. A군은 숙제를 하다가 중얼거렸다. "'가질 취(取)'라는 한자는 참 신기하네. 물건을 잡을 때는 보통 손으로 잡잖아. 그런데 왜 이 한자의 부수 중에 '손 수(手)'가 없지? 왜 '가질 취(取)'는 '귀 이(耳)'랑 '또 우(又)'라는 자로 만들어졌을까?" 궁금해진 A군은 열심히 찾아보았다. 그 결과, '取'라는 한자 속 '又'에 손의 의미도 있다는 사실을 알았다. 또한, 고대 중국에서는 전쟁에서 포상을 받기 위해 증거물로 죽인 자의 왼쪽 귀를 잘랐다는 기록도 알아냈다.

평소에도 A군은 때때로 이런 의문을 느끼면 느닷없이 언급할 때가 많다고 한다.

A군의 부모는 중학교 입시에 관심이 없고, 공부에 특별한 가치를 두고 있지 않기 때문에 "공부해라."라는 말은 일절 하지 않는다. 그래도 숙제만은 스스로 알아서 잘하고 있다.

A군에게는 위로 형과 누나가 있지만, 두 사람은 A군처럼 평소에 공부와 관련된 호기심이나 의문을 표현할 때가 좀처럼 없다고 한다.

A군은 아마도 공부에 소질이 있는 아이일 것이다. 신경질적이고 꼼꼼한 면이 있는 A군의 선천적인 성질과도 상관이 있겠지만, 그뿐만이 아니라 환경의 효과(육아 태도의 영향)도 있다고 생각한다.

환경이라고 해서 부모가 적극적으로 뭔가를 주었다는 의미는 아니다. 오히려 그 반대이다. 부모가 지나친 간섭을 하지 않았기에 A군은 공부에 관해서도 놀이와 TV를 즐기는 감각으로 경계하지 않고 호기심으로 접근할 수가 있는 것이다.

## 스스로 물음을 던질 수 있어야 한다

만약 아이에게 "왜 아르헨티나와 인도에서 똑같은 화석이 나왔을까요?"라고 문제를 냈다고 가정해 보자. 이때 머리가 좋은 아이라면 여러 가지 답을 떠올릴 것이다. 추측하는 능력이 있는 아이라면 "그 공룡은 전 세계에 널리 분포하고 있었다."라고 대답할 테고, 도감을 매일 읽는 아이라면 과거에 인도와 남미 대륙, 남극 등이 하나의 대륙이었다는 내용까지 알고 있을지도 모른다.

그러나 여기에서 주목할 점은 A군은 누군가로부터 질문을 받은 것이 아니라는 점이다. 대화를 하다가 혹은 남에게 이야기를 듣던 도중에 스스로 문제 제기를 한 것인데, 스스로 물음을 던질 수 있는 자세는 공부에 소질이 있다는 것이다.

이런 특성은 공부에만 국한되지 않고 앞으로 변화가 매우 많은 시대를 살아남는 데에 대단히 중요한 힘이 될 것이다.

## 능동적인 아이로 키우기는 쉽지 않다

문제를 내면 바로 정답이 나오는 아이로 키우는 것은 그다지 어려운 일은 아니다. 혼내거나 칭찬하면서 공부를 시키면 지식이 늘고, 또 지식이 늘면 추측하는 능력도 생겨서 모르는 내용에도 정답을 말할 수 있게 된다.

그러나 A군처럼 평소 대화하는 중에 귀에 쏙 들어온 화젯거리에서 공부에 관련된 의문을 품거나, 또 그것을 순수하게 언급할 수 있는 능동성을 키우기란 매우 어렵다. A군의 경우, 부모가 공부를 특별하다고 생각하지 않기 때문에 평범한 대화 중에도 새로운 발견을 하고, 공부에 대해서도 아무렇지 않게 접근하는 것이다.

물론 타고난 성질도 있다고 보이는데, A군의 경우는 부모가 공부를 강요하지 않는 육아 태도 덕분에 현재 이런 특성과 능동성이 성장하고 있다고 생각한다.

이런 특성의 출현은 예를 들어 수학 올림피아드에서 1등을 하는 것처럼 겉으로 명백하게 드러나는 능력이 아니므로 잘 알기가 어렵다. 또한 A군이 장차 중학생과 고등학생이 됐을 때 좋은 성적을 낼 수 있을지 어떨지도 아직은 잘 모른다. 그리고 아이가 좋은 소질을 갖고 있으니 제대로 키워 보자며 부모나 교사가 '이렇게 하는 게 좋다.'면서 섣부른 참견을 시작하면 반대로 잘 안 될 수도 있다.

"재미있는 걸 발견했구나."라고 속셈이 있는 말로 칭찬하는 것도 아마 해만 될 것이다. A군의 지적 호기심은 칭찬을 받아서 습득한 것이 아니기 때문이다. 그밖에도 '이참에 대륙 이동설에 관한 책을 읽으라고 할까.'하는 식의 생각도 역시 이치에 맞지 않는 간섭이라고 할 수 있다.

집 근처 공터에서 채소를 키우고 있는데, 간혹 씨앗을 안 뿌린 곳에서도 불쑥 싹이 돋아나 잘 자랄 때가 있다. 싹을 내느라 고생한 것 같고 불쌍해서, 안전하고 더 넓은 땅으로 다시 옮겨 심어 주었더니 얼마 안 가서 다 시들어 죽어 버렸다. 이때 깨달았다. 이럴 때는 오히려 뿌리를 뽑지도 말고 아예 손을 안 대는 편이 낫다는 것을.

# 아이가 실패했을 때는 애정을 줄 기회이다

## 일부러 흘리는 것이 아니다

어린아이도 네 살쯤 되면 주의력이 생기기 때문에 국그릇이나 물컵을 엎지르는 횟수가 많이 줄어든다.

그러나 그때까지만 해도 아이는 정말로 자주 물건을 엎지른다. 갖고 싶은 물건에 손을 뻗는 중간에 다른 물건도 존재한다는 사실이 아직 손의 움직임에 등록되지 않은 것이다. 이를테면 아이의 손이 아직은 그런 정보까지 알아챌 만큼 똑똑하지 않은 셈이다. 그래서 테이블 모서리 아슬아슬한 곳에 컵을 두거나 손이나 팔꿈치로 툭 건드릴 것만 같은 위치에 그릇을 올려놓아 위태위태해도 대수롭지 않게 생각한다.

흘려도 상관없다는 말이 아니다. 앞에 방해되는 물건이 놓여 있으면 음식을 흘릴 수 있다는 신체의 지식이 아직 없는 것이다. 여러 번 실패를 겪으면서 손을 움직이는 방법과 식기를 놓는 방법에 주의를 집중하기 시작하는데, 그전까지는 아무리 주의를 주고 야단쳐도 쉽지가 않다.

일부러 혹은 부주의해서가 아니라 '할 수가 없는' 것이다. 주의력이 아직 부족한 상태인 것인데, 이 주의력은 키가 크고 새 이가 나듯이 아이가 성장하면서 같이 자란다. 야단을 치고 억지로 가르쳐 준다고 해서 습득할 수 있는 것이 아니다.

어른이 흘리거나 엎지 않는 것은 의식해서 주의하기 때문이 아니라, 일부러 의식하지 않아도 주의력이 작용하기 때문이다. 반복해서 말하지만 아이는 일부러 실패하는 것이 아니다. 아직 제어 능력이 충분하지 않은 것이다. 그런 미숙함을 야단치는 건 아무런 도움도 안 될뿐더러 아이의 자존심을 깎아내린다.

강연에서 이렇게 말하면 "하지만 주의를 주지 않으면 아이는 흘려도 된다고 생각해서 계속 엎질러 버리지 않을까요?"라든지 "음식을 흘리는 걸 아무렇지 않아 하면 결국 음식을 소홀히 하는 어른이 되지 않을까요?"라는 내용의 질문이 항상 나온다.

하지만 이것은 아이의 성장하는 힘을 믿지 못하는 태도이다. 야단을 맞을지도 모르기 때문에 그런 것이 아니라, 아이 자신도 음식을 흘리고 싶지 않다. 음식을 흘리지 않고 잘 먹고 싶다고 생각한다. 야단을 맞지 않더라도 흘린 것 자체가 아이에게는 유감스러운 일이고 벌이다.

그런데 부모가 계속해서 관여하면 곤란한 사람은 아이가 아닌 부모가 되는 셈이다. 그렇게 되면 결국, 아이는 자신의 실패를 스스로 인식하고 받아들이는 기회를 방해받게 된다.

아이 역시 똑바로 잘할 수 있게 되고 싶다고 항상 생각한다는 사실을 믿을 필요가 있다. 부모가 그렇게 믿어 주면 아이는 잘 이해한다. "부모가 날 믿고 있어."라고 이해할 뿐만이 아니라, "내게는 그럴 만한 힘이 있어."라는 자신감도 갖게 된다.

부모가 이끌어 주지 않아도, 명령을 하지 않아도, 칭찬해 주지 않아도 아이는 자기 자신을 위해서 능숙하게 잘하고 싶다고 생각하며, 계속 행복해지고 싶어 한다.

### 아이에게 애정을 줄 절호의 기회

물건을 자주 깜빡 잊어 먹듯이, 오줌 싸기도 아이가 흔히 저지르는 실수다. 아이가 오줌을 쌌을 때 부모가 해야 할 대응은 "괜찮아."라고 다정하게 말하면서 소란 피우지 않고 대수롭지 않은 일처럼 치우는 것이다. 아이가 부주의해서 실패한 것이 아니다. "자기 전에 네가 물을 너무 많이 마셨기 때문이잖아!"라든지 "화장실에 한 번 다녀오고 나서 자라고 했지?"라고 탓하는 행동은 매우 유해하다.

아이는 스스로 배설하는 타이밍을 배워 가야 한다. 자기 전에 물을 마셔도, 화장실에 미리 안 가도 시간이 흐르고 때가 되면 아이는 더 이상 오줌을 아무 때나 옷에 싸지 않는다.

아이가 오줌을 바지에 그냥 싸도 이러쿵저러쿵 안 좋은 잔소리를 하지 말고, 다정하게 치워 주는 행동이 아이에게 애정을 표현하는 절호의 기회가 된다.

아무리 어린아이라도 부모가 그런 식으로 애정을 보여 준 것은 꼭 기억한다. 물론 기억한다고 해서 "그날 바지에 오줌을 쌌을 때 잔소리도 안 하고 치워 줬어."라고 구체적으로 그때 일을 말로 표현할 수 있는 것은 아니고, 사건의 이미지(밤에 침실의 광경, 쌀쌀함과 오줌에 젖은 옷이나 이불의 감촉, 냄새 등)와 그때 느꼈던 기분이나 감정(부모가 보살펴 줄 때의 태도나 말에서 느낀 안도감 등)으로 막연하게 기억한다.

그런 기억은 아이가 어른이 되고 자기 자식도 똑같이 오줌을 싸는 순간에 무의식에 되살아날지도 모른다. 그런 의미에서 볼 때 부모에서 자식으로 이어지는, 시간과 세대를 뛰어넘은 애정과 선물이라고도 할 수 있을 것이다.

## 엄마에게 여유가 없으면 아빠가 나선다

육아는 주로 엄마가 떠맡게 되는 가정이 많을 텐데, 혹시 엄마가 지쳐서 다정한 태도를 유지할 여유가 없다면 아빠가 나설 차례이다. 지친 몸으로 퇴근해서 깊이 잠들어 있는 한밤중에 아이가 "이불에 오줌을 쌌어요."라고 작은 소리로 말한다. 아빠는 힘겹게 자리에서 일어나지만, 다정하게 아이의 옷을 갈아입히고 일단 응급 처치로 아이를 목욕 수건으로 감싸서 자리에 눕힌다. 그 다음에는 이불과 파자마, 팬티를 목욕탕에서 손빨래한다.

이처럼 손가락이 얼 정도로 차가운 물에 손빨래했던 수많은 겨울밤을 나는 지금도 기억한다. 그래도 '아이에게 애정을 보여 줄 기회를 주셔서 감사하다.'는 마음을 느꼈다. 물론 몸은 힘들었지만, 아이가 오줌을 싼 장면에서 묘하게 따스한 행복감마저 느껴졌었다. 어쩌면 내가 어릴 적에도 이런 비슷한 상황을 겪었고, 그때 부모님이 다정하게 대해 주셨던 기억이 어렴풋이 되살아났기 때문인지도 모르겠다.

그릇을 엎었을 때도 마찬가지이다. 너무 호들갑을 피우지 말고 아이에게 괜찮다는 말을 하면서 그냥 닦으면 된다. "그것 봐라. 내가 분명 흘린다고 말했지!"라고 야단치는 것은 부모의 자기 보호(='공격자와의 동일화'. 229p 참고)가 나타난 것이다. 일부러 한 것도 아닌데 아이는 야단을 맞았기 때문에 불만을 느낄 것이다. 게다가 그로 인해 아이가 '먹는 행위'를 싫어하게 된다면 향후 인생에서 만끽할 큰 기쁨을 빼앗아 버린 셈이리라.

잔소리를 계속 하면 아이의 자존심과 적극성은 제대로 자라지 못한다. 그리고 의사이자 카운슬러로서 강조하자면, 미처 성장하지 못한 자존심과 적극성을 회복하는 것은 정말로 어렵고 힘든 일이다. 특히 이유가 없는데도 낙관적이거나 적극적인 사람, 반대로 특별한 이유가 없는데도 비관적이거나 소극적인 사람의 차이점은 선천적인 부분이 큰 관련이 있을 수도 있지만 부모가 사람을 어떻게 대하는가도 관계가 있다고 생각한다.

본래 아이가 가진 낙관성이나 적극성을 한번 상실해 버리면 회복하는 데 필요한 에너지와 비용은 바닥에 흘린 국그릇을 치우는 고생과는 비교할 수도 없을 만큼 클 것이다. 실패한 아이에게 무심코 잔소리를 쏟아 내고 싶어질 때는 이 사실을 떠올려 보길 바란다.

# 화장하고 꾸미는 것은 스스로를 지키기 위함이다

## 퇴행은 다시 수정할 수 있는 기회

| CASE |

등교 거부 중인 여고생. 중학교 때까지는 성실하고 얌전한 아이였다. 고교 입시에서 부모가 추천한 학교에 지원했지만 전부 실패했다. 그래도 떨어질 것을 대비해 시험을 본, 한 단계 낮은 고등학교에 합격했지만, 입학하고 한 달쯤 지난 5월 무렵부터 아침에 일어나지 못했다. 잠시 양호실에 등교하기도 했지만, 결국 등교 거부를 하게 되었다. 집에서는 가끔 청소나 설거지를 돕고 있다. 시종일관 학교는 안 가겠다고 우기는 딸이 무슨 이유로 학교에 안 가려고 하는지 그리고 아이가 어떤 마음인지에 대해서 엄마는 무관심하다. 의사가 물어도 "저는 잘 모르겠어요."라고만 대답한다.

등교 거부 상담을 하다 보면 흔히 보는 사례인데, 이 엄마도 딸이 학교에 가려고 하지 않는 이유에 대해서 "모릅니다."라고 막연하게 대답했다. 고민하는 모습은 전혀 없었다. 이 엄마에게 등교 거부란 있어서는 안 될 실수이며, 이 실수는 반드시 당장에라도 해소될 수 있다고 확신한다는 느낌을 받았다.

고등학교도 부모가 원하는 곳으로 결정했고, 원래 얌전한 아이라는 사실을 보더라도 이번 등교 거부 사태는 최초로 딸이 부모의 기분에 거스르는 행동을 함으로써 자기 의사를 표시한 일이라고 생각한다.

이 사태에 대해서 엄마는 부정의 방어(184p '불쾌한 현실을 받아들이기 힘들다' 참고)를 취하고 있었다. 아이의 마음에 대해서 질문을 많이 해봤지만, 시종일관 "어쨌든 학교에 보내고 싶습니다."라는 말만 고집했다.

| CASE (이어서) |

이 엄마는 집에만 있는 딸의 일상을 다음과 같이 묘사했다.

"우리 애는 절대로 혼자 못 자요. 혼자 자면 무서우니까 제 손을 꼭 잡고 잠듭니다. 게다가 화장실 갈 때도 복도가 무섭대요. 별로 큰 집도 아니고, 고작 몇 걸음만 걸어가면 되는데도 복도가 무서운 모양이에요. 그래서 화장실 갈 때는 저더러 같이 가 달라고 부탁해요. 밖에 쇼핑하러 나갈 때도 제 손을 잡으려 하구요."

엄마는 딸의 이런 행동을 신기해했다. '부모와 자식의 이별'(100p)에서 설명을 했는데, 아이가 자기 주장을 하는 것은 부모로부터의 자립을 의미한다. 자립은 기본적으로 기분 좋은 일이며 아이에게 바람직한 현상이지만, 동시에 부모와 떨어지는 데 대한 불안감도 커진다. 처음으로 등교 거부를 통해 자기 주장을 한 이 딸은 부모로부터 떨어져서 자립하는 데 불안감을 느꼈기 때문에 거꾸로 유아기의 아이처럼 행동하면서 부모를 요구하고 있는 것이다.

이럴 때는 아이의 행동을 놀리거나 못하도록 막으면 안 된다. 나이를 먹고 덩치가 커졌어도 이른바 퇴행한 상태다. 자신이 성장하는 도중에 미처 극복하지 못한 과제를, 다시 한 번 유아기 시절로 돌아가 수정하고 있는 것이다.

이것은 반대로 부모에게도 기회가 될 수 있다. 아이가 어릴 때 필요한 만큼 실컷 응석부리지 못했던 것을, 다시 한 번 과거로 돌아가 수정할 수 있는 기회를 얻었다고 생각하자.

'엄마는 자식을 떠나보내기 위해 존재한다'(144p)에서도 설명했지만, 아이가 자립하기 위해서는 우선 '하고 싶은 대로 맘껏 할 수 있게' 해 주어야 한다. 아이는 본능적으로 자신의 부족한 점을 안다. 부모는 아이의 본능과 한 인간으로서 가진 힘을 믿고, 아이를 받아들여야 한다.

또한, 이런 일시적인 어리광이나 퇴행은 아무런 문제가 없는 아이에게도 자주 나타난다. 부모가 아이의 유년기를 그리워하듯이, 그냥 다정하게 대해 주면 좋다. 다시는 돌아갈 수 없는 과거의 시간에서 유년기 시절의 아이가 타임슬립을 하고 현재로 만나러 와 주었다고 상상해 보는 것이다. 이때를 매우 귀중한 기회라고 생각하며, 즐거운 마음으로 임해 보자.

## 꾸미는 데 흥미를 보이는 것은 좋은 징후

| CASE (이어서) |

딸은 처음에는 혼자서 외출도 못 하다가, 지금은 종종 패션잡지를 사러 나가기 시작했다.

"지금까지는 서점에 가도 패션잡지 코너는 저랑은 상관이 없는 곳이었어요. 가 볼 수가 없었죠." 딸이 엄마에게 한 말이다.

그밖에도 그동안 별로 신경 쓰지 않았던 외모 가꾸기에 흥미를 보였다. 머리를 염색하고 싶다, 화장품을 사고 싶다, 하지만 뭘 사야 할지 잘 모르니 엄마도 같이 가 달라 부탁했다. 용돈도 달라고 요구하기 시작했다.

이런 변화가 나타나기 시작하면 좋은 징후라고 사전에 엄마에게 조언했기 때문에 엄마도 지금까지와는 다른 아이의 다양한 요구를 받아줄 수가 있었다.

이처럼 등교 거부 혹은 은둔형 외톨이인 여자아이의 경우, 부모의 불필요한 간섭이 사라지고 바깥 세계로 시선이 향하기 시작하면 화장이나 패션 등 외모 가꾸기에 관심을 쏟기 시작하는 일이 많다.

이는 당사자가 바깥 세계로 나가는 것을 의식하기 시작했다는 증거이다. 화장하고 꾸미는 것은 '방어'의 의미도 있어서, 타인과 바깥 세계로부터 자신을 지키기 위한 행위이기도 하다.

그런데 이 엄마는 어릴 때, 외모를 가꾸는 걸 싫어하고 매우 엄격하게 훈육하는 어머니 밑에서 자랐다고 한다. 그래서 부모 몰래 화장품이나 옷을 사야만 했다.

아이 역시 다른 사람들과 마찬가지로 사회에서 살아가기 위해서는 외모도 꾸미면서 스스로를 지킬 필요가 있다. 아이에게 일정한 자유를 주면, 용돈을 써서 원하는 시간에 가고 싶은 장소에서 갖고 싶은 물건이나 옷을 살 것이다.

부모가 볼 때는 취향도 나쁘고 불필요한 낭비일지도 모르지만, 아이에게는 중요할 수 있다. 또한, 아무리 불필요한 쇼핑을 해도 그 사실을 깨닫는 사람이 아이 자신이 아니라면 의미가 없다.

아이가 용돈으로 문제집이나 참고서를 사 오면 부모는 정말로 좋은 쇼핑을 했다고 생각한다. 반면, 머리를 염색하거나 화려한 옷을 사 오면 쓸데없는 데 돈을 썼다면서 해서는 안 될 일을 한 것처럼 간주한다.

그러나 또래들과 비슷한 대상에 흥미를 느끼고 화장하고 외모를 가꾸는 일에 관심을 갖는 일은 공부를 통해서 얻게 되는 것과 마찬가지로 분명히 아이의 인생에 필요하다.

# 충동을 제어하는 힘은 어떻게 자라나?

## 응석을 마음껏 부렸다면 나중에 자제도 가능하다

'응석을 마음껏 부렸던 아이가 그렇지 못한 아이보다 훨씬 더 충동과 욕구를 스스로 조절할 수 있게 된다.'라는 말이 있다. 이것은 언뜻 보면 말이 안 되는 것 같다.

응석을 받아 주지 않고 아이의 충동과 욕구를 부모가 강하게 억제하면, 아이는 겉으로는 얌전해진 것처럼 보인다. 그러나 이는 부모에게 야단을 맞지 않기 위해 일부러 충동이나 욕구를 느끼지 않으려고 자제한 것뿐이다. 이 때문에 아이는 충동과 욕구를 스스로 어떻게 억누르면 좋은지를 배울 기회를 빼앗겨 버린다. 그러면 결과적으로 아이의 적극성과 호기심은 성장하지 못한다.

평소에 '멍해 보인다.'라는 말을 듣는 아이(주의력 결핍 과잉 행동 장애 진단을 받았을 수도 있다.)들 중에는 부모의 억압과 엄격한 훈육을 받아온 아이가 적지 않다. 이런 아이는 성장하고 나서 욕구와 충동이 나타날 때 아무래도 경험이 부족한 탓에 행동과 표현이 지나칠 때가 있어서 문제를 일으키기도 한다.

이를 막으려면 부모는 아이의 욕구 표현과 충동성을 부드럽게 받아주고 지켜봐야 한다. 그것이 매우 중요하다. 아이는 충동적인 행동의 장점(자기 뜻대로 된다, 당장 결과를 얻을 수 있다)과 단점(물건이 부서진다, 또래 친구와 가족에게 불쾌한 감정을 느끼게 한다)을 여러 차례 경험하는 동안, 점점 자신의 충동과 욕구를 억누르고 조절하는 방법을 배워 간다.

## 아이는 모두 충동적이다

어른과 비교하면 아이는 모두 충동적이다. 어떤 생각이 떠오르면 당장 행동으로 옮기고 싶어 한다. 보는 시선에 따라서는 차분하지 않고 주의가 산만해 보이지만, 이는 성장 과정의 아이에게는 매우 중요한 특성이다.

| CASE |

네 살 남자아이. 잠자기 전에 그림책을 읽다가 토끼가 깡충깡충 뛰고 있는 그림을 보자 자기도 토끼처럼 뛰어 보겠다면서 이불 밖으로 뛰쳐나가 여러 번 깡충깡충 뛰다가 돌아왔다.

| CASE |

역시 네 살 남자아이. 어린이집에 가려고 현관을 나서는데 갑자기

카드 게임을 떠올렸다. 나가기 전에 꼭 카드를 보고 싶다고 고집을 부렸지만, 부모는 회사에 지각할까 봐 저녁에 집에 와서 보면 된다고 말한다. 그러자 아이는 큰 소리로 엉엉 울기 시작했고, 그런 아이를 부모는 억지로 어린이집에 데리고 간다.

발달심리학의 관점에서 설명하자면, 아이가 즉시 행동하려고 하는 것은 기억의 작용이 미숙하다는 점과도 관계가 있을 것이다. 어떤 이미지가 머리에 떠올라도 아이는 그것을 오래 유지하기가 아직 힘들다. 그 이미지에서 유발되는 행동을 하고 싶은 욕구가 생겼을 경우 당장 행동하지 않으면 곧 사라져 버린다. 아이는 그 사실을 잘 알고 있기 때문에 생각이 떠오르면 곧바로 행동하는 것이다.

조금 전 사례에서 아이가 토끼처럼 깡충깡충 뛰는 것도, 카드를 보는 것도 사실 그리 대단한 일은 아니다. 하지만 뜻대로 하게 해 주지 않으면 아이에게는 불만으로 남을 것이다.

물론 부모는 합리적인 설명으로 아이의 행동을 제어한 사실을 정당화시킬 것이다. 그러나 그런 구실은 아이에게 통하지 않는다.

아이에게는 대단히 중요하고, 정말로 하고 싶었던 일이다. 그런데 부모가 무조건 참으라고 하니 불만이 생길 테고, 경우에 따라서는 조금 과장된 표현이지만 자존심과 자기 효능감*에 영향을 미칠지도 모른다. 애초에 지각할 수도 있는 상황에서 느닷없이 카드를 보고 싶다고 조르는 아이의 행동은 이기적이고 민폐로 보이지만, 처음부터 아이가

* 자기 효능감(self-efficacy)은 과제를 끝마치고 목표에 도달할 수 있는 자신의 능력에 대한 스스로의 평가를 말한다.

악의를 가지고 부모를 골탕 먹이려고 한 일은 아니다.

그렇다고 해서 무조건 아이의 요구를 받아 줘라, 직장에 지각하는 한이 있어도 카드를 다 볼 때까지 아이를 기다려 줘라, 이렇게 말할 생각은 없다. 다만, "카드를 보고 싶구나? 근데 지금은 출발하지 않으면 안 되니까 나중에 보자꾸나."라고 다정한 말투로 아이에게 설명하면, 잠깐은 울겠지만 딱 잘라 야단치면서 강제로 끌고 가는 것하고는 큰 차이가 있다.

아이의 마음을 이해하는 일 그리고 경우에 따라서는 아이의 뜻과 상반된 일을 시키고 말았구나 하고 자각하는 일도 중요하다.

## 억눌렀던 충동이 나타나는 경우

그런데 부모에게 학대받는 아이와 애정을 받지 못하는 아이에게 부모 이외의 어른이 다정하게 대하면 처음 얼마간은 괜찮다가 이윽고 아이가 제멋대로 굴면서 곤란한 상황에 빠질 때가 종종 있다.

| CASE |

초등학교 2학년 여자아이. 엄마와 단 둘이 살고 있는데 엄마가 퇴근하고 돌아올 때까지는 집 안에 들어가지 못해서 빌라 현관 앞에 쭈그려 앉아 기다릴 때가 많았다. 급식이 없는 날은 점심도 굶고, 저녁까지 아무것도 못 먹는 날도 있었다. 이를 보다 못한 이웃집 주민이 자

기 집에 데려가서 저녁을 먹였다. 여자아이는 처음에는 사양도 하고 주저하기도 했는데, 며칠 동안 계속 그런 일이 반복되자 어느새 제멋대로 이웃집 안에 들어가서 냉장고 문도 마음대로 열어 먹을 걸 찾기까지 했다. 차려 준 밥상도 처음에는 맛있게 먹었는데, 지금은 우동을 주면 싫다고 거부하고, 푸딩을 먹고 싶다는 등 뻔뻔한 태도로 불평하고 요구를 하는 지경에 이르렀다.

부모로부터 충분한 애정을 받지 못한 아이는 비로소 자기를 받아 주는 환경이 나타나면 자신의 욕구와 충동을 표현하기 시작한다. 이런 아이는 대인 관계가 서툰 경우도 많기 때문에 갑자기 허물없이 구는 아이의 태도에 어른은 당혹스러울 수 있다. 측은한 마음에서 친절하게 대해 준 어른의 입장에서는 "정말 뻔뻔한 아이구나.", "역시 부모한테 교육을 잘못 받았구나."와 같은 느낌을 가질지도 모른다.

그러나 이 사례의 여자아이는 처음으로 안심한 상태에서 응석을 부리고 있다. 즉, 지금까지 한 번도 응석을 부려 본 적이 없기 때문에 어떤 식으로 어른을 대해야 하는지, 자기 마음을 어떻게 표현해야 타인을 불쾌하게 만들지 않는지 잘 모르는 것이다.

본래는 자기 부모와의 사이에서 욕구를 표현하고 그것이 이루어지는 경험을 쌓는 것이 옳다. 하지만 현실적으로 불가능한 경우도 많을 것이다. 이럴 때는 부모 이외의 어른이 이 사실을 잘 이해하고, 다정하게 아이를 대해 주면 좋다.

물론 내 자식도 아닌 남의 집 아이에게 이렇게까지 각오하고 대하기란 아마 대부분의 사람은 불가능할 것이다. 그러나 내 자식에게라면 가능하지 않을까? '지금 이렇게 제멋대로 굴지만, 지금 이 아이에겐 필요한 것이다.', '그냥 아무 이유도 없이 제멋대로 구는 것은 아니다.' 이런 생각을 가지고 대한다면 받아 줄 수 있을지도 모른다. 부모 말고 누가 이런 일을 해 주겠는가?

여하튼 부모가 아이를 받아 주면 안심한 아이는 자기 욕구를 표현하고, 그것이 이루어진 아이는 친구와의 관계나 어른이 된 후의 대인 관계에서도 자신의 요구를 잘 전달할 수 있다. 또한, 상대의 요구를 들어주거나 상대의 기분을 해치지 않게 거절할 줄도 안다.

학대까지는 가지 않아도 그때까지 아이를 엄격하게 대하던 부모가 아이의 등교 거부와 자해 등을 계기로 상담을 시작하면서 조언을 듣고, 아이를 받아 주는 자세로 대하면 이윽고 아이에게 충동성이 나타난다. 이때 부모는 그때까지 없었던 형제 간의 충돌과 갑자기 시작된 제멋대로 구는 태도에 직면하면서 '역시 엄격하게 훈육하지 않으면 아이 태도가 점점 나빠질 거야.'라고 불안해질 수도 있다.

그러나 이런 아이의 변화는 필요한 것이자 좋은 징후이다. 좀 더 어릴 때 자기 마음을 주장하고, 그 결과로 상대가 어떤 반응을 보이는지 그리고 자신은 어떻게 느꼈는지와 같은 체험을 충분히 하지 못했을 것이다. 아이는 그것을 마치 '보충을 받듯이' 체험하고 있다. 부모는 그 점을 확실히 이해하고 아이를 대할 필요가 있다. 부모가 제한하지 않으면 아이는 스스로 시행착오를 반복하면서 상대와 바깥 세계와의 관계 속에서 자기 힘으로 자신에게 필요한 제한을 만들기 시작한다. 그 제한은 바깥 세계가 커져 갈수록 더욱더 적절한 것으로 변화하고 성장한다.

다시 한 번 말하지만, 아이의 충동적인 행동을 전부 받아들여야 한다고 말하는 게 아니다. 아이의 행동을 그저 제한만 하지 말고, '지금 이 아이는 자신의 한계가 어디까지인지를 직접 알아 가고 있는 중'이라는 마음으로 대하는 일이 중요하다는 것이다.

## 일찍 철이 든 아이일수록 문제 있는 경우가 많다

한편, 언뜻 볼 때 꽤 어른스럽게 커뮤니케이션에 능숙한 아이가 사실은 문제를 안고 있는 경우도 있다.

| CASE |

초등학교 3학년인 A군은 현재 조부모, 부모와 같이 살고 있다. A군은 집에서 엄격하게 훈육을 받고 자라서 인사성이 좋다. 어른과 대화도 잘 나누는 편이다. 선생님이나 친구 부모님한테도 무서워하지 않고 말을 잘한다. 하루는 집에서 조금 떨어진 시골로 몇 가족이 모여서 다 같이 놀러 나갔다. 아이들끼리 산책하러 갔다가 동네 조그만 가게 안으로 들어갔다. 한가로운 시골이라서 그런지 가게 안에는 주인이 없었다. 다른 아이들은 주인이 없어서 계산을 할 수가 없으니 그냥 밖으로 나갔는데, A군만 "계세요? 아무도 안 계세요?"라고 똑 부러진 목소리로 가게 안쪽을 향해 주인을 불렀다. 하지만 역시나 대답이 없다. 그러자 A군은 작은 목소리로 친구들에게 이렇게 속삭였다. "지금 조용히 과자를 갖고 나가자. 아무도 없으니 들키지 않을 거야."

엄격한 훈육을 받은 A군은 어떻게 상대에게 말을 걸어야 하는지를 배워서 잘 알고 있다. 그러나 A군의 입에서 나오는 아이답지 못한 인사말과 어른스러운 말투는 A군 자신의 어린 욕구를 표현할 수 있는 것은 아니다. 이런 식의 표면적인 커뮤니케이션에는 능숙해도 아이다운 욕구는 표현할 기회가 없는 채로 미숙한 상태에 머물러 있다.

언뜻 보면 A군은 상대와 소통을 잘하는 아이로 보일지도 모른다. 그러나 나이를 먹을수록 사람들과 더욱 사실적인 커뮤니케이션이나 교섭, 상담을 하게 될 텐데, 본인의 진심을 표현하는 체험이나 능력이 부족하다는 것이 꽤 결정적인 문제가 되어 나타날 수도 있다.

### 부모와의 관계는 타인과의 관계로 이어진다

어린 시절 부모에게 일방적으로 억압받고, 시키는 말만 듣고 자란 사람은 어른이 되어 부모 이외의 타인과의 관계에서 많은 문제가 생긴다. 본인의 사정이나 마음보다 상대의 요구를 우선시하는 버릇 탓에 문제가 생기기 쉬운 것이다.

이런 타입의 사람은 자기 요구를 상대에게 전하는 데도 큰 곤란을 느낀다. 정당한 요구를 하는 데도 주저하며, 심지어 상대에게 애교를 부리는 일은 거의 불가능할 정도로 어려운 일이다.

이런 타입 사람의 대인 관계는 친한 친구나 배우자, 자식과의 관계에서도 다양한 문제를 초래한다. 그 결과, 대인 관계를 어려워하고, 타인과 시간을 보내는 데 굉장한 피로감을 느끼는 어른이 될지도 모른다.

이런 힘든 인생을 아이가 살아가지 않도록 하기 위해서는 아이에게 부모의 마음을 알아달라고 할 것이 아니라, 부모가 아이의 마음을 먼저 헤아려 주는 것이 중요하다.

# 집에서는 편안히 지낼 수 있게 한다

## 집에서는 편안히, 밖에서는 열심히

아이가 공부에 매진하는 것을 가장 중요한 목표로 삼은 부모는 아이가 집에 있을 때 어떻게 하면 공부 시간을 늘릴 수 있는지에만 신경을 쓴다. 이런 분위기로는 아이는 집에서 편안하게 지낼 수가 없다.

온 가족이 가정에서 지향하는 가장 중요한 목표를 '우리 집은 편안하게 쉬는 공간이다.'라고 결정하면, 부모와 아이 모두 마음이 훨씬 더 편해진다. 아이가 집을 편안한 공간으로 인식하면 바깥 세계로 나갈 원동력이 될 뿐만 아니라, 학교에서 다소 힘든 일을 겪는 순간에도 기운을 잃지 않고 잘 지낼 수 있다.

이 목표를 놓치지 않으려면 우선 부모가 욕심을 부리지 않는 것이 중요하다. 아이가 자기 신변의 일을 잘 처리하고, 인사성도 밝고, 규칙적인 생활 습관이 몸에 배어 있다면 부모로서 이보다 더 좋은 일은 없을 것이다. 하지만 어디까지나 집은 편안히 지낼 수 있는 장소임을 최우선으로 생각하면서, 아이에게 너무 많은 것을 강요하지 말자.

## 교복을 치워 주다

실제 우리 집에서 있었던 일을 소개하고자 한다.

| CASE |

첫째, 둘째, 셋째가 각각 고등학생, 중학생, 초등학생이었을 때의 일이다. 퇴근하고 집에 돌아와 보니 현관에 초등학생인 셋째의 책가방과 노란 모자가 뒹굴고 있었다. 바로 그 앞에는 중학생인 둘째의 교복 바지와 양말도 바닥에 뒹굴고 있었다. 이번에는 거실로 들어가자 소파 앞에 고등학생인 첫째의 교복 바지가 뒤집힌 채로 바닥에 있었고, 저만치에는 양말, 소파 팔걸이 위에는 아이스크림 빈 봉지가 버려진 채로 있었다.

아내는 이대로 아이들을 내버려 뒀다가는 자기가 벗은 옷도 직접 못 치우고 버릇만 나빠질 것 같다며 걱정했고, 아이들의 교복을 치워 주지 않았다. 물론 나도 아이들 스스로 옷을 정리하는 편이 낫다고 생각한다. 그래서 예전에 아이들에게 여러 번 주의를 준 적도 있다. 그러나 주의를 주어도 결국 이삼 일이면 도루묵이었고, 현관의 풍경은 여전히 변함이 없었다.

그래서 현관 벽에 옷을 걸 수 있도록 상하 두 줄로 나누어 몇 개씩 옷걸이를 박았다. 그리고 퇴근하고 집에 들어가자마자 아이들 옷이 보이면 책가방과 모자를 아래 줄에 걸고, 둘째와 첫째가 벗어 놓은 뒤집힌 교복 바지를 다시 원상태로 복귀시킨 다음 옷걸이 위 줄에 건다. 그 다음에는 양말은 세탁기 안에, 아이스크림 빈 봉지는 쓰레기통에 넣는다.

이런 일을 처리하는 데 걸리는 시간은 고작 2, 3분 정도이다. 일을 마치고 지친 상태로 집에 귀가한 나처럼 아이들 역시 피곤한 것은 마찬가지이다. 아이들도 학교에서 지쳤을 테니, 집에 오면 편안하게 쉬고 싶을 것이다. 그래서 정리정돈을 그냥 내가 할 일이라고 생각하면서 묵묵히 하고 있다. 자못 아이들에게 은혜를 베푸는 것처럼 행동하거나 감사하는 말을 요구하지도 않는다.

만약 매번 아이들에게 치우라고 똑같은 잔소리를 되풀이한다면 결국 스트레스를 받는 아이들에게 '집은 편안히 쉬는 곳'이 아닐 것이다. 그래서 그냥 내가 담담하게 치우려고 한다.

물론 현실적으로는 힘든 상황도 많다.

예를 들면 최근 쉬는 날에 있었던 일이다. 날씨가 화창한 날이었는데 고등학생이 된 둘째가 오전 내내 TV로 오락 방송만 보고 있었다. 그걸 보고 "영어 공부 좀 해라. 미리미리 공부해 두면 나중에 도움이 되잖아." 또는 "지금 네 머리로 공부하면 쉽게 암기할 수 있는데 이렇게 노는 시간이 너무 아깝지 않니?"라고 아이에게 말하고 싶어졌다.

'아무리 편안하게 쉬는 것도 중요하다지만, 이대로 이 녀석을 내버려 두는 게 과연 옳은 일일까? 부모로서 해야 할 일을 놓치고 있는 건 아닐까? 나중에 후회하게 되면 어떡하지?' 이런 갈등도 했다.

그러다가 이런 생각이 들었다. “휴일에 출근해서 일하면 월급을 더 주겠소.”라든지 “논문을 지금보다 더 많이 쓰면 출세할 수 있소.” 누군가가 내게 이런 잔소리를 한다면 상상만으로도 정말로 지겨울 것만 같았다. 비록 그 말이 나를 생각해서 충고해 준 말이라고 해도 말이다.

“아, 오늘 하루만이라도 제발 느긋하게 쉬게 해 달란 말이다.”, “하고 싶어지면 그때 직접 할 거야.” 어쩌면 이런 식으로 대꾸해 버릴지도 모르겠다.

아이도 나와 비슷할 것이다. 그렇지만 한편으로는 ‘정말로 이래도 괜찮은 걸까?’ 하고 늘 고민도 하면서 잔소리를 꿀꺽 삼키고 있다.

## 아이를 너무 봐주는 게 아닐까?

똑바로 훈육을 못 받아서 학교에 안 가려고 하는 것이다, 라고 임상이나 교육 현장을 잘 모르는 사람은 생각할지도 모른다. 그러나 실제로는 등교 거부를 하는 아이들일수록 훈육을 너무 잘 받은 아이가 많은 것 같다.

또한, 지금까지 등교 거부나 은둔형 외톨이인 아이의 문제로 만난 부모들은 아이가 어릴 때부터 엄격하게 훈육하면서 정리정돈을 깔끔하게 시키거나, 잘 안 치우면 매일 똑같은 잔소리를 반복하는 일이 많았다. 그래서 호되게 야단친 덕분에 그때만 잘 치운다고 해서 반드시 좋은 결과를 얻는다고 볼 수는 없다는 걸 나는 잘 알고 있다. 그렇기 때문에 될 수 있다면 아이 뜻대로 하게 해 주고 싶다고 결정하고, 흔쾌히 실천해 보는 것이다.

혹시 아이를 너무 봐주는 건 아닌가, 과연 그래도 괜찮을까, 이런 우려를 하는 사람도 있을 것이다.

사실 '이렇게 하면 된다.'는 확고한 자신감을 갖고 아이들의 옷을 치워 주는 것은 아니다. 그러나 적어도 이렇게 마음을 먹으면 부모는 초조하고 짜증 나지 않을 수 있고, 그것 때문에 아이와의 관계가 나빠지는 일도 없다. 게다가 형제들 간에 부모를 배려하거나 심부름 혹은 돕는 문제로 서로 투덕대다가 사이가 나빠지는 일도 줄었다.

아이를 믿는다는 것은 언젠가 잔소리를 하지 않아도 직접 옷을 치울 수 있게 될 거라고 믿는 것이 아니다. 홀로 살기 시작하면 치울 수 있게 될 것이라고 믿는 것하고도 다르다. 하물며 언젠가 부모에게 감사할 것이라고 믿는 것도 아니다. 그러면 무엇을 믿는 걸까? 바로 이 아이는 애정을 줄 만한 가치가 있는 사람이라고 믿는 것이다.

아이들이 언젠가 독립해서 이 집을 나갈 때까지 쭉 교복을 여기저기 벗어 둔 채로 있을지 모르고 반대로 조만간 스스로 치우게 될지도 모른다. 어느 쪽이든 상관이 없다. 아이들이 이 집에서 편안하게 지내고 즐겁게 지내는 것, 그것이야말로 내가 바라는 일이기 때문이다.

# 아이만의
# 속도로

## 너무 가르치려고만 하는 어른들

종종 동네 수영장에 아이를 데려간다. 여름방학 같은 시기에는 아이 친구도 같이 데리고 가는데, 아이들끼리 대략 두세 시간은 거뜬히 잘 논다.

그런데 수영장에 가 보면 아이를 가르치려 드는 부모를 자주 본다. 대개는 아이가 헤엄치는 걸 지켜보다가 자꾸만 지시를 한다. "상당히 좋아졌구나.", "이제 이 점만 고치면 좀 더 좋아질 거야."라는 적극적인 말투로 지도한다. 모처럼 쉬는 휴일을 아이의 수영 코치로 고군분투하고 있으니 좋은 부모라고는 생각한다.

그러나 부모가 너무 아이를 가르치지 않는 편이 좋다고 믿는다. 아이도 부모에게 가르침을 받기보다는 차라리 그 시간에 친구랑 장난치면서 맘껏 놀고 싶지 않을까? 내가 아이라면 다른 아이들이 즐겁게 놀고 있는 장소에서 자기만 부모랑 단 둘이서 열심히 훈련하는 것은 정말로 즐겁지 않은, 솔직히 말해서 상당히 괴로운 상황일 것 같다.

수영을 한 적이 있는 나는, 아이들이 수영하는 모습을 보다 보면 '이런 점을 고쳐 주면 수영 실력이 좀 더 향상될 텐데.' 하고 항상 생각한다. 하지만 그럼에도 절대 가르쳐 주지는 않는다.

아이 스스로 진심으로 빨리 헤엄치고 싶다고 생각하면 방법을 가르쳐 달라고 부탁할 테고, 혹은 수영을 잘하는 친구의 동작을 흉내 내면서 스스로 터득할 수도 있다.

중요한 점은 부모가 가르쳐서 잘하게 만드는 것이 아니라, 아이가 빨리 헤엄치고 싶은지 어떤지를 스스로 결정할 자유를 소중히 여기는 것이다. 달리 말하면 '수영을 못 해도 괜찮은 자유'를 존중하는 일이기도 하다.

그런데 수영장에서 보면 아빠와 엄마만 아이를 가르치는 건 아니다. 오랜만에 놀러 온 손자나 손녀를 데려온 것인지 서너 살 정도 되는 유아를 열심히 가르치는 할머니나 할아버지도 종종 만난다. 어린아이는 까르르 떠들고 있는데, 할아버지는 "자, 이번엔 여기까지 와 보렴, 조금만 더 힘을 내거라. 대단하네, 열심히 했어, 잘했어." 이렇게 막 칭찬하면서 손주가 조금이라도 더 헤엄쳐서 앞으로 나아갈 수 있도록 열심히 응원을 한다. 할아버지야 '기면 서라, 서면 걸어라.'라는 자기 자식의 성장을 고대하는 부모의 마음으로 한 일이겠지만, 어린아이는 좀 더 순수하게 놀 수 있도록 해 주는 게 어떨까.

아직 나이가 어리니 열심히 노력하지 않아도 된다는 말이 아니다. 어린아이에게는 즐겁게 노는 일 또한 열심히 해 나가야만 하는 일이다. 수영 실력이 느는 것보다도 우선 물속에 들어가서 즐기는 것이 먼저이다.

| CASE |

20대 남성 A씨는 동료와 같이 바다에 놀러 갔다. 그런데 수영복으로 다 갈아입은 A씨는 혼자서 묵묵히 준비 체조를 하고는 바다에 들어갔다. 그리고 홀로 파도가 일지 않는 지점으로 가더니 멋진 동작으로 둔덕과 먼 바다 사이를 왕복하는 걸 반복했다. 다른 동료는 어이가 없어서 A씨가 헤엄치는 모습을 멀리서 볼 뿐이었다.

수영은 물론 시합으로서도 존재하지만 놀이로 즐기는 스포츠이다. 대부분의 사람들에게 수영이란 체력을 쌓는 수단이거나 레크리에이션을 위한 것이다. 그런데 물속에서 재밌게 즐기는 일도 쉽지 않은 사람이 있는 것 같다.

풀장이나 바다에서 동료나 친구들과 즐거운 분위기 속에 어울리기 위해서는 소통을 잘해야 한다. 어린아이에게 무조건 '조금이라도 빨리, 조금이라도 더 멀리' 헤엄치는 기술만 가르치려 하는 어른은 당장 눈에 보이는 결과만 요구하는 것이다.

즐겁게 놀면서 즐기는 일에도 중요한 의미가 있다는 사실을 망각하면, 아무리 아이를 위한 노력이라도 결과적으로는 아이의 행복으로 이어지지 않을 수 있다.

## 아이가 자기만의 속도를 유지하는 것이 중요하다

| CASE |

어느 일요일에 있었던 일이다. 일곱 살 아들이 "캐치볼 하자."고 졸라서 30대 아빠가 아들과 동네 공원에 놀러 나왔다. 아빠는 중학교 때까지 야구 선수였기 때문에 기본기가 있다. 그래서 무심코 아이에게 글러브를 잡는 방법이나 공을 손에 잡는 방법 등을 매우 꼼꼼하게 가르치고 말았다. 처음엔 "내가 던진 공은 대단해!"라면서 의욕이 충만했던 아이가 10분도 안 지나 풀이 죽더니 집에 가고 싶다는 말을 꺼냈다. 아빠는 자신이 너무 과했다는 생각이 들었지만 이미 늦어 버렸다. 다음 주 일요일에도 아들에게 같이 캐치볼을 하자고 권했지만, "절대로 안 해!"라고 딱 잘라 거절당하고 말았다.

이 아빠와 같은 실패를 하는 부모가 많을 것이다. 하지만 이 아빠는 그나마 다행인데, 아이가 분명하게 불쾌감을 표현하고 있기 때문이다.

부모의 입장에서 아이가 부모의 조언을 '순수하게' 받아 주면 기분이 좋다. 그러나 이 사례에서 아이는 '잘하게' 되기 이전에 우선 '좋아하게' 되는 일이 자신에게 중요하다는 점을 솔직하게 전하고 있다(80p '좋아하는 마음이 먼저다' 참고). 따라서 이 아빠는 '아이가 날 신뢰하고 있구나.'라고 안심해도 좋다고 본다.

부모는 언제나 '만약 내가 아이라면 어떻게 느낄까?'를 의식하는 것이 중요하다. 그렇게 하면, 가령 아이에게 조언을 해 주면 잘 해결될 것 같은 일을 발견하더라도 아이가 그 문제로 고민하는 기회를 빼앗지 않거나, 아이 스스로 그 일을 극복하는 기쁨을 빼앗지 않는 선택지가 있음을 깨달을 수 있을 것이다.

아이가 아직 서툴러도 그냥 그 모습 그대로 인정해 주자. 아이가 자기만의 속도로 도전을 했다가 실패를 경험하고, 그러다가도 또 다시 스스로 일어서는 체험의 소중함. 이런 것들은 전부 부모가 여유를 가지고(아이를 믿고) 아이를 지켜보는 자세로 있을 때 얻을 수 있다.

그리고 부모 역시 일부러 참견하지 않음으로써 아이가 실패를 하고, 그럼에도 아이 나름대로 다시 일어서는 걸 따뜻하게 지켜보는 경험을 축적할 때 비로소 아이를 믿는 일의 의미를 몸소 배워 갈 수 있을 것이다.

# 아이는 '기쁘다'와 '슬프다'를 어떻게 배울까?

## 말은 어떻게 기억할까?

아이는 말을 어떤 식으로 기억할까?

예를 들어 귤을 까 먹으면서 "이건 귤이야."라고 가르치면 '귤'이라는 단어를 기억할 수 있다. 즉, 시각적인 귤의 모습, 만졌을 때의 감촉, 맛, 향기 등 감각을 통해서 파악한 이미지에 '귤'이라는 라벨을 붙이는 것이다.

이미지 속에는 시각만이 아니라 들리는 방식(소리의 이미지)과 만졌을 때의 느낌(감촉의 이미지), 그리고 자신이 어떻게 취급했는지(운동의 이미지) 등, 그 사물을 어떻게 받아들이고 어떻게 작용했는지도 포함된다. 또한, 맛이 있었는지 어떤지 등 가치 판단이나 감정까지도 라벨에 포함된다.

그리고 그 단어가 지칭될 때 발생하는 감정 또한 라벨에 포함되는데, 이는 '지네'나 '바퀴벌레' 같은 단어를 들었을 때 떠오르는 느낌을 상상해 보면 쉽게 이해될 것이다. 그렇다면 눈으로 보거나 만질 수 없는 것(일)의 이름은 어떻게 배워 갈까?

## 다카다노바바의 추억

가장 오래된 내 기억 중에 '다카다노바바'에 얽힌 추억이 있다. 아마도 서너살 때의 일일 것이다. 당시 부모님과 도쿄 교외에 살고 있었는데, 아버지가 근무하던 회사가 다카다노바바에 있었기 때문에 '다카다노바바'라는 단어는 자주 들어서 익히 알고 있었다.

어느 날, 어머니와 전철을 탔다. 전철이 다카다노바바에 도착했을 즈음 어머니가 "여기가 아빠가 일하는 다카다노바바란다."라고 말했다. 차창 밖을 보았지만 플랫폼에 있는 사람들과 건물만 보일 뿐 '다카다노바바'다운 것은 보이지 않았다. 그래서 "뭐가 다카다노바바예요?" 라고 열심히 물었지만, 어머니는 "여기, 여기가 그렇다니까."라고 대답할 뿐이었다.

그 후의 기억은 잘 안 나지만, 어머니 말씀에 따르면 전철이 움직이기 시작해도 결국 다카다노바바를 발견하지 못한 나는 "다카다노바바가 어디에 있냐니깐?" 하고 혼잡한 전철 속에서 계속 절규했다고 한다.

눈앞에 있는 지도에서 색깔별로 다르게 칠해진 국가의 이름을 이해하는 건 그다지 어려운 일은 아니다. 그러나 어떤 넓이를 가진 공간이라는 존재에 이름이 있다는 사실을 아이가 이해할 수 있게 되는 건 꽤 성장한 이후이다.

우리 집 둘째는 초등학교 2학년이 되어도 자기가 살고 있는 곳이 기즈가와 시*인지, 아니면 교토 후인지, 일본인지 구별을 잘하지 못했다.

이처럼 어떤 약속된 사항이 있고 그 약속에 따라서 똑같은 장소라도 여러 개의 이름으로 불린다는 사실을 이해할 수 있을 때, 처음으로 지명을 습득할 수 있다.

마찬가지로 '나'와 '너', '여기'와 '저기'라는 말도 상황이나 위치 관계에 따라서 달라지기 때문에 아이가 습득하기 어려운 어휘이다.

그러나 설명하기 어렵다는 점에서 생각하면 감정에 관한 어휘를 습득하는 일은 그보다 훨씬 더 어렵다고 볼 수 있다. 우선 내 마음이 다양한 상태가 되어야 그 상태에 각각의 감정을 나타내는 단어의 라벨을 붙일 수 있다. 그리고 그 상태를 기억하고 재인식하지 못하면 대상으로서 인지할 수 없고, 단어를 들었을 때 그에 대응하는 자기 마음의 상태를 상기하지 못하면 그 단어의 의미를 알지 못하게 되기 때문이다.

## 감정을 나타내는 단어는 어떻게 습득되는가?

감정을 나타내는 단어가 가리키는 내용은 당연히 보지도 만지지도 못한다. 따라서 라벨을 붙이는 것 자체가 대단히 어

* 기즈가와 시는 일본 교토 후에 위치한 도시이다.

렵다.

그런데 아이는 꽤 이른 시기에 이것들을 차례로 습득한다. 이는 이러한 단어들이 살아가는 데 있어서 얼마나 중요한가를 보여 준다.

하인츠 코헛(Heinz Kohut)*이라는 심리학자는 감정을 나타내는 단어의 습득에 대해서, '즐겁다'의 경우 이렇게 설명한다.

어린아이가 트램펄린 위에서 깡충깡충 점프하며 노는 모습을 상상해 보자. 아이는 득의양양 웃는 얼굴로 "엄마, 이것 좀 봐요!" 하며 엄마를 부른다. 엄마는 아이와 마찬가지로 웃는 얼굴로 아이에게 관심을 보인다. "우와, 즐겁네. ㅇㅇ야, 기쁘지? 즐겁지?"라고 말하면서 아이의 이름을 부른다. 아이는 이런 상황에서 몸이 움직이는 감각, 움직일 때마다 보이는 경치, 엄마의 미소(이것은 자신의 표정이기도 하다. 엄마는 거울의 역할도 하고 있다.), 자기에게 쏠리는 엄마의 다정한 시선, 자기 이름을 부르는 엄마의 목소리, 마음속에 일어나는 감정, 그밖에도 이런저런 자신의 내면과 외부에서 일어나는 일을 종합적으로 느끼면서 이것이 '즐거운' 일이라는 걸 배우는 것이다.

자, 어떤가? '귤'이라는 단어를 배우는 경우와 비교해 그 복잡함의 정도를 잘 알 수 있을 것이다. 언어를 이해하는 로봇을 만들 때 이런 '감정을 나타내는 말'을 학습시키는 일이 얼마나 어려운지도 잘 알았을 것이다.

아이는 이런 형태로 무수한 상황을 체험하면서 '즐겁다', '기분이 좋다', '두근거린다.' 이런 단어들의 미묘한 차이도 배워 간다.

* 오스트리아 출신의 정신과 의사이자 정신분석학자이다. 자기심리학을 창시한 것으로 유명하다.

이처럼 적절한 상황과 장면에서 부모가 아이에게 관심을 보이며 아이가 체험하는(또는 앞으로 체험할) 감정에 대해서 올바른 단어를 들려주지 않으면 학습은 잘 진행되지 않는다.

앞선 예는 알기 쉽게 설명하기 위한 것이지만 실제로 감정을 나타내는 단어를 아이가 배워 가는 기회란 무심코 놓치기도 하고 스스로는 잘 알아차리지 못할 정도로 우리 일상 속 곳곳에 숨어 있다.

| CASE |

우리 집 막내가 네 살 때 일이다. 어린이집 같은 반 친구 A가 다른 지방으로 이사를 가게 되었다. A네 집은 우리 집하고도 가깝고 등원하는 시간대도 비슷해서, 두 아이는 자주 같이 다녔다. 특히 막내가 아침에 기운이 없는 날에는 A가 막내의 손을 꼭 잡고 함께 걸어갔다.

A가 마지막으로 어린이집에 등원한 날 정오가 지나자 엄마가 A를 데리러 왔고, 반 친구들은 다 같이 배웅했다. 그날 저녁, 막내를 데리러 갔더니 아이는 내 모습을 발견하자 평소처럼 활발한 모습으로 가까이 다가왔다. 가방을 메고 선생님에게 인사한 다음 신발을 집으러 신발장 앞에 갔다. 평소에는 자기 신발을 들고 복도를 뛰어가는데 그날은 신발장 앞에서 한참을 가만히 서 있었다. 그러고는 "A의 신발이 없어. 내일도 A의 신발은 없어. A는 이제 이사갔으니까."라고 무표정하게 중얼거렸다. 말투는 슬프게도, 외롭게도 들리지 않았고, 그냥 담담해 보였다. 근처에 있던 내게 한 말도 아니었다. 이윽고 아이는 평소처럼 자기 신발을 집더니 복도를 뛰어갔다. 미소 띤 얼굴이었다.

이때 신발장 앞에 선 막내의 내면에서는 커다란 상실감이 일었을 거라는 느낌이 강하게 왔다. 어린아이의 마음은 낙관적이다. 어른처럼 언제까지고 끙끙 고민하지는 않을 것이다. 그래도 우연한 장면에서 상실감이 상기되는 것 같다.

넷째는 그때까지도 집안에서 대화를 나누다가 '슬퍼.'라든지 '외로워.'라는 말을 사용했지만, 대부분은 부모와의 관계에서 자신의 바람이 이루어지지 못하거나 혼자가 되었을 때만 사용하곤 했다.

이날, 친했던 친구와 다시는 만날 수 없다는 사실을 그 친구의 신발이 사라진 신발장 앞에 섰을 때 문득 실감하게 되자, 아이의 마음은 분명 '외롭다'라는 단어에 딱 맞는 상태가 되었을 것이다. 이 느낌이 '외로움'이라는 것을 모르면 '외롭다'라는 말도 쓸 수가 없다.

이럴 때는 "앞으로 A는 어린이집에 안 오는 거야? 외롭겠구나."라고 옆에서 가만히 공감해 주는 어른이 있다면, 아이는 '외롭다'라는 단어를 온몸으로 이해해 갈 것이다.

## 자기 마음을 모르는<br>감정 표현 불능증

예를 들면 "위험해."라고 부모가 말했는데도 아이가 그 말을 듣지 않고 넘어졌다고 하자. 이럴 때 부모는 "어머나, 많이 아팠지?"라고 다정한 말을 걸며 아이를 안아 주어야 한다.

그러나 현실에서는 꽤 어려운 일인 모양이다. 많은 부모가 "그러니까 엄마가 넘어진다고 아까 말했지?" 혹은 "울지 마! 뚝."이라는 말을 먼저 한다.

이는 부모가 아이에게 지나치게 공감하고 있기 때문에 아이와 똑같은 괴로움과 아픔을 느끼는 한편, 그것으로부터 도피하고 싶어서 일부러 아이를 힐난하는 편에 서서 편해지려 하는 것('공격자와의 동일화')이라고도 생각할 수 있다(229p '혼나는 것보다 혼내는 편이 편하다' 참고).

어떤 힘든 일 때문에 울고 있을 때 또는 기운이 없어서 풀이 죽어 있을 때, 아이는 부모(혹은 신뢰하는 어른)가 옆에서 "얘야, 지금 많이 슬프니?", "지금 외로워 보이는구나."라는 말을 해 주기를 기대한다.

그러나 이때 "훌쩍대지 마!", "왜 얼굴이 이렇게 어두워?" 이렇게 엄격한 말만 한다면 아이는 '슬프다'와 '외롭다' 같은 어휘를 습득할 기회를 잃고 만다.

이런 말을 하면 놀랄지도 모르지만, 실은 어른들 중에도 꽤 높은 비율로 '슬프다'와 '외롭다'라는 단어의 의미를 모르는 사람이 있다. 이들은 '슬프다'라는 단어의 사전적인 의미는 대답할 수 있다. 그러나 예를 들어 "최근에 당신이 슬펐던 때는 언제입니까?"라는 질문에 잘 대답을 못 하거나, 혹은 대부분의 사람이 '슬픔' 자체에 공감을 못하기 때문에 깊이가 없는 단순한 내용만 언급하기도 한다.

이러한 감정의 인지 장애를 '감정 표현 불능증*(Alexithymia)'이라고 일컫는다. 당연하게도 이런 사람은 상대방의 감정도 잘 이해하지 못한다.

또한, 이 상태는 감정이 없는 것(무감정)하고는 다르다. 본인의 마음

* 심리학 용어로, 감정을 인식하거나 언어적으로 표현하는 데 어려움을 보이는 상태를 말한다.

속에서는 제대로 작용하고 있다. 다만, 자기 마음이 작용하고 있다는 사실을 본인이 의식을 못하고, 그 상태에 어떤 이름을 붙여야 하는지를 모르는 것이다(제대로 배울 기회가 없었다는 이유도 있다.).

### "아무렇지도 않잖아!" 라는 말

어린아이에게 화장실은 꽤 무서운 곳이다. 물론 전혀 무서워하지 않는 아이도 있지만, 다섯 살이 되어도 혼자 화장실에 못 가는 아이도 있다.

만약 화장실을 무서워하는 아이에게 부모가 "이젠 다 컸으니까 무서워하지 않아도 되잖니?"라는 말을 했다면, 이 '무섭지 않다.'라고 강요하는 말로 인해 아이는 무서운 감정과 신체의 반응을 억제해 버릴 것이다. 그렇게 하면 신체 반응은 무섭다고 말하는데 머리에서는 '몸의 신호'를 무시한 채 태평함으로 위장해 버린다.

어른의 눈에는 주사를 놓아도 울지 않는 아이나 혼자서도 잘만 자는 아이는 매우 똑똑하고 야무져 보인다.

외래 진찰을 할 때 아이들에게 예방 접종을 할 기회가 많은데, 이때 아이가 "너무 무서워.", "주사 맞기 싫어." 이런 말을 안 하면 부모와 간호사는 "우와, 참 잘했어!"라고 칭찬한다.

아이 스스로 참고 싶어서 참는 거라면 괜찮다. 그런데 부모 중에는 아이가 약한 소리를 내거나 아파하는 행동을 용납하지 못하는, 압박하는 태도를 보이는 사람도 있다.

유년기에 정말로 무서운데도 무섭다는 말을 못 하게 하면 장차 큰 문제가 될 가능성이 있다. 상대방에게 '싫다'고 전달하는 일이나 아픔과 두려움으로부터 자신을 지키는 힘이 성장하지 못하면, 괴롭힘이나 따돌림의 대상이 되기 쉽다. 또한, 직장과 가정에서의 대인 관계에서도 자신이 느낀 불만이나 고통을 전달하는 일이 매우 서툰 사람이 될 수도 있다.

## "맛있다"와 "맛없다"도 마찬가지

예전에 〈아동 심리〉라는 잡지에서 식사 교육을 주제로 다룬 적이 있다. 태어나 처음으로 먹는 음식을 앞에 두고 "엄마, 나는 이걸 좋아해?"라고 묻는 한 아이의 사례를 소개한 것이다.

앞에서 '기쁘다'라는 말을 어떻게 배우는지에 대해서 설명했는데, 이것도 비슷하다. 아이가 난생 처음 본 것을 먹을 때, 부모는 아이의 동작이나 표정을 잘 지켜볼 필요가 있다. 그 표정을 보면 과연 아이가 '맛있다'고 느끼는지, 아니면 '맛이 없다'고 느끼는지를 알 수가 있다.

그런 때는 아이와 똑같은 표정을 짓고 "맛있지?" 또는 "맛이 없니?" 라는 질문을 하면, 아이는 자신이 어떻게 맛을 느꼈는지를 생각하고, 그 체험에 맞는 단어를 찾을 수 있게 된다.

우리 집에서도 아이들이 할아버지와 할머니랑 함께 식사하는 자리에서 특히 그런 현상이 두드러지는데, 아이들이 밥을 안 남기고 다 먹으면 "아이고, 잘했어.", 밥을 더 먹으면 "대단하구나." 이런 말씀만

하신다.

그러나 맛이 없다고 느꼈다면 "맛이 없어."라고 말하고, 더 이상 음식이 필요없다면 솔직하게 안 먹겠다고 말하는 것도 마찬가지로 매우 중요한 표현이다. 다행히도 우리 아이들에게 "채소를 안 먹으면 몸이 건강하지 못해."라고 말하면 곧바로 "나카타 히데토시(中田英寿)* 도 채소를 아예 안 먹는데 엄청 몸이 튼튼하잖아요."라고 의기양양하게 대꾸한다.

막내는 '나카타 히데토시'가 누군지 전혀 모르면서 이 말을 정말 잘 써먹는다. 이 녀석에게 나카타 선수는 자기가 싫어하는 채소를 먹어야 하는 위기로부터 구해 주는 영웅인 셈이다.

적절한 식욕과 식사량을 좋은 습관으로 몸에 배게 하려면 옛날처럼 부모가 "뭐든 가리지 말고 다 먹어라.", "많이 먹고 쑥쑥 자라야지." 이런 단순한 가치관을 아이에게 호소하는 것만으로는 효과가 별로 없다.

* 2년 연속 아시아 올해의 축구 선수이자 2004년 펠레가 선정한 FIFA 100에 포함될 정도로 유명한 일본의 축구 선수.

# 아이에게
# 의욕 심어 주기

## 도전하는 사람은 부모가 아니라 아이

이번 장에서는 "이런 방법을 쓰면 아이의 의욕이 충만해집니다!"라고 어떤 비법을 전수하려는 것이 아니다. 아이가 의욕적인지 아닌지, 어떤 일을 할 생각이 있는지 없는지, 이런 세세한 점까지 부모가 알아내고 어떻게든 대처하려고 생각하는 것 자체가 사실은 애초부터 잘못된 게 아닐까 하는 점을 말하고 싶은 것이다.

2008년 북경 올림픽 직전에 수영 경영 종목에서 기록 단축에 효과적인 수영복을 착용한 사실이 문제가 되자, 기타지마 고스케(北島康介)* 선수가 '수영은 내가 하는 거야!'라고 적힌 티셔츠를 입고 등장해 화제가 된 적이 있다.

결국 공부도 운동도 배움도 실제로 도전하는 사람은 부모가 아닌 아이 본인이다.

* 일본의 수영 영웅. 두 번의 올림픽 대회 평영 종목에서 연달아 금메달을 획득했다.

| CASE |

중학교 3학년 남학생의 엄마. 여름방학이 얼마 안 남은 상황에서 과연 아이가 수험 공부를 진지하게 할 각오가 되었는지가 걱정이다. 어느 이른 아침, 육상 대회에 참가하기 위해 일찍 집을 나서는 아이와 이야기를 나누게 되었다.

엄마 : 대회가 먼 곳에서 열린다고 했지? 그럼 참고서라도 가지고 가서 버스 안에서 읽는 게 어떻겠니? 차 타는 시간이 꽤 길잖아.

아이 : 뭐라고요? 그런 데서 책 읽는 애는 아무도 없다고요.

엄마의 입장에서 최대 목표는 입시이다. 그러나 아이에게 수험 준비는 다른 여러 가지 해야 할 일(학교 동아리 활동, 친구와 노는 것 등) 중 하나에 불과하다. 엄마의 머릿속은 아이가 잠깐의 시간도 낭비하지 않기를 바라는 기대로 가득하지만, 아이는 이제 서서히 운동부 활동도 끝자락이 다가오고 있어서 중요한 대회에서 친구들과 소중한 추억을 함께 경험하는 순간에 참고서 따위나 가져가서 칙칙하게 공부하는 건 싫었을 것이다.

그래도 이 모자의 대화에서 건전함을 느낄 수 있었던 것은 엄마가 자식에게 명령하고 있지 않다는 점과 아이도 확실하게 거부 의사를 표현하고 있다는 점이다.

하지만 입시 때문에 부모가 아이에게 명령해서 학교 동아리 활동을 그만두게 하는 일도 있다. 부모 중에는 "아이랑 대화 끝에 시험 성적이 오를 때까지 당분간 동아리 활동을 쉬기로 했어요."라고 말하는 경우도 있었다. 혹은 학원 공부를 위해서 애초부터 동아리 활동을 시키지 않는 부모도 있다.

부모야 '아이가 자발적으로 목표를 정했다.'고 생각하겠지만(혹은 그렇게 믿고 싶겠지만), 아이의 입장에서는 '부모가 강요했다. 하지만 반항할 수는 없다.'라고 느끼는 경우가 많다.

만약 이때 '엄마, 고마워요. 날 위해서 이렇게까지 신경 써 주시다니.'라고, 전혀 '강요'라고 느끼지 않는 아이가 있다면, 그 아이는 자립을 포기했을 가능성이 크다.

## 언제까지 지시할 수 있을까?

| CASE |

초등학교 2학년과 유치원생 자매가 있다. 현재 피아노를 배우고 있는 이 자매는 매일 아침 30분씩 연습하기로 엄마와 약속을 했다. 30분을 꽉 채워서 연습하지 않으면 아침 식사를 걸러야 한다. 아침 7시에 시작되는 식사 시간에 늦지 않으려면 새벽 6시 전부터 연습을 해야만 한다. 언니에게 "피아노를 치는 게 즐겁니?"라고 질문을 하자 곧바로 대답을 못 하다가 간신히 "모르겠어요……."라고만 대꾸했다.

이 나이대의 아동이라면 아직은 다그치면서 연습을 시킬 수 있을 것이다. "너 이거 안 하면 밥 안 줄 거야!" 이런 협박도 아직까지는 효과가 있을지도 모른다.

하지만 이것은 분명한 아동 학대이다. 이런 식으로 아이를 벌하면 결국 아이는 히스테리 증상을 보일 수 있다.

외래 진찰을 할 때면 가끔 다음과 같은 증상을 호소하는 아이를 만날 때가 있다. 특히 피아노를 배우는 여자아이에게서 자주 볼 수 있는 증상이다.

"눈이 갑자기 나빠진 것 같아요. 흐릿해서 악보가 잘 안 보여요.", "손가락 마디가 너무 아파서 통증 때문에 손가락이 잘 안 움직여요."

아이는 "싫어요!"라고 직접 말로 표현하는 반항이 허용되지 않을 때, 무의식의 수준에서 반항한다. 그러면 몸이 말을 잘 듣지 않게 된다. 남자아이는 틱 증상이 나타날 때가 많은데, 눈을 깜박깜박하거나 갑자기 시선을 흘깃거리고 코로 킁킁 소리를 낸다. 그리고 한숨을 반복해서 쉬는 증상도 나타나는데 이러한 현상은 결국 아이가 보내는 '구조 신호'이다.

| CASE |

초등학교 4학년 남학생의 엄마. 현재 아이는 축구를 하고 있지만 '중학교 입시에서 고생하고 싶지 않다.'는 아이의 생각으로 중학교 입시 대비반을 다니기 시작했다.

"5학년이 되면 학원에서 공부를 많이 해야 하니까 축구를 그만둬야 겠죠. 그렇게 좋아하는 축구를 그만두면서까지 열심히 공부했는데, 만약 지원한 학교에 떨어지기라도 하면 도망갈 길도 없어져요. 그렇게 될까 봐 무섭네요."

엄마는 이런 걱정을 하면서 불합격할 경우에 변명으로 내세우기 위해서라도 축구를 그만두지 말고 조금씩 하는 편이 나을지 고민하고 있다. 물론 엄마 말로는 이 또한 '아이 자신이' 고민하고 있는 문제라고 한다.

초등학교 고학년이라도 아직 순수한 아이는 부모를 기쁘게 하고 싶어서 부모의 마음을 헤아려 부모가 기뻐할만한 일을 자발적으로 하려고 한다. 뭐든지 아이를 자기 뜻대로 시키려 하는 부모는 말 잘 듣는 아이를 착하다고 생각한다. 그러나 진짜 '순수한' 아이란 싫은 것은 '싫다'고, 하기 싫은 일은 '안 하겠다'고 분명하게 말할 수 있는 아이이다. 그래서 오히려 인사를 잘 못하는 아이들 중에 순수한 아이가 많다고 생각한다.

그러면 부모는 언제까지 아이를 시키는 대로 잘 따르게 만들 수 있을까?

| CASE |

고등학생인 아들에게 여자 친구가 생겼다. 매일 밤마다 여자 친구와 장시간 통화를 하고 있어서 엄마는 '성적이 떨어지는 건 아닐까?' 노심초사하고 있다. 아들에게 몇 번 넌지시 주의를 주었지만, 기분만 나빠할 뿐 매일 밤마다 통화하는 것은 변함이 없었다.

드디어 결심한 엄마는 아들에게는 비밀로 하고 여자 친구에게 전화를 걸었다. "네가 만약 그 아이를 소중하게 생각하고 앞으로도 오래 사귈 마음이 있다면 매일 밤 오래 통화해서 아들의 시간을 낭비하지 말아 줄래? 만약 아들의 성적이 떨어져서 좋은 대학에 못 들어가면 장차 좋은 곳에 취직도 힘들 텐데, 그럼 당연히 연봉도 적겠지? 네가 결혼해서 와이프가 될 마음이 있다면 돈 잘 벌어 오는 남편이 좋지 않겠니?"

이 엄마는 자신의 이런 행동이 얼마나 우스꽝스럽고 이상한지를 전혀 깨닫지 못하고 있는 것 같았다. 아이를 위한답시고 상대에게 함부로 해서는 안 될 말까지 해 가면서 노력하는 자신의 행동에 심지어 만족까지 하고 있었다.

아이가 많이 성장한 이후에도 여전히 아이를 가르치려 하는 부모가 있다. 다음 사례에 등장하는 연로한 어머니도 자신의 행동을 지적받아도 "아이를 진심으로 생각해서 한 일인데 대체 뭐가 나쁘단 말입니까?"라고 전혀 이해하지 못했다.

I CASE I

70세 노모. 딸 부부는 현재 두 아이와 함께 다른 지방에서 살고 있다. 노모는 종종 딸에게 장문의 편지를 써서 팩스로 보내곤 한다. 편지의 내용을 살펴보면 옷을 갈아입을 때 조심해야 할 사항, 이사할 때 주의할 점, 시댁에 갈 때 유의할 점 등 다양하다. 최근에는 '영어 학습 방법'에 관한 주제로, 딸이 아닌 사위에게 편지를 보냈다.

"○서방이 다니는 회사는 주임으로 승진하려면 토익이 750점 이상이나 필요하다고 들었네. 작년엔 700점을 못 넘겼다면서? 그래, 올해는 공부가 잘 되어 가고 있는가? 나야 워낙에 남는 게 시간이니 이렇게 조금이라도 자네를 돕고 싶어서 도움이 될 만한 정보를 이것저것

모아 봤다네. 자네에게 도움이 되면 참 좋겠네." 이렇게 시작한 편지에는 다양한 영어 공부 방법과 시험 출제 경향, 인터넷 영어 학습 사이트 등의 정보가 빼곡했다.

마지막은 "○서방은 집에서 텔레비전을 보는 시간이 너무 많다고 생각하지 않나? 사랑하는 우리 손녀딸들을 위해서라도 텔레비전을 한동안 끊고, 좋은 성적을 내기 위해 공부에 매진해 보게나. 이 장모도 응원하고 있겠네." 이런 글로 마무리하고 있었다.

'아이와 너무 가까운 부모의 문제'(116p)에서 아이와 너무 가까운 부모와 자식, 현실의 삼자 관계를 도식으로 설명을 했는데, 이런 부모의 경우 본인과 자식의 경계선은 없는 상태이다.

의욕적인 아이로 키우려면 우선 아이와 부모가 떨어지지 않으면 안 된다. 그렇게 하지 않으면 아이는 자기 자신을 위해서 스스로 뭔가를 하는 일이 애초에 불가능하다.

이 장에서 소개한 부모들은 자식과 떨어지고 싶지 않아서 아이의 자립을 두려워한다. '내 귀여운 새끼를 내가 안 지키면 대체 누가 지켜준단 말인가? 내가 아니면 분명 실패하고 말 텐데, 그걸 견딜 수 있을 만큼 내 새끼는 강하지 못해.'라는 믿음을 갖고, 아이의 자립을 방해하는 것을 정당화하고 있다. 반복해서 말하지만, 부모가 해야 할 일은 아이가 실패하지 않도록 앞서 나가는 것이 아니다.

실패와 좌절은 반드시 누구에게든 일어난다. 아이가 좌절했을 때는 다시 일어설 것이라는 믿음으로 다시 재도전할 수 있도록 지지하고 지켜봐 주는 일이 더 중요하다.

# 자기 의견을 잘 표현하는 아이로 키우는 법

## 아이의 이야기를 잘 들어 주는 것이 중요하다

어떻게 하면 자기 의견을 잘 표현하는 아이로 키울 수 있을까? 이를 위해서는 어릴 때부터 부모가 아이의 말을 충분히 잘 들어 주어야 한다.

자신이 하고 싶은 말을 잘 전하기란 사실 어른에게도 꽤 어려운 일이다. 하물며 아이는 아직 그것을 연습하는 중이다. "대체 무슨 말이 하고 싶은 건데?" 이렇게 자꾸 재촉하면 말을 제대로 할 수 없는 것은 당연하다. 말이 서툴더라도, 이야기의 주제가 조금 벗어나더라도 부모는 인내심을 갖고 아이의 말을 들어 주어야 한다. 만약 부모가 아이의 말에 흥미를 보이며 잘 들어 준다면 아이는 계속 말을 하는 데 용기를 가질 것이다.

실제로 이런 경험을 많이 한 아이일수록 '상대는 내 말을 들어 준다.', '나는 말을 잘할 수 있다.' 이렇게 자기 평가를 할 수 있게 된다. 그리고 상대의 말도 경청하게 된다.

이런 커뮤니케이션 능력은 테스트로 간단하게 측정할 수는 없지만, 장차 생활해 갈 때 아이를 지지하는 중요한 기능이 된다.

## 아이의 말을 잘 들어 주면, 아이도 상대 말을 경청한다

상대가 하는 말에 충분히 귀 기울일 줄 아는 아이는 '부모의 말을 순수하게 무엇이든 잘 들을 줄 아는 아이(말을 잘 들으라고 훈육을 받은 아이)'가 아니라, '자기 말을 상대가 충분히 잘 들어 주는 경험을 한 아이'이다. 남이 이야기를 잘 들어 주면, 그 아이는 상대방의 말도 잘 듣는다.

비슷한 관계는 또 있다. 다정한 대우를 받았던 아이는 타인을 다정하게 대한다. 아이를 믿어 주면 그 아이는 남을 믿을 줄 안다. 즉, 이런 유형의 아이는 기본적으로 부모가 아이의 이야기를 잘 들어 주었을 것이다. 그 영향으로 아이는 상대의 이야기를 경청하려는 태도를 갖게 된 것이다.

어린아이가 "엄마!", "아빠!"를 부르며 무언가를 봐 달라고 하거나 이야기를 들어 달라고 할 때, 아이는 그런 행동이 자신에게 필요하다는 사실을 잘 알고 있다. '누군가가 내 말을 들어 준다.'는 것은 '관심을 받고 있다.'라든지 '애정을 받고 있다.'와 똑같은 일이다.

아이에게 애정을 주기 위해서는 어떻게 하면 좋을까? 바로 아이의 말을 잘 들어 주고 '관심'을 보이는 것이 방법이다. 관심을 주지 않거나 무시하는 행동은 학대가 된다.

| CASE |

야뇨증*인 초등학교 남학생의 아빠는 "사람이 말할 때는 차분히 잘 들어야 해. 그러지 못하면 장래에 곤란하게 될 거야."라고 아들에게 끊임없이 말한다고 한다. "이 정도로 매일 말했으면 알아들어야 하는데 이 녀석은 곧 중학생이 될 놈이 얼마 전 학교에서 상담할 때 들으니 선생님과 친구들 말을 전혀 안 듣고 있는 것 같다지 뭡니까?"라고 한탄했다. "그러면 아버님께선 아드님의 이야기를 차분히 들어 주신 적은 있으신지요?"라고 물어보자, 한참 고민하더니 "제 기억으로는 아이가 저한테 뭔가를 제대로 말한 적은 없는 것 같네요."라고 대답했다.

이 아빠는 육아에 적극적으로 관여하고 있다. 그래서 "수업 시간에 제 말을 잘 안 들어요."라고 담임이 연락을 해 오자, '자식을 위한 일'이라며 설교한 것이다.

## 널 생각하면 이 아빠는 늘 용기가 솟는단다

이번에는 조금 전과 비슷한 또 다른 가족의 사례를 소개하고자 한다.

* 보통 5세 이후로도 자면서 소변을 가리지 못하는 경우를 말하며, 1주에 2번 이상 오줌을 싸면 야뇨증이라고 진단한다.

| CASE |

초등학교 1학년 남자아이. 항상 담임으로부터 평소에 차분하지 못하고 남의 말을 잘 안 듣는 것 같다는 지적을 받고 있다. 아빠는 매일 아침 아이를 버스 정류장까지 데려다 주는데, 이때 같이 걸으면서 무심코 아이의 태도에 대해 이러쿵저러쿵 잔소리를 많이 하는 편이다. 그날 아침에도 "남이 말을 할 때는 진지하게 좀 들으려고 노력해.", "대답은 곧바로 해야 된다.", "넌 남의 말을 잘 안 듣는 것 같구나.", "대단한 일도 아닌데, 그 정도는 기본적으로 해야 되는 거 아니냐?" 등 평소처럼 잔소리를 하면서 걷고 있었다. 그런데 아이가 느닷없이 이런 질문을 꺼낸다. "아빠, 나는 뇌가 이상해?" 아빠는 "뇌가 이상하다고 말한 건 아니야. 사람은 누구나 잘 못하는 일이 있어."라고 겨우 대답을 했지만, 아이한테서 그런 말을 듣게 될 줄은 몰랐기에 깜짝 놀라고 말았다.

아이 입장에서는 매일 아침 똑같은 잔소리를 들으니까 대체 이유가 뭔지 고민했을 것이다. 더구나 아이가 좋아하는 아빠가 열심히 자기한테 지적한다. '혹시 내가 어디 이상한가?' 하는 걱정을 하는 것이 전혀 이상하지 않다.

그러나 정말로 뇌가 이상하다면 아이가 직접 이렇게 날카롭게 아빠에게 대꾸할 리가 없다. 이 아빠에게 다음과 같은 조언을 했다.

"어차피 학교에서 선생님이 아이에게 '도움이 안 되는' 지적을 하고 있으니 모처럼 아빠랑 단둘이서 나란히 걷는 시간에는 아이의 기를 꺾는 말은 일절 하지 않는 편이 어떻겠습니까?"

그 대신 "넌 아직 어린애니까 곧바로 대답을 못 해도 괜찮아.", "네가 사람 말을 차분하게 듣는 게 서툴러도, 또 남들처럼 못 하는 일이 있어도 다 괜찮단다.", "지금 네 모습 그대로 있어도 괜찮아."라고 매일 아침 말해 주면 좋다고 했다.

남의 이야기를 차분하게 잘 듣는 일은 조만간 아이 나름의 속도로 해낼 수 있을 것이다. 사실 어른들 중에도 잘 못하는 사람은 꽤 많다. 실제로 의사나 교사, 정치가 등 '선생님'이라고 불리는 직종 중에 특히 많은데, 그래도 다들 잘 살고 있지 않은가.

그리고 아이에게 주의를 주고 싶으면 그 말을 꿀꺽 삼키고, 대신 "네가 태어나 줘서 엄마 아빠는 정말 기뻤단다.", "아빠는 너를 정말 좋아해.", "지금 이대로의 너도 충분히 괜찮단다.", "널 생각하면 언제나 이 아빠는 용기가 생긴단다." 이런 말을 들려주라고 했다.

말하는 사이, 아빠의 눈가에서 눈물이 뚝뚝 떨어졌다. 그 모습을 본 나도 덩달아 울고 말았다. 누구든 '자식을 위해서'라고 말은 하지만, 때로는 그런 말이 아이의 기를 꺾어 버릴 수도 있다.

이날 상담이 끝나고 빨리 집에 가서 아이들 얼굴이 너무 보고 싶어졌다. 그래서 일을 마치고 집에 돌아가자마자 당장 아이들에게 아까 내가 조언했던 말들을 그대로 들려주었다.

그러자 눈물이 나올 만큼 행복해진 것은 내 쪽이었다. 다정한 말을 거는 것도, 원하는 것을 주는 것도, 아이가 칭찬받을 만한 착한 행동을 했을 때만 주는 포상이 아니라 평범한 순간에 아낌없이 주는 편이 더 좋다. 그것은 아이를 위한 일이기도 하지만, 부모의 행복을 위한 일이기도 하다.

# 지켜보기

## 알면서도 위험을 무릅쓰다

영어 격언 중에 'Take calculated risks.'라는 말이 있다. '알면서도 위험을 무릅쓰다.'라는 뜻이다. 육아와 진찰을 하면서 아이와 마주할 때 종종 이 격언을 떠올리며 되새겨 왔다.

아이는 집안에 부모나 어른이 두루 있고, 학교처럼 보호받는 환경에서 이런저런 실패도 경험해 보면서 다시 일어선다. 바깥 세계와 비교해 어느 정도는 안전한 환경에서 타인(부모와 형제, 학급 또래 친구와 교사)과 충돌하며 그 느낌을 체험하는 일은 바로 '계산된 위험'을 저지르는 셈이다.

"귀한 자식일수록 여행을 시켜라.", "아이들 싸움에 간섭하지 말라." 이런 격언도 결국은 같은 뜻이라고 생각한다.

아이가 적당한 수준의 곤란을 만나는 것과 조금 아픈 경험을 하는 것은 중요한 체험이다. 부모는 자식이 안전하게 실패할 수 있도록, 그리고 생생하게 그 체험을 느낄 수 있도록 가능한 한 방해하지 말고 조심하면서 아이를 지켜보아야 한다.

## 오르막길 위에 있는 어린이집

예를 들면 아이가 다치지 않도록 지켜보는 것은 부모의 역할이다. 아이는 네 발로 바닥을 기면서 이동하기 시작하다가 이윽고 걷기 시작한다. 아이를 지켜보는 부모의 조심스러운 시선도 아이가 활동하는 범위에 맞추어서 넓어져 간다.

문에 손가락을 찧지는 않을까, 창문 밖으로 떨어지지는 않을까, 길가에 나가서 차에 치이지는 않을까 등 아이가 아프거나 다치지 않도록 부모는 항상 마음을 쓴다.

우리 아이 넷은 모두 동네 어린이집에서 자랐다. 저녁에 어린이집에 데리러 가면 종종 보게 되는 광경이 하나 있다. 현관을 나와 주차장까지 가는 20미터 정도가 포장된 완만한 내리막길이다. 거기서 아이들은 대체로 신명이 나서 까불다가 뛰기 시작한다. 언덕이라서 평지에서 뛸 때보다 속도가 더 나온다. 그 신기한 느낌과 스릴감을 아이들은 너무 좋아한다.

두 살 정도의 아이는 잘 넘어지지만, 세 살쯤 되면 잘 넘어지지 않는다. 두 살쯤 되는 아이는 바닥에 넘어져도 그렇게 큰 상처는 입지 않는다. 아직 발이 짧고 중심이 낮기 때문이다. 속도도 별로 나오지 않는다. 어른과 비교해 타격이 적은 것이다. 그러나 대부분의 부모는 아이가 뛰기 시작하면 즉시 "뛰면 안 돼! 넘어져!"라고 말한다. 그러면 그

중에는 뛰는 걸 포기하는 아이도 있지만 부모 말을 안 듣고 끝까지 뛰는 아이도 있다. 물론 그러다가 넘어지기도 한다. 넘어져서 울고 있는 아이에게 부모는 다가가서 “거 봐라, 뛰면 안 된다고 말했지?”라고 혼을 낸다.

## 부모가 내버려 두면<br>아이는 계속 넘어질 것이다?

과연 부모가 아이에게 주의를 기울이지 않으면 아이가 매번 언덕을 뛰어 내려가서 항상 넘어지고 무릎과 팔꿈치, 손바닥이 다 까지는 상처를 입을 거라고 생각하는가?

우리 아이들 모두 어린이집을 다닐 때 언덕을 뛰어 내려가곤 했지만, 매번 넘어지기만 하는 아이는 없었다. 다른 집 아이도 마찬가지였다. 처음은 두세 번 정도 넘어지는 바람에 무릎이랑 팔꿈치, 손바닥 그리고 이따금씩 콧등이랑 뺨이 까질 때가 있어서 그때는 큰 소리로 엉엉 울기도 했다.

그러다가 어느새 아이는 언덕 맨 꼭대기에서부터 속도를 조절해야 한다는 걸 깨닫는다. 대부분의 아이는 약간 몸을 뒤로 젖히고 뛴다. 머리로 생각해서 그렇게 했다기보다는 아이의 몸이 자연스레 터득해 가는 것 같다.

뛰면 안 된다는 엄중한 지시를 듣고 명령을 따르는 아이나, 여러 번 넘어진 결과 드디어 잘 뛰는 방법(걷는 방법)을 습득한 아이나 어차피 넘어지지 않는 것은 똑같다. 명령을 잘 따른 아이는 머리로 알았을 뿐, 결과적으로 '뛰지 않았기'에 넘어지지 않았을 뿐이다.

하지만 넘어진 결과, 드디어 넘어지지 않고 뛰는 방법을 습득한 아이는 신체(손, 발)가 언덕이라는 사물을 잘 이해하게 된 것이기 때문에 차이는 크다. 단순히 넘어지지 않고 뛰는 방법을 깨달은 것만은 아니다.

## 지켜보는 일은 어렵다

하지만 머리로는 아무리 잘 알고 있어도, 지켜본다는 것은 꽤 어려운 일이다.

| CASE |

우리 집 막내가 네 살 때의 일이다. 아이는 밥 위에 뿌려 먹는 후리카케를 좋아하는데, 아침밥을 먹는 식탁에서 사건이 일어났다. 식탁에 앉고 나서 후리카케를 먹고 싶다고 말한 막내는 직접 싱크대 서랍에서 후리카케 봉지를 찾아왔다. 엽서 크기보다 조금 더 큰 후리카케 봉지 속에는 아직 여러 번 더 먹을 수 있을 만큼 양이 넉넉하게 들어 있었다.

부모(나) – 아무 말 않고 그냥 지켜본다.

아이가 갖고 온 것은 이미 개봉한 것이어서 입구가 열고 닫을 수 있는 지퍼로 되어 있다. 그래서 네 살짜리가 이 봉지를 열기는 힘들다. 열려고 봉지 상단을 잡지만, 지퍼 윗부분도 굳게 닫혀 있어서 손가락이 들어갈 틈이 없다.

부모 – 아이가 어디에 손가락을 집어넣어야 되는지 열심히 찾고 있는 모습을 보고 있자니 무심코 대신 열어 주고 싶어졌지만, 이런 생각을 하는 자신을 의식하면서 일단 아이의 도전을 지켜만 본다.

아이는 꽤 오랜 시간 애썼지만 결국 포기했다. 그렇다고 기분이 썩 나빠 보이지는 않았다. "열어 줘요." 하고 부모에게 봉지를 건넨다. 부모가 봉지의 윗부분을 휘게 해서 손가락이 들어갈 수 있게 구부린 다음 아이한테 건네 주자 그제야 아이는 지퍼를 열 수가 있었다. 입구가 열린 봉지를 들어 밥 위에 뿌리려고 한다.

부모 – "한꺼번에 많이 나오니까 조심하렴."이라는 말이 입 밖으로 나올 것 같지만, 꾹 참고 지켜본다.

봉지를 살짝 기울였는데 잘 나오지 않자 점점 각도가 앞으로 쏠린다. 예상대로 갑자기 와르르 봉지 속 건더기가 한꺼번에 쏟아져 나오는 바람에 밥 위에 수북하게 쌓이고 말았다. 아이는 "앗!" 하고 소리를 지르더니 부모의 얼굴을 쳐다본다. 하지만 부모는 "많이 나왔네." 라고만 대답한다.

부모 – "그럼 안 돼!"라든지 "으악……." 하고 비난하는 투의 말을 하지 않도록 참는 한편, 살짝 아이의 표정을 본다(아이의 얼굴은 놀람에서 조금 곤혹해하는 느낌으로 변해 간다. 자기가 한 행위의 결과를 자기 일로 인식하고 곤란해 하고 있다. 즉, 부모에게 야단을 맞을 것 같다는 걱정이 아니라 본인에게 일어난 곤란한 사건으로서 체험하고 있는 것이다.).

아이는 "(봉지 안에) 넣어 줘요."라고 부모에게 텅 빈 봉지를 내밀었다. 그릇을 기울여 후리카케 덩어리를 봉지 속에 도로 넣었지만, 그럼에도 여전히 듬뿍 밥 위에 남아 있었다.

부모 – 자기 그릇에 밥과 함께 조금만 덜고 아이에게 그릇을 돌려주자 "고맙습니다."라고 말했다.

이렇듯 아이를 지켜보는 일은 정말로 어렵다. "너무 기울이면 와르르 쏟아지니까 통통 두드리면서 조금씩 뿌리는 거야."라고 '올바른 방법'을 당장 설명해 주고 싶어진다.

그러나 그런 설명은 대체로 아이에게는 성가신(짜증 나는) 일이다. 어릴 때 어떤 일을 하다가 실패했을 때 어른이 "그럴 때는 이렇게 해야 되는 거야."라며 본보기를 보여 준 적이 있지 않은가? 그때 얼마나 귀찮아했는가? 그런데도 어른이 되면 그 사실을 완전히 잊어버린다.

아이가 직접 여러 시도를 하면서 가장 좋은 방법을 찾으면 되는 것이다. 언제까지나 실패만 하는 아이는 없으며, 일단 후리카케의 가격은 저렴하다. 그리고 너무 많이 쏟아도 다시 담아 뒀다가 다음에 먹으면 된다.

"흘리면 안 된다고 말했잖아!"라든지 "거 봐라, 또 흘렸잖아!"라고 옆에서 잡음을 넣으면, 모처럼 직접 자신을 위해서 한 행위로부터 얻을 수 있는 것(집중력과 달성감, 수정하는 일, 방법을 고안하는 일 등)을 놓치게 된다.

어차피 고작 후리카케가 아닌가. 그러나 네 살 아이에게는 자기가 하고 싶은 일을 제대로 잘하고 싶다는 의미에서 보자면 그 중요성은 피아노 발표회에 임하는 상황과 조금도 다르지 않다.

부모는 쓸데없는 생각이 많기에 그 둘은 중요도가 전혀 다르다고 생각한다. 그러나 아이에게는 진지한 체험을 할 기회이다.

## 아이가 어른이 되어도
## 부모는 가르치고 싶다

예를 들면 이런 일도 있었다. 셋째 아이가 초등학교 6학년이던 어느 주말, 나랑 셋째 녀석 둘이서 다른 지역에 있는 내 친가에 차를 운전해 갔을 때의 일이다.

셋째는 특별한 용건은 없었지만 그냥 따라온 것 같았다. 친가 근처의 서점에 들렀을 때, 아이가 "다음 달 받을 용돈을 지금 미리 받아도 돼요?"라고 말하기에 돈을 주었다. 600엔이었다. 그러자 아이는 그 돈으로 〈소년 점프〉라는 주간 만화잡지를 샀다. 용돈의 절반 가까이가 사라져 버린 게 아니냐, 그렇게 용돈을 마구 써도 괜찮냐고 물어보고 싶었지만, 그냥 아무 말도 하지 않았다.

내가 어렸을 적과 비교해 요즘 아이들은 절약은 신경도 안 쓰는구나, 이런 자세로 성장해도 괜찮을까, 이런 불안도 조금 느꼈다. 그래서 역시 아이들을 위해서라도 도움이 되는 조언을 해 주는 편이 좋지 않을까, 이런 고민도 해 봤다.

친가에 도착하고 나서 셋째는 한동안 만화책을 읽다가 갑자기 형에게 전화를 걸더니 "이번 주 호는 형이 살 순서였지만, 그냥 내가 샀으니까 형은 안 사도 돼."라고 말했다.

아이 말에 따르면 형 둘과 함께 셋이서 〈소년 점프〉를 매주 차례대로 사서 돌려 보고 있었다. 물건을 아끼고, 돈을 소중히 여기는 마음이 내가 어렸을 적하고 완전히 똑같지는 않겠지만, 그래도 지금 아이들 마음속에서도 잘 자라고 있구나 하고 안심했다.

학교, 친구, TV 등 정보는 많이 접하기 때문에 굳이 부모가 잔소리하거나 칭찬하면서 지도해 주지 않아도 돈이 중요하다는 사실을 모를 리는 없을 것이다. 그런데도 어엿한 초등학교 6학년이 된 아이에게 "용돈을 아껴 쓰지 않으면 금방 없어질 거야."라고 매우 진부한 잔소리를 하고 싶을 정도로 부모란 자고로 자식에게 자꾸만 참견하고 조언하고 싶어 한다는 걸 새삼 깨닫게 해 준 사건이었다.

## 지켜보는 일은 방치와는 다르다

어린아이가 실패하고, 그것을 극복하는 것을 체

험하는 일. 그 의미는 부모가 상상하는 것 이상으로 깊다. 자신의 판단으로 실천했고, 그 결과가 자기에게 돌아오는 체험. 만약에 실패해도 그것을 극복할 수 있었다는 자신감이 생긴다.

그리고 부모의 경우도, 아이가 실패할 것만 같은 상황에 처했을 때 옆에서 약간만 조언해 주면 성공할 일인데 일부러 참견하지 않고 가만히 지켜봤다면, 그 태도는 육아에서도 자신감을 갖게 해 줄 뿐만 아니라 향후 부모와 자식의 관계에도 큰 의미를 부여할 것이다.

어떤 상황에서 부모가 아이를 지켜보는 일이 가능할까, 아이는 어떻게 반응하며 또 어떻게 다시 일어설까, 이런 일은 부모 자신도 몇 번이고 생생하게 진짜로 체험해 보지 않는 이상 잘할 수는 없다.

그런데 당연한 일이지만, 간섭하지 않고 아이를 지켜보며 지지하는 태도는 방치하는 것(무시)과는 전혀 다르다.

예전에 강연에 왔던 어떤 사람이 "선생님께서 아이를 '지켜보라'고 말씀하셨는데요, 울고 있는 아이를 바로 안아 주면 계속 안아 달라고 칭얼대는 버릇만 생길 테니 그냥 내버려 두면 이내 울지 않게 된다는 생각이랑 비슷하네요."라고 말한 적이 있는데 그 말은 전혀 틀리다.

간섭하지 않고 지켜보는 일은 아무것도 하지 않고 그대로 내버려 두는 일이 아니다. 아이가 실패해도 그것을 극복할 수 있다고 믿으면서, 아이에게 지속적인 관심을 갖는 것이다.

지켜보는 일도 머리로만 이해하기보다는 직접 몸으로 습득할 필요가 있다. 아이가 어릴 때부터 시작하는 것이 바람직하다.

# 아이스크림 요법

아이를 건강하게 만드는
효과적인 방법

마지막으로 즉시 실천할 수 있는, 간단하고 독특한 '아이를 건강하게 만드는 방법'을 하나 소개한다. 사실 이것은 내가 고안했는데, 집안 분위기를 밝게 만드는 방법이라고도 할 수 있고, 또 잔소리를 자주 하는 부모에 대한 인지 행동 요법이라고도 말할 수 있을 것 같다.

인지 행동 요법이란 본인에게 문제를 초래하는 행동을 수정할 뿐만이 아니라, 사물을 보는 방식이나 사고, 느끼는 방식 등도 더 좋은 방향으로 수정하는 심리 요법이다.

우선 슈퍼마켓에서 아이스크림을 듬뿍 사 온다. 박스들이보다는 단품으로 여러 종류의 맛이나 모양을 다양하게 사는 것이 보기에도 즐겁고 효과적이다. 처음에는 냉동실이 꽉 찰 정도로 30개쯤 사서 가득 채운다. 그리고 아이에게 "아이스크림은 언제든 먹어도 돼."라고 말만 하면 된다.

많은 양의 아이스크림을 본 아이는 “우와!”하고 소리를 지른다. “뭐든지 먹어도 돼.”라고 말하면 아이는 버스럭거리며 고르기 시작한다. “어? 이건 뭐지? 특이한 것도 있네!”, “우와, 아이스크림 색깔 좀 봐.” 이런 말들을 하면서 즐겁게 고른다.

## 아이스크림은 되도록 다양하게 산다

이처럼 자못 간단한 방법이지만, 효과적으로 실천하는 데는 몇 가지 주의 사항이 있다.

우선 아이스크림을 살 때 어른이 고르면 자기도 모르게 큰 통에 든 아이스크림, 특히 바닐라 같은 심플한 맛이나 ‘초콜릿 막대 아이스크림 10개 들이’ 같은 박스 포장 제품을 선호한다.

그러나 막상 해 보면 바로 알게 되겠지만, 아이들이 선호하는 아이스크림은 양이 적으면서 독특한 색깔이나 모양 등을 가진 것이다. 어른의 취향과는 다르다.

예를 들면 여러 종류를 맛볼 수 있도록 작은 사이즈의 아이스크림이 봉지에 들어 있는 제품, 파우치 용기의 아이스크림, 다양한 맛의 빙수 등은 어른인 내 입맛에는 맞지 않지만, 아들들과 그 친구들 사이에서는 인기가 많다.

아이들은 양을 ‘실컷 먹기’보다는 ‘즐겁게 먹는 것’을 더 바라는 것 같다. 가끔 하겐다즈 미니컵 같은 비교적 가격대가 비싼 아이스크림을 섞어 넣을 때도 있는데, 아이들이 잘 안 먹어서 결국 아내가 다 먹는다.

그런데 많은 양의 아이스크림을 보면서 안쪽에는 뭐가 들어 있을까 하고 아이가 고르고 있는데 "빨리 냉장고 문을 안 닫으면 녹아 버릴 거야! 어서 문을 닫아." 이런 야단은 절대로 치지 말자.

일부러 고르는 데 시간이 걸리도록 종류별로 듬뿍 사서 가득 채운 것이니 행복한 시간을 방해해서는 안 된다. 이 요법의 목표는 아이의 배 속에 아이스크림이 들어가는 것이 아니다. 봉지가 바스락거리는 소리도 즐기면서 다양하게 고르는 즐거움까지 주는, 아이에게 행복한 체험을 하게 하는 것이 목표이다.

우리 집 냉장고는 맨 아래 칸 서랍이 냉동실이다. 초등학교 6학년인 아들 친구 중의 하나가 우리 집에 놀러 와서 아이스크림을 고를 때였다. 아이가 냉동실 문을 확 열더니 "우와! 가득 찼네!"하고 순간 기뻐하더니 갑자기 재빨리 냉동실 문을 닫아 버렸다. 이유를 물어보니 자기 집에서는 항상 냉장고 문을 빨리 닫지 않으면 야단맞기 때문에, 일단 문을 열어 대충 위치를 파악한 다음 문을 재빨리 닫아야 한다는 것이다. 그리고 꺼내고자 하는 물건이 어느 위치에 있는지를 잠깐 머릿속에서 그린 다음, 다시 한 번 냉장고 문을 재빨리 열고 물건을 잽싸게 꺼낸다고 한다.

물론 환경 친화적인 사고를 아이에게 가르치는 것은 좋다. 그러나 아들의 친구가 억지로 익힌 행동이나 규범은 너무 엄격하다는 생각이 들었다.

그 밖에도 훈육을 잘 받은 아이는 다른 아이가 천천히 고르고 있으면 "야, 빨리 안 하면 다른 아이스크림이 녹아 버리잖아."라고 어른처럼 말할 때가 있다.

## 조건을 달지 않는다

또한 부모가 자주 하는 실패로는 "숙제가 다 끝난 다음에 먹거라."라는 말로 조건을 다는 것이다. 이른바 착한 일을 하면 상을 준다는 논리이다. 그런 방법은 숙제를 시키는 것이 목적이라면 효과가 있을지는 모르지만, 아이스크림 요법의 취지하고는 전혀 맞지 않는다.

아이스크림 요법의 목적은 무언가에 대한 포상이 아니라, '무조건적으로 행복한 시간을 제공'하는 것이다. 학교 또는 학원에서 힘든 일이 있었는데 집에 돌아와 냉장고 문을 열었더니 그 안에 아이스크림이 듬뿍 들어 있더라, 언제든지 뭐든지 몇 개든지 먹을 수 있다는 자유로운 감각은 치유의 효과를 낳아서 아이에게 생기를 불어넣어 줄 것이다.

## 치우는 것은 부모가 한다

아이가 아이스크림을 맛있게 먹고 난 후 봉지를 치우는 일은 기본적으로 부모가 한다. 포장지가 바닥에 떨어져 있어도, 아이스크림용 스푼이 들어간 텅 빈 용기가 소파 위에 그대로 방치되어 있어도 묵묵히 부모가 치워 주도록 하자.

깨끗이 마무리하는 것을 잘하기 위해서 아이스크림을 먹는 것이 아니라, 어디까지나 긴장을 풀고 느긋하게 쉬기 위해서 아이스크림을 먹는다는 목적을 철저하게 달성하기 위해서이다. 항상 "깨끗이 치워라."라는 잔소리를 하는 부모라면 특히 효과가 있다. 자기가 어지럽힌 아이스크림 용기를 부모가 묵묵히 치워 주는 것처럼 아이가 마음껏 하고 싶은 대로 하게 해 줄 수 있는 기회는 좀처럼 없다.

그러면 아이가 버릇없이 항상 먹고 난 포장지나 용기를 방치하는 나쁜 버릇이 생기는 건 아닐까? 어른이 되고서도 잘 안 치우고, 청소도 잘 안 할 것이다, 이런 우려에 대해서는 일단 부모 자신의 심리 변화도 포함해 실제로 직접 체험해 보는 수밖에 없기 때문에 아무쪼록 부디 한번 도전해 보길 바란다.

일단 일주일 정도만 해 보면 아마 아이에게서 서서히 변화가 나타나기 시작할 것이다.

## 비만아가 되면 어떡해요?

강연 중에 이 요법을 소개하면 자주 나오는 질문이 "많이 먹으면 뚱뚱해지지 않을까요?", "매일 아이스크림만 먹고 밥을 안 먹으면 어떡해요?" 이런 내용들이다.

우리 아이들에게 이 방법을 몇 년에 걸쳐서 실천하고 있고 네 아이

중 하나는 조금 통통한 편이긴 하지만, 아이스크림 요법을 시작하기 전부터 통통한 편이어서 직접적인 상관은 없는 것 같다. 또한, 이 방법을 권유한 몇몇 가정에서도 아직까지는 문제가 발생하지 않고 있다(오히려 아이보다 부모가 약간 뚱뚱해진 집이 있다.). 그래서 질문하는 분들에게 "아마 아이는 괜찮을 겁니다."라고 대답하고 있다.

어쩌면 처음에는 아이가 하루에 5개씩 먹을지도 모르지만, 점점 안정되어 간다. 우리 막내는 세 살 때 아침을 잘 안 먹고 아이스크림만 며칠 내내 먹는 경우가 있어서 부모의 입장에서 '아, 이 방법이 정말로 괜찮을까?' 하고 고민한 적도 있었지만, 다섯 살이 된 지금은 아침밥도 꼬박꼬박 잘 먹고 몸도 아주 튼튼하다.

## 아이스크림 요법을 하는 이유

다시 한 번 확인하자면, 아이스크림을 맘껏 먹도록 하는 일의 목적은 아이가 집에서 편안하게 지내면서 생기발랄함을 되찾게 하기 위함이다. '아이스크림을 먹는' 오락을 아이가 즐길 수 있도록 하는 방침을 계속 지킨다면 효과가 커질 것이다.

뒷정리를 잘하라고 훈육하는 일은 다른 일상 속에서도 얼마든지 할 수 있다. 아이스크림을 먹는 것은 편안하게 쉬기 위함이자 집에서 보내는 시간을 즐기기 위한 것이다. 영양의 균형을 취하거나 혹은 정리정돈을 잘하기 위해서가 아님을 마음속에 새겨 둘 필요가 있다.

또한, 아이가 방금 먹었는데도 또 냉동실 문을 여는 모습을 보아도

"너 방금 먹었잖아?"라고 잔소리하지는 말자. '우와, 오늘따라 아이스크림이 인기가 많구나.' 이렇게 느긋한 마음으로 지켜보는 일이 중요하다. 예전에는 무조건 부모로부터 잔소리를 들었을 상황인데도 듣지 않았다는 사실. 바로 이런 체험이 중요한 열쇠가 된다.

우리 아이들을 오랫동안 관찰한 바에 따르면, 아무리 아이스크림을 좋아하는 아이라도 안 먹는 날도 있고, 반대로 많이 먹는 날도 있다.

## 아이가 가진
## 자기 억제 능력을 믿는다

아이의 식욕 제어 능력을 믿지 못하는 부모가 많다. 생물이기 때문에(로봇이 아니니까) 별로 먹고 싶지 않을 때도 있고, 많이 먹고 싶을 때도 있는 건 당연하다. 대부분의 부모나 조부모는 어린아이에게 "더 많이 먹어라.", "많이 먹었구나, 대단하네." 이렇게 무조건 많이 먹는 것을 동기 부여하는 듯한 태도를 보인다. 또한, 과자나 아이스크림 등에 대해서는 "이젠 그만 먹거라."라고 제동을 건다.

그러나 먹느냐 안 먹느냐에 대한 결정권(이른바 식욕의 자치권)은 일찌감치 아이에게 양보하는 편이 좋다고 생각한다. 과식해서 속이 울렁거린다, 살이 쪄서 창피하다 등 너무 많이 먹어서 초래한 결과는 아이 자신이 책임지는 것이다.

특히 초등학교 고학년쯤 되면 부쩍 늘기 시작하는데, 섭식 장애에 걸린 여자아이는 대체로 '음식을 먹고 살이 찌는 공포'를 계속 느낀다. 그리고 이런 아이의 부모, 특히 엄마는 종종 딸이 무엇을 먹는지와 체중의 변화까지 마치 자기 일처럼 걱정한다.

이 점에 대해서는 자세하게 설명하지 않겠지만, 거식증이 심해지면 더는 먹을지 말지의 결정을 아이에게만 맡길 수 없게 된다. 이런 사태에 도달하지 않기 위해서라도 부모는 아이의 식욕을 관리하는 일은 일찍 포기해야 한다.

## 아이스크림 요법은 부모를 위한 인지 행동 요법

아이스크림 요법을 상담 또는 강연에서 소개하기 시작한 후로 "효과가 있었어요! 아이가 활발해졌어요."라든지 "아이가 학교에 갈 수 있게 되었어요."라고 기쁜 소식을 주는 분이 여럿 생겼다. 그중에는 행동에 문제가 많았던 치매증을 앓던 노인이 안정되었다는 사례도 있었다.

그래서 왜 이 방법이 효과가 있는지를 생각해 보았다.

아이에게 엄격한 부모나 잔소리를 많이 하는 부모는 아이를 위한 일이라고 생각해서 일반적으로 좋다고 판단되는 일을 많이 한다. 하지만 아이스크림을 맘껏 먹는다, 뒷정리는 안 해도 된다, 언제든지 먹을 수 있다 등과 같은 자유로운 행동은 제대로 된 훈육을 중시하는 부모에게는 받아들이기 힘든 일일 것이다.

그래서일까? 아이에게는 기쁘고 놀라운 이 요법이, 기간을 정하여 잘만 실천하면 부모에게는 기존의 육아관을 크게 변화시킬 가능성을 안고 있다.

이 요법을 실행하는 동안은 적어도 아이스크림을 먹는 일에 대해서 만큼은 간섭하지 않도록 하자. 부모는 아이에게 주의를 주려다가도 참게 되는 자신을 하루에 몇 번씩 자각하게 될 것이다. 그리고 그로 인해서 아이가 아이스크림을 먹고 있을 때 외에도 자신이 아이를 어떻게 대하고, 아이에게 무슨 말을 하고, 무엇을 전달하려고 하는지를 의식하는 버릇이 생긴다.

또한 아이가 무조건으로 천진난만하게 기뻐하는 모습과 부모 자식이 함께 느긋하게 아이스크림을 즐기는 시간은 매우 귀중하다. 영양의 균형이나 칼로리를 걱정하며 먹는 고루한 식사 시간하고는 전혀 다른, 단순히 그저 즐거운 시간이 된다. 사실 전혀 도움이 안 되는 일을 함께 즐겁게 하는 시간인 셈이다. 이런 시간을 갖는다면 아이뿐만이 아니라 부모의 마음까지도 편안해질 것이다.

글이 꽤 길어졌는데, 속는 셈치고 꼭 한 번 시도해 보길 바란다. 장바구니에 가득 담은 아이스크림을 계산대에 늘어놓을 때의 기분을 느껴 보라. 냉동실에 넘쳐나는 아이스크림, 그 광경을 당신의 아이에게 보여 주라. 그리고 당신 자신도 지금까지 먹어 본 적이 없는 그런 아이스크림을 아이와 함께 먹으면서 웃어 보라.

이 요법을 시도해 보는 부모가 한 사람이라도 있다면 그리고 아이의 마음이 되어 부모가 준 행복을 느낄 수 있다면 더 이상 바랄 게 없다.

## 끝맺는 말

《내 아이를 믿는다는 것》의 원고를 마쳤을 때, 내 머리에 떠오른 생각을 마지막으로 정리해 보고 싶다.

이 책에서 나는 아이를 다정하게 대하는 일이 중요하다고 말했다. 그러나 실제로 하루 종일, 일 년 내내 아이와 함께 있다 보면 누구라도 잘 알겠지만, 아이를 늘 다정하게 대하기란 정말로 어려운 일이다.

예를 들면 딸아이의 문제 때문에 몇 년에 걸쳐서 상담하러 통원했던 한 엄마는 이런 말을 한 적이 있다.

"선생님께서 말씀하신 대로 딸아이를 대하니까, 아이가 정말로 건강해졌습니다. 이 방법이 좋다는 걸 이제 잘 알게 됐어요. 그런데요, 저는 어머니에게 소중한 대우를 받아 본 기억이 없거든요. 그러기는커녕 그때 어머니가 날 대하던 말투나 태도가 너무 심했다고, 요즘 매일같이 옛날 생각이 떠올라요. 아이에게 다정하게 대하려고 애쓰는 내가 지금 굉장히 무리하고 있는 건 아닐까, 그런 느낌이 들 때도 있어요. 문득 어떤 순간에는 당장이라도 모든 걸 내팽개치고 싶고 엉망으로 만들고 싶은 충동이 일 때가 있습니다. 이런 제 자신을 어떻게 하면 좋을까요?"

이런 솔직한 감정에 대해서 어떻게 대답을 해 주어야 할지, 그 순간 아무 말도 할 수가 없었다.

이 책을 읽은 분 중에도 앞으로 아이를 다정하게 대하려고 할 때 무의식 중에 이 엄마와 비슷한 감정이 생길 수도 있을 것이다.

이렇게 말하고 싶다.

이미 본문에서 여러 번 설명한 내용이지만, '나는 이런 복잡한 마음을 갖고 있다.'는 사실을 이해하고 아이와 마주하는 것이 우선 중요하다고 생각한다.

실제로 처음부터 다정하게 대하는 일이 어려울 수 있다. 하지만 꾸준히 '다정하게 대해도 괜찮아.', '엄격하게만 대할 필요는 없어.'라고 의식하다 보면, 부모도 아이도 서서히 변해 갈 것이다. 비록 한때는 다정하게 대하지 못하고 약간 엄격해지는 순간이 오더라도 아이와 마주할 때의 자세를 의식하다 보면 서서히 당신도 아이도 그리고 부모와 자식의 관계도 달라질 것이다. 이 사실을 항상 마음속 한편에 새겨 두면 좋다.

그리고 부모인 당신도 예전에는 아이였다는 사실을 떠올려 보라.

눈앞에 있는 아이와 마찬가지로 예전에 당신도 천진하고 어린 아이였다. 그리고 이런저런 곤란을 겪을 때마다 부모뿐만이 아니라, 많은 이의 도움도 받아 가면서 당신이 가진 힘을 충분히 발휘하며 열심히 살아왔으리라. 그러니 지금도 훌륭하게 살고 있지 않은가. 그 사실은 매우 소중하고 고귀한 일이라고 생각한다.

아이를 엄격하게 대할까 하는 생각이 들 때면 이런 생각을 하곤 한다. 혹시라도 내가 어렸을 때 지금과 똑같은 장면에서 부모가 내게 다정하게 대했다면 과연 지금의 나는 부족한 어른이 되었을까, 아니면 행복한 사람으로 자랐을까를 말이다. 그리고 지금, 나는 부모로서 그런 장면을 다시 수정할 수 있는 입장에 있는 것이라고 말이다.

당신이 아이를 다정하게 대할 때 그리고 아이를 소중히 여길 때 당신 마음의 일부는 당신의 아이에게 스며들어가 하나가 된다. 그럼으로써 당신 역시 자기 자신에게 사랑받게 되는 것이다. 아이를 다정하게 대하면 왠지 기분이 좋아지고 행복한 기분이 드는 이유는 바로 그런 구조 때문이 아닐까? 아이를 소중히 하는 일은 자신이 아이였던 과거로 되돌아가, 어릴 적 자신의 모습까지도 소중히 하는 것과 같다고 생각한다.

결국, 내 아이를 믿는다는 것은 어릴 적의 자신을 믿는 일 그리고 지금의 자신을 믿는 일이기도 하다. 자기 자신과 아이를 믿고, 부모로서 아이를 대할 때 아이는 행복해진다고 믿는다.

2010년 봄, 우리 아이들이 다니고 있는 '수리 언어 교실 바'라는 학원에서 '육아 심리학 강좌' 시리즈로 강의를 하게 되었다. 처음에는 이 학원의 이시바시 히데키 선생으로부터 아이들에게 뇌 과학에 대해서 강연해 달라는 부탁을 받았다. 하지만 평소에 학부모를 대상으로 육아 심리학 강좌를 열어 보고 싶었던 나는 이시바시 선생에게 제안하게 되었고, 선생은 흔쾌히 허락해 주었다. 총 3번 열린 강좌에는 많은 보호자가 참석했는데, 질의응답을 할 때마다 절실하고 흥미로운 의견 교환이 활발하게 이루어졌다.

이 강좌에 이시바시 선생의 친구인 오스미쇼텐의 오스미 나오토 씨가 방청인으로 참석했다. 그리고 강의 내용과 활발한 의견 교환을 인상 깊게 느끼고, 이 내용을 책으로 써 보는 것이 어떻겠냐는 제안을 주었다. 이 책은 이렇게 탄생된 것이다.

소중한 기회를 주고, 강좌의 기획과 운영부터 시작해 출판을 위한 원고 준비에 이르기까지 처음부터 끝까지 도움을 준 '바' 학원의 이시바시 선생, 미나미노 가즈토시 선생, 그리고 오스미 씨에게 감사드린다.

또한, 초고 단계에서 바쁜 와중에도 시간을 내어 꼼꼼히 읽어 주고 기탄없이 조언해 준 야부시타 유 씨, 신푸도쇼텐의 나카타 무츠코 씨, 그밖에도 많은 동료와 친구들에게도 감사하는 말을 드리고 싶다. 그리고 교정해 주신 죠넨 카오루 씨 덕분에 내 생각이 더욱 깊어졌다고 생각한다.

사생활 보호를 위해 본질을 해치지 않을 정도로 수정을 하였는데, 본문에 사례로 소개하는 데 동의해 주신 내담자들과 친구들에게도 감사드리는 바이다.

그리고 매일 내게 살아가는 기쁨과 함께, 날 끊임없이 성장시켜 주는 아내와 네 아이들에게도 고맙다.

2011년 8월 다나카 시게키

# 참고 문헌


・《마법의 훈육(魔法のしつけ)》 하세가와 히로가즈(長谷川博一) 2008년

・《엄마는 훈육을 하지 말라(お母さんはしつけをしないで)》 하세가와 히로가즈(長谷川博一) 2011년

・《우울증과 신경증의 심리 치료(うつと神経症の心理治療)》) 구로카와 아키토(黒川昭登) 2003년

・《트라우마 돌려주기 – 아이가 부모에게 마음의 상처를 돌려주러 올 때(トラウマ返し—子どもが親に心の傷を返しに来るとき)》 오노 오사무(小野修) 2007년

내 아이를
믿는다는 것

**초판 1쇄 발행** 2018년 5월 18일
**초판 2쇄 발행** 2020년 11월 20일

**글쓴이** 다나카 시게키
**옮긴이** 김현희

**펴낸이** 김명희
**책임 편집** 이정은 | **디자인** 데시그, 박두레
**펴낸곳** 다봄
**등록** 2011년 1월 15일 제 395-2011-000104호
**주소** 서울시 광진구 아차산로 51길 11 4층
**전화** 02-446-0120 | 팩스 0303-0948-0120
**전자우편** dabombook@hanmail.net

**ISBN** 979-11-85018-54-6 13590

이 도서의 국립중앙도서관 출판예정도서목록(CIP)은 서지정보유통지원시스템 홈페이지(http://seoji.nl.go.kr)와 국가자료공동목록시스템(http://www.nl.go.kr/kolisnet)에서 이용하실 수 있습니다.(CIP제어번호:2018012306)

* 책값은 뒤표지에 표시되어 있습니다.
* 파본이나 잘못된 책은 구입하신 곳에서 바꿔 드립니다.